calculus

手を動かしてまなぶ

微分積分

藤岡 敦 著

裳華房

CALCULUS THROUGH WRITING

by

ATSUSHI FUJIOKA

SHOKABO
TOKYO

JCOPY 〈出版者著作権管理機構 委託出版物〉

序 文

　数学はそれ自体の面白さもさることながら，世の中のさまざまな現象をうまくモデル化してくれる側面をもち，とくに，工学系の分野ではその傾向が強い．本書は拙著『手を動かしてまなぶ 線形代数』のコンセプトを意識し，大学の理工学系学科ではじめて微分積分をまなぶ大学 1 年生を主な対象とした教科書あるいは自習書として書かれている．

　数学をまなぶ際には「行間を埋める」ことが大切である．数学の教科書では，推論の過程の一部は省略されていることが多い．それは，省略を埋められる読者を想定していることもあるし，紙面の都合などの事情もある．したがって，正しい理解のためには，読者は省略された「行間」にある推論の過程を補い「埋める」必要がある．

　本書ではそうした「行間を埋める」ことを助けるために，次の工夫を行った．

- 読者自身で手を動かして解いてほしい例題や，読者が見落としそうな証明や計算が省略されているところに「✍」の記号を設けた．
- とくに本文に設けられた「✍」の記号について，その「行間埋め」の具体的なやり方を裳華房のウェブサイト

　　`https://www.shokabo.co.jp/author/1581/1581support.pdf`

　に別冊で公開した．
- ふり返りの記号として「⇨」を使い，すでに定義された概念などを復習できるようにしたり，証明を省略した定理などについて参考文献にあたれるようにした．例えば，［⇨［杉浦 1］p.111］は「参考文献（292 ページ）［杉

浦 1］の 111 ページを見よ」という意味である．また，各節末に用意した
問題が本文のどこの内容と対応しているかを示した．

- 例題や節末問題について，くり返し解いて確認するためのチェックボック
スを設けた．
- 省略されがちな式変形の理由づけを記号「☺」を用いて示した．
- 各節のはじめに「ポイント」を，各章の終わりに「まとめ」を設けた．抽
象的な概念の理解を助けるための図も多数用意した．
- 巻末に節末問題の詳細解答を載せた．

　本書は多くの大学の微分積分に関する授業シラバスを参考にし，前半部分の
第 1 章から第 3 章までの計 12 節で 1 変数の微分積分を，後半部分の第 4 章か
ら第 6 章までの計 12 節で多変数の微分積分を扱った．また，理工学系学科の大
学生を読者層として想定しているため，数学系の学科では必須とされる極限に
関する厳密な議論は行わないことにした．一方，理工学系学科では早い段階か
ら触れることが想定される，べき級数や線積分に関する事項は丁寧に扱った．
　節末問題は，「確認問題」「基本問題」「チャレンジ問題」の 3 段階に分けられ
ている．「確認問題」や穴埋め問題を多く取り入れ，読者が手を動かしやすくな
るように心がけた．

　執筆に当たり，関西大学数学教室の同僚諸氏や同大学で非常勤講師として数
学教育に携わる諸先生から有益な助言や示唆をいただいた．前著『手を動かし
てまなぶ 線形代数』に続いて，(株)裳華房編集部 の久米大郎氏には終始大変お
世話になり，真志田桐子氏は本書にふさわしい素敵な装いをあたえてくれた．
この場を借りて心より御礼申し上げたい．

2019 年 7 月

藤岡　敦

目 次

✅ チェックリスト

	問題番号	ページ	1回目	2回目	3回目
§1	例題 1.1	P.3			
	例題 1.2	P.8			
	例題 1.3	P.9			
	問 1.1	P.10			
	問 1.2	P.10			
	問 1.3	P.10			
	問 1.4	P.10			
§2	例題 2.1	P.18			
	例題 2.2	P.18			
	例題 2.3	P.20			
	問 2.1	P.21			
	問 2.2	P.21			
	問 2.3	P.21			
	問 2.4	P.22			
	問 2.5	P.22			
§3	例題 3.1	P.28			
	問 3.1	P.31			
	問 3.2	P.31			
	問 3.3	P.32			
	問 3.4	P.32			
	問 3.5	P.32			
§4	例題 4.1	P.40			
	問 4.1	P.44			
	問 4.2	P.44			
	問 4.3	P.44			
	問 4.4	P.44			
	問 4.5	P.45			
	問 4.6	P.45			
§5	例題 5.1	P.52			
	例題 5.2	P.55			
	問 5.1	P.56			
	問 5.2	P.56			
	問 5.3	P.56			
	問 5.4	P.56			
	問 5.5	P.56			
	問 5.6	P.57			
§6	例題 6.1	P.61			
	例題 6.2	P.63			
	例題 6.3	P.66			
	問 6.1	P.67			
	問 6.2	P.68			
	問 6.3	P.68			
	問 6.4	P.68			
§7	例題 7.1	P.74			
	例題 7.2	P.76			
	問 7.1	P.78			
	問 7.2	P.78			
	問 7.3	P.78			
	問 7.4	P.78			
	問 7.5	P.79			
§8	例題 8.1	P.82			
	例題 8.2	P.86			
	例題 8.3	P.89			
	問 8.1	P.90			
	問 8.2	P.90			
	問 8.3	P.90			
	問 8.4	P.90			
	問 8.5	P.91			
§9	例題 9.1	P.100			
	例題 9.2	P.102			
	例題 9.3	P.103			
	問 9.1	P.104			
	問 9.2	P.104			
	問 9.3	P.104			
	問 9.4	P.104			
	問 9.5	P.104			
	問 9.6	P.105			
§10	例題 10.1	P.107			
	例題 10.2	P.109			
	例題 10.3	P.113			
	問 10.1	P.114			
	問 10.2	P.114			
	問 10.3	P.115			
	問 10.4	P.115			
	問 10.5	P.115			
§11	例題 11.1	P.120			
	例題 11.2	P.123			
	問 11.1	P.124			
	問 11.2	P.124			
	問 11.3	P.124			
	問 11.4	P.125			
	問 11.5	P.125			
	問 11.6	P.125			
§12	例題 12.1	P.128			
	例題 12.2	P.134			
	問 12.1	P.135			
	問 12.2	P.135			
	問 12.3	P.135			
	問 12.4	P.135			
	問 12.5	P.135			

Check!

	問題番号	ページ	1回目	2回目	3回目
§13	例題 13.1	P.142			
	例題 13.2	P.143			
	問 13.1	P.145			
	問 13.2	P.145			
	問 13.3	P.145			
	問 13.4	P.145			
§14	例題 14.1	P.148			
	例題 14.2	P.151			
	例題 14.3	P.153			
	問 14.1	P.155			
	問 14.2	P.156			
	問 14.3	P.156			
	問 14.4	P.156			
§15	例題 15.1	P.159			
	例題 15.2	P.163			
	問 15.1	P.167			
	問 15.2	P.168			
	問 15.3	P.168			
§16	例題 16.1	P.176			
	問 16.1	P.177			
	問 16.2	P.177			
	問 16.3	P.177			
	問 16.4	P.178			
	問 16.5	P.178			
§17	例題 17.1	P.182			
	例題 17.2	P.186			
	問 17.1	P.187			
	問 17.2	P.188			
	問 17.3	P.188			
	問 17.4	P.188			
§18	例題 18.1	P.195			
	問 18.1	P.197			
	問 18.2	P.197			
	問 18.3	P.197			
	問 18.4	P.198			
§19	例題 19.1	P.204			
	例題 19.2	P.205			
	問 19.1	P.208			
	問 19.2	P.208			
	問 19.3	P.209			
	問 19.4	P.209			
	問 19.5	P.209			
	問 19.6	P.210			

	問題番号	ページ	1回目	2回目	3回目
§20	例題 20.1	P.216			
	例題 20.2	P.217			
	例題 20.3	P.219			
	問 20.1	P.220			
	問 20.2	P.220			
	問 20.3	P.221			
	問 20.4	P.221			
	問 20.5	P.221			
§21	例題 21.1	P.224			
	例題 21.2	P.225			
	問 21.1	P.231			
	問 21.2	P.231			
	問 21.3	P.232			
	問 21.4	P.232			
	問 21.5	P.232			
	問 21.6	P.232			
§22	例題 22.1	P.234			
	例題 22.2	P.236			
	例題 22.3	P.240			
	問 22.1	P.241			
	問 22.2	P.241			
	問 22.3	P.241			
	問 22.4	P.242			
§23	例題 23.1	P.249			
	例題 23.2	P.250			
	問 23.1	P.250			
	問 23.2	P.250			
	問 23.3	P.251			
	問 23.4	P.251			
	問 23.5	P.251			
§24	例題 24.1	P.255			
	例題 24.2	P.260			
	問 24.1	P.261			
	問 24.2	P.261			
	問 24.3	P.261			
	問 24.4	P.262			
	問 24.5	P.262			

1変数関数の極限

§1 数列の極限

─── **§1のポイント** ───

- 自然数全体を **N**，整数全体を **Z**，有理数全体を **Q**，実数全体を **R**，複素数全体を **C** と表す.
- 各自然数に対して数が対応しているとき，これを**数列**という.
- 数列に対して，**極限**の概念を定めることができる.
- **収束する**数列に対して，四則演算と極限操作の順序を交換することができる. ただし，商については分母の極限は 0 ではない必要がある.
- **実数列**に対して，**はさみうちの原理**が成り立つ.

1・1 数からなる集合に関する記号

はじめに，本書に限らず数学でよく現れる数からなる集合[1]として，次の記号で表されるものを挙げておこう ［⇨ ［杉浦 1］ 第 I 章 §1, §3］.

───────────

[1] ものの集まりを**集合**という. このとき，集められている 1 つ 1 つのものを**元**または**要素**という.

$$\mathbf{N} = \{1, 2, \cdots, n, \cdots\} = \text{自然数全体の集合} \tag{1.1}$$

$$\mathbf{Z} = \{0, \pm 1, \pm 2, \pm 3, \cdots\} = \text{整数全体の集合} \tag{1.2}$$

$$\mathbf{Q} = \left\{ \frac{m}{n} \ \middle| \ m, n \in \mathbf{Z}, \ n \neq 0 \right\} = \text{有理数全体の集合} \tag{1.3}$$

$$\mathbf{R} = \text{実数全体の集合} \tag{1.4}$$

$$\mathbf{C} = \{a + bi \,|\, a, b \in \mathbf{R}\} = \text{複素数全体の集合} \tag{1.5}$$

ただし，(1.5) において，i は虚数単位を表す[2][3][4]．なお，$\mathbf{R}$ は図 1.1 のように数直線で表されることが多い．

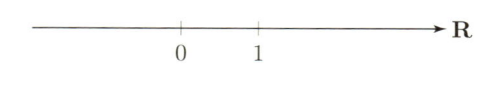

図 1.1　数直線 $\mathbf{R}$

1・2　数列

各 $n \in \mathbf{N}$ に対して数 a_n が対応しているとき，すなわち，自然数 1, 2, $\cdots$, n, $\cdots$ に対してそれぞれ数 a_1, a_2, $\cdots$, a_n, $\cdots$ が対応しているとき，これを $\{a_n\}_{n=1}^{\infty}$ または $\{a_n\}$ と表し，**数列**という．数列に対して，対応する各数を**項**という．とくに，数列 $\{a_n\}$ に対して，a_n を**第 n 項**という．なお，a_1 は**初項**ともいう．

---

[2]　$\mathbf{N}$ は「自然数」を意味する英単語 "natural number"，$\mathbf{Z}$ は「数」を意味するドイツ語 "Zahl"，$\mathbf{Q}$ は「商」を意味する英単語 "quotient"，$\mathbf{R}$ は「実数」を意味する英単語 "real number"，$\mathbf{C}$ は「複素数」を意味する英単語 "complex number"，の頭文字の太文字である．

[3]　「**数列の極限**」のような太文字を黒板やノートなどに手で書くときは，「数列の極限」のように下線を用いる．また，「$\mathbf{N}$」，「$\mathbf{Z}$」，「$\mathbf{Q}$」，「$\mathbf{R}$」，「$\mathbf{C}$」のような太文字を手で書くときは，それぞれ「$\mathbb{N}$」，「$\mathbb{Z}$」，「$\mathbb{Q}$」，「$\mathbb{R}$」，「$\mathbb{C}$」のように，原則として文字の左側を二重にする．

[4]　a が集合 A の元であることを $a \in A$ または $A \ni a$ と表す．また，a が集合 A の元ではないことを $a \notin A$ または $A \not\ni a$ と表す．

　数列を考える際には，各項は有理数や実数，あるいは，複素数であることが多い．各項が有理数，実数，複素数である数列をそれぞれ**有理数列**，**実数列**，**複素数列**という．

1・3　数列の例

　数列 $\{a_n\}$ の各 a_n が n の具体的な式で表されるとき，この a_n を**一般項**という．一般項を求めることのできる基本的な数列の例を挙げておこう．

例 1.1（等差数列）　d を定数とし，数列 $\{a_n\}$ が等式

$$a_{n+1} - a_n = d \qquad (n \in \mathbf{N}) \tag{1.6}$$

をみたすとする．このとき，$\{a_n\}$ を**公差** d の**等差数列**という．

　初項 a，公差 d の等差数列の一般項は

$$a_n = a + (n-1)d \qquad (n \in \mathbf{N}) \tag{1.7}$$

によりあたえられる．実際[5]，$n = 1$ のとき，(1.7) は成り立ち，また，$n \geq 2$ のとき[6]，

$$a_n = (a_n - a_{n-1}) + (a_{n-1} - a_{n-2}) + \cdots + (a_2 - a_1) + a_1$$

$$\overset{\odot\,(1.6),\,a_1 = a}{=} \underbrace{d + d + \cdots + d}_{(n-1)\text{ 個}} + a = (n-1)d + a = ((1.7)\ \text{右辺}) \tag{1.8}$$

となる．　　　　　　　　　　　　　　　　　　　　　　　　　　◆

例題 1.1　$a_5 = 14$, $a_7 = 20$ の等差数列 $\{a_n\}$ の一般項を求めよ．

---

[5]　数学の教科書などでは，「実際」という言葉は先に述べた事実の証明を直後に簡潔に述べる際に用いられる．

[6]　$\geq$ は $\geqq$ と同じ意味である．また，$\leq$ は $\leqq$ と同じ意味である．

解　(1.7) において，$n = 5$ とすると，$a_5 = 14$ なので，

$$14 = a + 4d \tag{1.9}$$

である．また，(1.7) において，$n = 7$ とすると，$a_7 = 20$ なので，

$$20 = a + 6d \tag{1.10}$$

である．よって，(1.10)−(1.9) より，$6 = 2d$ となるので，$d = 3$ である．さらに，(1.9) に $d = 3$ を代入すると，$14 = a + 12$ となるので，$a = 2$ である．したがって，一般項は

$$a_n = 2 + (n - 1) \cdot 3 = 3n - 1 \tag{1.11}$$

である．　　　　　　　　　　　　　　　　　　　　　　　　　　　　$\diamondsuit$

　もう 1 つ例を挙げておこう．

例 1.2（等比数列）　r を定数とし，数列 $\{a_n\}$ が等式

$$a_{n+1} = ra_n \qquad (n \in \mathbf{N}) \tag{1.12}$$

をみたすとする．このとき，$\{a_n\}$ を**公比** r の**等比数列**という．

　初項 a，公比 r の等比数列の一般項は

$$a_n = ar^{n-1} \tag{1.13}$$

によりあたえられる．実際，$n = 1$ のとき，(1.13) は成り立ち，また，$n \geq 2$ のとき，

$$a_n \overset{\odot \ (1.12)}{=} ra_{n-1} \overset{\odot \ (1.12)}{=} r(ra_{n-2})$$

$$= r^2 a_{n-2} = \cdots = r^{n-1} a_1 \overset{\odot \ a_1 = a}{=} ((1.13) \text{ 右辺}) \tag{1.14}$$

となる[7]．　　　　　　　　　　　　　　　　　　　　　　　　　　　◆

---

[7]　$n = 2$ のときは (1.14) の途中の式変形を無視して，$a_2 = ra_1 = ((1.13) \text{ 右辺})$ であると解釈する．

1・4　数列の極限

　数学では「極限操作」，すなわち，「極限」をとるという操作を行うことによっ
て，必要な結果を得ることが多い．ここでは，最も基本的な極限概念の1つで
ある数列の極限について述べよう．ただし，厳密な議論[8]は行わないことにす
る［⇨［杉浦 1］第 I 章 §2］．また，簡単のため，以下ではとくに断らない限り，
実数列を考え，これを単に「数列」とよぶことにする．

定義 1.1

$\{a_n\}$ を数列とする．

● $n \in \mathbf{N}$ を十分大きく選べば，a_n をある $\alpha \in \mathbf{R}$ に限りなく近づけること
ができるとき，

$$\lim_{n \to \infty} a_n = \alpha \tag{1.15}$$

または

$$a_n \to \alpha \quad (n \to \infty) \tag{1.16}$$

と表し，$\{a_n\}$ は**極限 α に収束する**という[9]．

● $\{a_n\}$ が収束しないとき，$\{a_n\}$ は**発散する**という．とくに，$n \in \mathbf{N}$ を十
分大きく選べば，a_n を限りなく大きくできるとき，

$$\lim_{n \to \infty} a_n = +\infty \tag{1.17}$$

または

$$a_n \to +\infty \quad (n \to \infty) \tag{1.18}$$

と表し，$\{a_n\}$ は**極限 $+\infty$** または**正の無限大に発散する**という[10]．同様
に，**極限 $-\infty$** または**負の無限大に発散する**数列を定めることができる．

---

[8]　極限に関する厳密な議論では，文字 ε, N, δ がよく用いられることから，**ε - N 論法**，
ε - δ 論法などとよばれる．

[9]　lim は「極限」を意味する英単語 "limit" を略した記号である．

[10]　(1.17), (1.18) の $+\infty$ は論理的には $n \to \infty$ の ∞ とは異なるものであるが，単に ∞
と表すこともある．

> - $\{a_n\}$ が正の無限大にも負の無限大にも発散しないが，発散するとき，$\{a_n\}$ は **振動する** という．

例 1.3　$\alpha \in \mathbf{R}$ を定数とする[11]．このとき，数列 $\{a_n\}$ を任意の $n \in \mathbf{N}$ に対して $a_n = \alpha$ とおくことにより定めると，$\{a_n\}$ は収束し，極限は α である．すなわち，

$$\lim_{n \to \infty} \alpha = \alpha \tag{1.19}$$

である．　◆

例 1.4（アルキメデスの原理）　任意の正の実数 a, b に対して，$na > b$ となる $n \in \mathbf{N}$ が存在する．この事実を **アルキメデスの原理** という．アルキメデスの原理より，等式

$$\lim_{n \to \infty} \frac{1}{n} = 0, \quad \lim_{n \to \infty} n = +\infty, \quad \lim_{n \to \infty} 2^n = +\infty, \quad \lim_{n \to \infty} \frac{1}{2^n} = 0 \tag{1.20}$$

が成り立つ $[\Rightarrow$ ［杉浦 1］p. 19 ～ p. 20］．　◆

例 1.5　$r \in \mathbf{R}$ とし，等比数列 $\{r^n\}$ について考える．まず，$-1 < r \leq 1$ のとき，$\{r^n\}$ は収束し，

$$\lim_{n \to \infty} r^n = \begin{cases} 1 & (r = 1), \\ 0 & (-1 < r < 1) \end{cases} \tag{1.21}$$

が成り立つ $[\Rightarrow$ ［杉浦 1］p. 13 例 6］．また，$r \leq -1$ のとき，$\{r^n\}$ は振動し，$r > 1$ のとき，$\{r^n\}$ の極限は $+\infty$ である．　◆

例 1.6（ネピアの数）　有理数列 $\{a_n\}$ を

$$a_n = \left(1 + \frac{1}{n}\right)^n \qquad (n \in \mathbf{N}) \tag{1.22}$$

---

[11]　$\alpha \in \mathbf{C}$ でもよい．

により定める. このとき, $\{a_n\}$ はある実数に収束することが知られている $[\Rightarrow$ [杉浦 1] p. 31 問題 2]. $\{a_n\}$ の極限を e と表し, **ネピアの数**という. すなわち,

$$\lim_{n\to\infty}\left(1+\frac{1}{n}\right)^n = e \tag{1.23}$$

である. §7 で扱う「有限マクローリン展開」$[\Rightarrow$ p. 72 **定理 7.2**(3)] を用いると, e は

$$e = 2.718281828459045\cdots \tag{1.24}$$

と表される無理数であることがわかる[12] $[\Rightarrow$ [杉浦 1] p. 191 問題 1]. ◆

1 · 5 数列の極限の基本的性質

実数の四則演算を用いることにより, あたえられた数列から新たな数列を定めることを考えよう.

$\{a_n\}$, $\{b_n\}$ を数列とする. まず, 各 $n\in\mathbf{N}$ に対して, $a_n + b_n \in \mathbf{R}$ を対応させることにより, 和の数列 $\{a_n + b_n\}$ を定めることができる. 同様に, 差の数列 $\{a_n - b_n\}$ を定めることができる. また, $c\in\mathbf{R}$ とすると, スカラー[13]倍の数列 $\{ca_n\}$ を定めることができる. さらに, 積の数列 $\{a_n b_n\}$ を定めることができる. 一方, $b_n = 0$ となるような $n\in\mathbf{N}$ に対しては, 商 $\dfrac{a_n}{b_n}$ を考えることはできない. しかし, 数列の極限について考える場合, $\{b_n\}$ が収束し, その極限が 0 でなければ, 十分大きな n に対しては $b_n \neq 0$ となるので (**図 1.2**), $\dfrac{a_n}{b_n}\in\mathbf{R}$ を対応させることにより, 商の数列 $\left\{\dfrac{a_n}{b_n}\right\}$ を定めることができる.

このようにして得られる数列についてその極限を考えると, 次の定理 1.1 が成り立つ $[\Rightarrow$ [杉浦 1] p. 14 定理 2.5].

---

[12]　例えば,「**鮒一鉢二鉢一鉢二鉢至極惜しい** (ふなひとはちふたはちひとはちふたはちしごくおしい)」と語呂合わせで覚えることができる.

[13]　**スカラー**とは数のことであり, とくに, 線形代数でベクトルと対比させてよく使われる用語である.

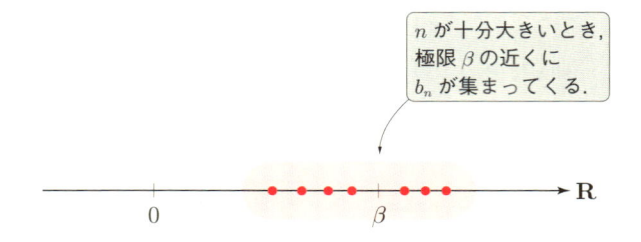

図 1.2　$\beta = \lim\limits_{n \to \infty} b_n \neq 0$ のときの十分大きい n に対する b_n の様子（● は n が十分大きいときの b_n）

定理 1.1

$\{a_n\}$, $\{b_n\}$ をそれぞれ極限 $\alpha, \beta \in \mathbf{R}$ に収束する数列とする．このとき，次の (1)〜(4) が成り立つ．

(1) $\lim\limits_{n \to \infty} (a_n \pm b_n) = \alpha \pm \beta.$　（複号同順）

(2) $\lim\limits_{n \to \infty} ca_n = c\alpha.$　$(c \in \mathbf{R})$

(3) $\lim\limits_{n \to \infty} a_n b_n = \alpha\beta.$

(4) $\lim\limits_{n \to \infty} \dfrac{a_n}{b_n} = \dfrac{\alpha}{\beta}.$　$(\beta \neq 0)$

例題 1.2　数列 $\left\{\dfrac{2n^2 + 3}{n^2}\right\}$ の極限を求めよ．　□ □ □ ✍

解
$$\lim_{n \to \infty} \frac{2n^2 + 3}{n^2} = \lim_{n \to \infty} \left(2 + \frac{3}{n^2}\right) = \lim_{n \to \infty} \left(2 + 3 \cdot \frac{1}{n} \cdot \frac{1}{n}\right)$$

$$\overset{\odot\ \text{定理 1.1 (1)〜(3)}}{=} \lim_{n \to \infty} 2 + 3 \lim_{n \to \infty} \frac{1}{n} \lim_{n \to \infty} \frac{1}{n}$$

$$\overset{\odot\ (1.19),(1.20)\ \text{第 1 式}}{=} 2 + 3 \cdot 0 \cdot 0 = 2 \tag{1.25}$$

より，求める極限は 2 である [14][15]．　◇

---

[14]　十分な練習を行えば，(1.25) のような式変形は多くの部分を暗算でできるようになるであろう．

[15]　定理 1.1 の結論は極限の存在を仮定した上で成り立つことに注意しよう．例えば，(1.25) の 2 段目のような式変形は，数列 $\left\{\dfrac{1}{n}\right\}$ が収束するという事実を暗黙のうちに用いている．

1・6 大小関係と極限

$\mathbf{R}$ については大小関係 $\leq$ を考えることができる. この大小関係と実数列の極限に関して, 次の定理 1.2 が成り立つ〔⇨〔杉浦 1〕p.15 定理 2.6〕.

定理 1.2

$\{a_n\}, \{b_n\}$ を数列とする. 十分大きな任意の $n \in \mathbf{N}$ に対して, $a_n \leq b_n$ が成り立ち, $\{a_n\}, \{b_n\}$ がそれぞれ $\alpha, \beta \in \mathbf{R}$ に収束するならば, $\alpha \leq \beta$ である.

また, 次の定理 1.3 が成り立つ〔⇨〔杉浦 1〕p.16 命題 2.7〕.

定理 1.3（はさみうちの原理）

$\{a_n\}, \{b_n\}, \{c_n\}$ を数列とする. 十分大きな任意の $n \in \mathbf{N}$ に対して, $a_n \leq c_n \leq b_n$ が成り立ち, $\{a_n\}, \{b_n\}$ がともに $\alpha \in \mathbf{R}$ に収束するならば, $\{c_n\}$ は α に収束する.

例題 1.3 数列 $\left\{ \dfrac{\sin n}{n} \right\}$ の極限を求めよ. □ □ □

解 $n \in \mathbf{N}$ かつ $-1 \leq \sin n \leq 1$ なので,

$$-\frac{1}{n} \leq \frac{\sin n}{n} \leq \frac{1}{n} \tag{1.26}$$

である. ここで,（1.20）第 1 式および定理 1.1 (2) より,

$$\lim_{n \to \infty} \left(-\frac{1}{n} \right) = 0, \qquad \lim_{n \to \infty} \frac{1}{n} = 0 \tag{1.27}$$

となる. よって, はさみうちの原理（定理 1.3）より, 数列 $\left\{ \dfrac{\sin n}{n} \right\}$ は収束し, 極限は 0 である. ◇

 § 1 の問題

確認問題

問 1.1　$a_5 = 48$, $a_8 = 384$ の等比数列 $\{a_n\}$ の一般項を求めよ．ただし，公比は実数とする．　□□□ [⇨ **1・3**]

問 1.2　次の数列の極限を求めよ．

(1) $\left\{ \dfrac{4^n - 5^{n+1}}{5^n} \right\}$　　　(2) $\left\{ \dfrac{n+2}{3n-4} \right\}$　　　(3) $\left\{ \dfrac{5^n - 6^n}{5^n + 6^n} \right\}$

□□□ [⇨ **1・5**]

問 1.3　数列 $\left\{ \dfrac{(-1)^n}{n} \right\}$ の極限を求めよ．　□□□ [⇨ **1・6**]

基本問題

問 1.4　次の問に答えよ．

(1)　$n \in \mathbf{N}$ とする．**二項定理**

$$(x+y)^n = \sum_{k=0}^{n} {}_n\mathrm{C}_k x^{n-k} y^k = {}_n\mathrm{C}_0 x^n + {}_n\mathrm{C}_1 x^{n-1} y + \cdots + {}_n\mathrm{C}_n y^n$$

が成り立つことを用いて，不等式

$$1 + n + \frac{n(n-1)}{2} \leq 2^n$$

を示せ．ただし，${}_n\mathrm{C}_k$ は**二項係数**，すなわち，

$$_n\mathrm{C}_k = \frac{n!}{k!(n-k)!} \qquad (k = 0, 1, 2, \cdots, n)$$

である．

(2)　次の ☐ をうめよ.

　(1) の不等式の左辺を通分すると,

$$1 + n + \frac{n(n-1)}{2} = \frac{\boxed{①}}{2}$$

となる. これを (1) の不等式と比較して, 逆数をとると, 不等式

$$\frac{1}{2^n} \leq \frac{2}{\boxed{①}}$$

が得られる. さらに, この不等式の両辺に n をかけると, 不等式

$$0 \leq \frac{n}{2^n} \leq \frac{2n}{\boxed{①}}$$

が得られる. ここで,

$$\lim_{n \to \infty} 0 = 0, \quad \lim_{n \to \infty} \frac{2n}{\boxed{①}} = \boxed{②}$$

となるので, $\boxed{③}$ の原理より,

$$\lim_{n \to \infty} \frac{n}{2^n} = \boxed{④}$$

である.

§2　関数の極限（その1）

§2のポイント

- **R** の部分集合で定義され，**R** に値をとる関数を **1変数関数**という．
- 1変数関数に対して，**極限**の概念を定めることができる．
- **収束する** 1変数関数に対して，四則演算と極限操作の順序を交換することができる．ただし，商については分母の極限は 0 ではない必要がある．
- 1変数関数に対して，**はさみうちの原理**が成り立つ．

2・1　1変数関数

　R の部分集合[1] で定義され，**R** に値をとる関数を **1変数関数**という．例えば，1次関数，2次関数，三角関数，指数関数，対数関数といったものは 1 変数関数であり，すでによく知っているのではないだろうか（**図 2.1**）．なお，本書では x を変数とする 1 変数関数を簡単に $f(x)$ と表すことにする．

1 次関数
$$ax + b \quad (a, b \in \mathbf{R})$$

2 次関数
$$ax^2 + bx + c \quad (a, b, c \in \mathbf{R})$$

三角関数
$$\sin x, \cos x, \tan x \text{ など}$$

指数関数
$$a^x \quad (a > 0, a \neq 1)$$

対数関数
$$\log_a x \quad (a > 0, a \neq 1)$$

図 2.1　1変数関数の例

---

[1]　集合 A, B に対して，$x \in A$ ならば $x \in B$ となるとき，$A \subset B$ または $B \supset A$ と表し，A を B の**部分集合**という．

2·2　関数の極限の定義（その1）

　数列の極限 ［⇨ §1］ に次いで基本的な概念である1変数関数の極限について述べよう．ただし，ここでも厳密な議論は行わない ［⇨ ［杉浦1］第I章 §6］．また，第1章～第3章では1変数関数を単に「関数」とよぶことにする．

定義 2.1

$a \in \mathbf{R}$ とし，$f(x)$ を $x = a$ の近くで定義された関数とする[2]．

● $\underline{x \neq a \text{ をみたしながら}}$ x を a に十分近づければ，$f(x)$ をある $l \in \mathbf{R}$ に限りなく近づけることができるとき，

$$\lim_{x \to a} f(x) = l \tag{2.1}$$

または

$$f(x) \to l \qquad (x \to a) \tag{2.2}$$

と表し，$f(x)$ は $x \to a$ のとき**極限 l に収束する**という．

● $\underline{x \neq a \text{ をみたしながら}}$ x を a に十分近づければ，$f(x)$ を限りなく大きくできるとき，

$$\lim_{x \to a} f(x) = +\infty \tag{2.3}$$

または

$$f(x) \to +\infty \quad (x \to a) \tag{2.4}$$

と表し，$f(x)$ は $x \to a$ のとき**極限 $+\infty$** または**正の無限大に発散する**という．同様に，**極限 $-\infty$** または**負の無限大に発散する**関数を定めることができる．

注意 2.1　定義 2.1 において，下線を引いた「$x \neq a$ をみたしながら」の部分を「$x > a$ をみたしながら」という条件に置き換えた場合は，「$\lim_{x \to a}$」の部分を「$\lim_{x \to a+0}$」と表し，(2.1) の l を**右極限**という．また，下線を引いた「$x \neq a$ をみたしながら」の部分を「$x < a$ をみたしながら」という条件に置き換えた場合は，「$\lim_{x \to a}$」の

---

[2]　$f(x)$ は $x = a$ で定義されている必要はないことに注意しておこう．

部分を「$\lim\limits_{x \to a-0}$」と表し，(2.1) の l を**左極限**という．とくに，(2.1) が成り立つのは

$$\lim_{x \to a+0} f(x) = \lim_{x \to a-0} f(x) = l \tag{2.5}$$

が成り立つときに限る．さらに，$x \to 0$ のときの右極限，左極限については「$\lim\limits_{x \to 0+0}$」，「$\lim\limits_{x \to 0-0}$」の部分をそれぞれ「$\lim\limits_{x \to +0}$」，「$\lim\limits_{x \to -0}$」とも表す．

例 2.1　$a, l \in \mathbf{R}$ とすると，定数関数 $f(x) = l$ の極限について，等式

$$\lim_{x \to a} l = l, \quad \lim_{x \to a+0} l = l, \quad \lim_{x \to a-0} l = l \tag{2.6}$$

が成り立つ．また，等式

$$\lim_{x \to a} x = a, \quad \lim_{x \to a+0} x = a, \quad \lim_{x \to a-0} x = a \tag{2.7}$$

が成り立つ．　　　　　　　　　　　　　　　　　　　　　　◆

例 2.2　$x > 1$ のとき，$|x - 1| = x - 1$ なので，

$$\lim_{x \to 1+0} \frac{2x - 2}{|x - 1|} = \lim_{x \to 1+0} \frac{2(x - 1)}{x - 1} = \lim_{x \to 1+0} 2 \overset{\odot\,(2.6)\,\text{第2式}}{=} 2 \tag{2.8}$$

である．一方，$x < 1$ のとき，$|x - 1| = -(x - 1)$ なので，

$$\lim_{x \to 1-0} \frac{2x - 2}{|x - 1|} = \lim_{x \to 1-0} \frac{2(x - 1)}{-(x - 1)} = \lim_{x \to 1-0} (-2) \overset{\odot\,(2.6)\,\text{第3式}}{=} -2 \tag{2.9}$$

である．とくに，極限 $\lim\limits_{x \to 1} \dfrac{2x - 2}{|x - 1|}$ は存在しない．　　　◆

例 2.3　関数 $f(x) = \dfrac{1}{x}$ の極限について，等式

$$\lim_{x \to +0} \frac{1}{x} = +\infty, \quad \lim_{x \to -0} \frac{1}{x} = -\infty \tag{2.10}$$

が成り立つ（**図 2.2**）．　　　　　　　◆

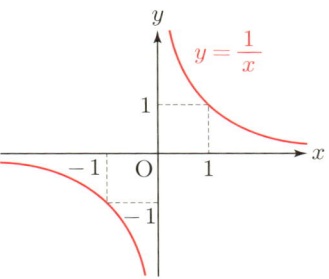

図 2.2　関数 $f(x) = \dfrac{1}{x}$ のグラフ

2・3 関数の極限の定義（その2）

どのような $c \in \mathbf{R}$ に対しても，c より大きなある $x_0 \in \mathbf{R}$ で値 $f(x_0) \in \mathbf{R}$ が定められるような関数 $f(x)$ に対しては，次の定義 2.2 のように，$x \to +\infty$ のときの極限を考えることができる．$x \to -\infty$ のときの極限についても同様である．

定義 2.2

関数 $f(x)$ に対して，x を十分大きくすれば，$f(x)$ をある $l \in \mathbf{R}$ に限りなく近づけることができるとき，

$$\lim_{x \to +\infty} f(x) = l \tag{2.11}$$

または

$$f(x) \to l \qquad (x \to +\infty) \tag{2.12}$$

と表し，$f(x)$ は $x \to +\infty$ のとき，**極限 l に収束する**という．また，x を十分大きくすれば，$f(x)$ を限りなく大きくできるとき，

$$\lim_{x \to +\infty} f(x) = +\infty \tag{2.13}$$

または

$$f(x) \to +\infty \qquad (x \to +\infty) \tag{2.14}$$

と表し，$f(x)$ は $x \to +\infty$ のとき，**極限 $+\infty$** または**正の無限大に発散する**という．同様に，$x \to +\infty$ のとき，**極限 $-\infty$** または**負の無限大に発散する**関数を定めることができる．

同様に，$x \to -\infty$ のときの極限も定めることができる．

例 2.4 関数 $f(x) = \dfrac{1}{x}$ は $x \neq 0$ となるすべての $x \in \mathbf{R}$ に対して定義されるので，極限 $\displaystyle\lim_{x \to +\infty} \dfrac{1}{x}$, $\displaystyle\lim_{x \to -\infty} \dfrac{1}{x}$ を考えることができる．このとき，等式

$$\lim_{x \to +\infty} \frac{1}{x} = 0, \qquad \lim_{x \to -\infty} \frac{1}{x} = 0 \tag{2.15}$$

が成り立つ（**図 2.2**）． ◆

例 2.5　等式

$$\lim_{x \to +\infty} \left(1 + \frac{1}{x}\right)^x = e \tag{2.16}$$

が成り立つことを示そう．ただし，e はネピアの数である $[\Rightarrow$ 例 1.6 $]$．まず，$x > 1$ のとき，$n \in \mathbf{N}$ を

$$n \le x < n + 1 \tag{2.17}$$

となるように選んでおく．このとき，

$$1 + \frac{1}{n+1} < 1 + \frac{1}{x} \le 1 + \frac{1}{n} \tag{2.18}$$

が成り立つ．さらに，(2.17) より，

$$\left(1 + \frac{1}{n+1}\right)^n < \left(1 + \frac{1}{x}\right)^x < \left(1 + \frac{1}{n}\right)^{n+1} \tag{2.19}$$

である．ここで，

$$\begin{aligned}
\lim_{n \to \infty} \left(1 + \frac{1}{n+1}\right)^n &= \lim_{n \to \infty} \left(1 + \frac{1}{n+1}\right)^{n+1} \frac{1}{1 + \frac{1}{n+1}} \\
&= \lim_{n \to \infty} \left(1 + \frac{1}{n+1}\right)^{n+1} \lim_{n \to \infty} \frac{1}{1 + \frac{1}{n+1}} \\
&= \lim_{m \to \infty} \left(1 + \frac{1}{m}\right)^m \lim_{m \to \infty} \frac{1}{1 + \frac{1}{m}} \\
&\quad (\odot\ m = n + 1 \text{ とおくと，} n \to \infty \text{ のとき，} m \to \infty) \\
&= e \cdot \frac{1}{1 + 0} = e
\end{aligned} \tag{2.20}$$

である．また，

$$\begin{aligned}
\lim_{n \to \infty} \left(1 + \frac{1}{n}\right)^{n+1} &= \lim_{n \to \infty} \left(1 + \frac{1}{n}\right)^n \left(1 + \frac{1}{n}\right) \\
&\overset{\odot\,\text{定理}\,1.1\,(3)}{=} \lim_{n \to \infty} \left(1 + \frac{1}{n}\right)^n \lim_{n \to \infty} \left(1 + \frac{1}{n}\right) \overset{\odot\,(1.23)}{=} e(1 + 0) \\
&= e
\end{aligned} \tag{2.21}$$

である．さらに，(2.17) より，$x \to +\infty$ のとき，$n \to \infty$ となる．このとき，(2.19), (2.20), (2.21) に対してはさみうちの原理（定理 1.3）を用いると，(2.16) が成り立つ．　◆

2·4 関数の極限の基本的性質（その1）

$f(x), g(x)$ を $x = a$ の近くで定義された関数としよう．このとき，数列の場合 [⇨ 1·5] と同様に，実数の四則演算を用いることにより，$x = a$ の近くで定義された関数 $f(x) + g(x)$, $cf(x)$, $f(x)g(x)$, $\dfrac{f(x)}{g(x)}$ を定めることができる．ただし，$c \in \mathbf{R}$ であり，$\dfrac{f(x)}{g(x)}$ を考える場合は，$g(x)$ は $x = a$ の近くで 0 ではないとする．このようにして得られる関数の極限に関して，次の定理 2.1 が成り立つ[3] [⇨ ［杉浦 1］p. 57 定理 6.6].

定理 2.1

$a \in \mathbf{R}$ とし，$f(x), g(x)$ を $x = a$ の近くで定義された関数とする．$l, m \in \mathbf{R}$ をそれぞれ $f(x), g(x)$ の $x \to a$ のときの極限とすると，次の (1)〜(4) が成り立つ．

(1) $\displaystyle\lim_{x \to a}(f(x) \pm g(x)) = l \pm m.$ （複号同順）

(2) $\displaystyle\lim_{x \to a} cf(x) = cl.$ $(c \in \mathbf{R})$

(3) $\displaystyle\lim_{x \to a} f(x)g(x) = lm.$

(4) $\displaystyle\lim_{x \to a} \dfrac{f(x)}{g(x)} = \dfrac{l}{m}.$ $(m \neq 0)$

例 2.6 $a \in \mathbf{R}$, $n \in \mathbf{N}$ とすると，

$$\lim_{x \to a} x^n = a^n, \quad \lim_{x \to a+0} x^n = a^n, \quad \lim_{x \to a-0} x^n = a^n \tag{2.22}$$

が成り立つ．実際，(2.22) 第 1 式については，$n = 1$ のとき，(2.7) 第 1 式より成り立ち，また，$n \geq 2$ のとき，

$$\lim_{x \to a} x^n = \lim_{x \to a} x x^{n-1} \overset{\odot\ \text{定理 2.1 (3),(2.7) 第 1 式}}{=} a \lim_{x \to a} x^{n-1} = a \lim_{x \to a} x x^{n-2}$$

$$\overset{\odot\ \text{定理 2.1 (3),(2.7) 第 1 式}}{=} a^2 \lim_{x \to a} x^{n-2} = \cdots = a^{n-1} \lim_{x \to a} x$$

---

[3]　その他の種類の極限についても同様の事実が成り立つが，簡単のため，定理として述べる際には，上のような極限についてのみ述べる．

$$\overset{\odot\,(2.7)\,\text{第 1 式}}{=} a^n \tag{2.23}$$

となる. (2.22) 第 2 式, 第 3 式についても同様である.   ◆

例題 2.1 $a, l, m \in \mathbf{R}$ とする. $x = a$ の近くで定義された関数 $f(x), g(x)$ が

$$\lim_{x \to a} f(x) = l, \qquad \lim_{x \to a} g(x) = m \tag{2.24}$$

をみたすとき, 関数の極限

$$\lim_{x \to a} (f(x) + g(x))(f(x) - g(x)) \tag{2.25}$$

を求めよ.   □□□ ✍

解 (2.25) 式 $\overset{\odot\,\text{定理 2.1 (3)}}{=} \lim_{x \to a}(f(x) + g(x)) \lim_{x \to a}(f(x) - g(x))$

$$\overset{\odot\,\text{定理 2.1 (1)}}{=} \left(\lim_{x \to a} f(x) + \lim_{x \to a} g(x)\right)\left(\lim_{x \to a} f(x) - \lim_{x \to a} g(x)\right)$$

$$\overset{\odot\,(2.24)}{=} (l + m)(l - m) = l^2 - m^2 \tag{2.26}$$

である[4].   ◇

例題 2.2 関数の極限 $\displaystyle\lim_{x \to 2+0} \frac{1}{x - 2}$ を求めよ.   □□□ ✍

解 $t = x - 2$ とおくと, (2.6) 第 2 式, (2.7) 第 2 式, 定理 2.1 (1) より, $x \to 2 + 0$ のとき, $t \to +0$ となる. よって,

$$\lim_{x \to 2+0} \frac{1}{x - 2} = \lim_{t \to +0} \frac{1}{t} \overset{\odot\,(2.10)\,\text{第 1 式}}{=} +\infty \tag{2.27}$$

である.   ◇

---

[4] $(f(x))^2 - (g(x))^2$ の極限を計算して求めることもできる (✍).

2・5 関数の極限の基本的性質（その2）

正や負の無限大に発散する関数の極限に関しては，次の定理 2.2 が成り立つ．
[⇨ ［杉浦 1］p.60 命題 6.9]

定理 2.2

$a \in \mathbf{R}$ とし，$f(x), g(x)$ を $x = a$ の近くで定義された関数とする．このとき，次の (1)〜(4) が成り立つ．

(1) $\displaystyle \lim_{x \to a} f(x) = +\infty$ であり，ある $c \in \mathbf{R}$ に対して，$g(x) \geq c$ ならば，
$\displaystyle \lim_{x \to a} (f(x) + g(x)) = +\infty$.

(2) $\displaystyle \lim_{x \to a} f(x) = +\infty$ であり，ある $c > 0$ に対して，$g(x) \geq c$ ならば，
$\displaystyle \lim_{x \to a} f(x)g(x) = +\infty$.

(3) $\displaystyle \lim_{x \to a} f(x) = \pm\infty$ ならば，$\displaystyle \lim_{x \to a} \frac{1}{f(x)} = 0$.

(4) $\displaystyle \lim_{x \to a} f(x) = 0,\ f(x) > 0$ ならば，$\displaystyle \lim_{x \to a} \frac{1}{f(x)} = +\infty$.

例 2.7 等式

$$\lim_{x \to -\infty} \left(1 + \frac{1}{x}\right)^x = e \tag{2.28}$$

が成り立つことを示そう．まず，$t = -x - 1$ とおくと，定理 2.2 と同様の事実より，$x \to -\infty$ のとき，$t \to +\infty$ となる．よって，

$$\lim_{x \to -\infty} \left(1 + \frac{1}{x}\right)^x = \lim_{t \to +\infty} \left(1 + \frac{1}{-t-1}\right)^{-t-1}$$

$$= \lim_{t \to +\infty} \left(\frac{t}{t+1}\right)^{-t} \left(\frac{t}{t+1}\right)^{-1} = \lim_{t \to +\infty} \left(1 + \frac{1}{t}\right)^t \left(1 + \frac{1}{t}\right)$$

$$\overset{\odot\ \text{定理 } 2.1\,(3)}{=} \lim_{t \to +\infty} \left(1 + \frac{1}{t}\right)^t \lim_{t \to +\infty} \left(1 + \frac{1}{t}\right)$$

$$\overset{\odot\ (2.15)\ \text{第 1 式},(2.16),\ \text{定理 } 2.1\,(1)}{=} e(1 + 0) = e \tag{2.29}$$

である． ◆

2・6　大小関係と極限

数列の場合〔⇨ 1・6 〕と同様に，$\mathbf{R}$ の大小関係 $\leq$ と関数の極限に関して，次の定理 2.3，定理 2.4 が成り立つ.

定理 2.3

$a \in \mathbf{R}$ とし，$f(x), g(x)$ を $x = a$ の近くで定義された関数とする. $x = a$ の十分近くにある任意の x に対して，$f(x) \leq g(x)$ が成り立ち，$f(x), g(x)$ がそれぞれ $l, m \in \mathbf{R}$ に収束するならば，$l \leq m$ である.

定理 2.4（はさみうちの原理）

$a \in \mathbf{R}$ とし，$f(x), g(x), h(x)$ を $x = a$ の近くで定義された関数とする. $x = a$ の十分近くにある任意の x に対して，$f(x) \leq h(x) \leq g(x)$ が成り立ち，$f(x), g(x)$ がともに $l \in \mathbf{R}$ に収束するならば，$h(x)$ は l に収束する.

例題 2.3　次の関数の極限を求めよ.

(1) $\displaystyle\lim_{x \to +0} x \sin \frac{1}{x}$　　　(2) $\displaystyle\lim_{x \to +\infty} \frac{\sin x}{x}$

解　(1) $x > 0$ とすると，$-1 \leq \sin \dfrac{1}{x} \leq 1$ なので，

$$-x \leq x \sin \frac{1}{x} \leq x \tag{2.30}$$

である. ここで，(2.7) 第 2 式，定理 2.1 (2) より，

$$\lim_{x \to +0} (-x) = 0, \qquad \lim_{x \to +0} x = 0 \tag{2.31}$$

となる. よって，はさみうちの原理（定理 2.4）より，極限は 0 である[5].

---

[5]　同様に，$\displaystyle\lim_{x \to -0} x \sin \frac{1}{x} = 0$ を示すことができる（✍）. よって，$\displaystyle\lim_{x \to 0} x \sin \frac{1}{x} = 0$ となる.

(2) $x > 0$ とすると，$-1 \leq \sin x \leq 1$ なので，

$$-\frac{1}{x} \leq \frac{\sin x}{x} \leq \frac{1}{x} \tag{2.32}$$

である．ここで，(2.15) 第 1 式，定理 2.1 (2) より，

$$\lim_{x \to +\infty} \left(-\frac{1}{x} \right) = 0, \qquad \lim_{x \to +\infty} \frac{1}{x} = 0 \tag{2.33}$$

となる．よって，はさみうちの原理（定理 2.4）より，極限は 0 である．　　◇

§2 の問題

確認問題

問 2.1 $a, l, m, c \in \mathbf{R}$，$m \neq 0$ とする．$x = a$ の近くで定義された関数 $f(x)$，$g(x)$ が $\displaystyle\lim_{x \to a} f(x) = l$，$\displaystyle\lim_{x \to a} g(x) = m$ をみたすとき，関数の極限 $\displaystyle\lim_{x \to a} \frac{cf(x)}{g(x)}$ を求めよ．□□□ [⇨ **2・4**]

問 2.2 次の関数の極限を求めよ．

(1) $\displaystyle\lim_{x \to 3-0} \frac{1}{x-3}$ 　　(2) $\displaystyle\lim_{x \to 2+0} \frac{1}{2-x}$ 　　(3) $\displaystyle\lim_{x \to -\frac{3}{2}+0} \frac{4}{2x+3}$

□□□ [⇨ **2・4**]

問 2.3 次の関数の極限を求めよ．

(1) $\displaystyle\lim_{x \to -0} x \sin^2 \frac{1}{x}$ 　　(2) $\displaystyle\lim_{x \to 0} x^2 \cos \frac{1}{x}$ 　　(3) $\displaystyle\lim_{x \to -\infty} \frac{\cos x^2}{x}$

□□□ [⇨ **2・6**]

基本問題

問 2.4　関数 $f(x)$, $g(x)$ に対して，$\displaystyle\lim_{x\to+\infty} f(x) = +\infty$ であり，ある $c \in \mathbf{R}$ に対して，$g(x) \geq c$ であるとすると，等式

$$\lim_{x\to+\infty} (f(x) + g(x)) = +\infty$$

が成り立つ．このことを用いて，関数の極限 $\displaystyle\lim_{x\to+\infty} \frac{x^2 - \sin^2 x}{x - \sin x}$ を求めよ．

□□□ [⇨ **2・5**]

問 2.5　次の ◻ をうめることにより，関数の極限 $\displaystyle\lim_{x\to 0}(1+x)^{\frac{1}{x}}$ を求めよ．

$t = \dfrac{1}{x}$ とおく．まず，$x > 0$ とすると，$x \to +0$ のとき，$t \to$ ① となるので，

$$\lim_{x\to+0}(1+x)^{\frac{1}{x}} = \lim_{t\to\boxed{①}}\left(1 + \frac{1}{t}\right)^t = \boxed{②}$$

である．また，$x < 0$ とすると，$x \to -0$ のとき $t \to$ ③ となるので，

$$\lim_{x\to-0}(1+x)^{\frac{1}{x}} = \lim_{t\to\boxed{③}}\left(1 + \frac{1}{t}\right)^t = \boxed{④}$$

である．よって，求める極限は ⑤ である．

□□□ [⇨ **2・5**]

§3 関数の連続性（その1）

────── §3のポイント ──

- **連続**な関数の極限は定義域の値を代入することにより求められる.
- 連続な関数から四則演算や**合成**を用いて定められる関数は連続である. ただし, 商については分母は 0 ではない必要がある.
- **多項式関数**, **正弦関数**, **余弦関数**, **指数関数**, **対数関数**, **べき関数**は連続である.
- **有界閉区間**で連続な関数に対して, **中間値の定理**が成り立つ.
- 有界閉区間で連続な関数は最大値および最小値をもつ.

3・1 関数の連続性

関数の極限 [⇨ §2] を用いて, 関数の連続性を定めることができる.

── **定義 3.1（関数の連続性）** ──

- $a \in \mathbf{R}$ とし, $f(x)$ を $x = a$ とその近くで定義された関数とする. 等式

$$\lim_{x \to a} f(x) = f(a) \tag{3.1}$$

が成り立つとき, $f(x)$ は $x = a$ で**連続**であるという. ただし, $f(x)$ が $x > a$ となる $x = a$ の近くで定義されている場合は (3.1) の左辺は右極限とし, $f(x)$ は $x = a$ で**右連続**であるという. また, 左極限・**左連続**についても同様である[1].

- $f(x)$ を関数とする. $f(x)$ の定義域の任意の元 a に対して, $f(x)$ が $x = a$ で連続であるとき, $f(x)$ は**連続**であるという.

関数 $f(x)$ は, $y = f(x)$ とおいて, xy 平面上に点 $(x, f(x))$ をプロットして得

───────────────

[1] とくに, 「$f(x)$ が $x = a$ で連続」⟺ 「$f(x)$ が $x = a$ で右連続かつ左連続」である [⇨ 注意 2.1]

られる**グラフ**とよばれる曲線を考えることにより，視覚的に捉えることができる．このとき，$f(x)$ が $x = a$ で連続であるとは，直観的には曲線 $y = f(x)$ が $x = a$ で「繋がっている」ことを意味する（**図 3.1**）．

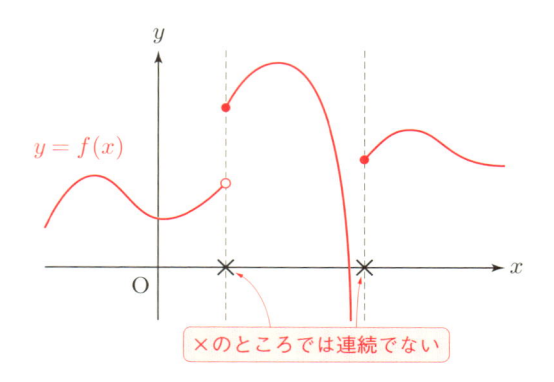

図 3.1　関数の連続性

定理 2.1，定義 3.1 より，次の定理 3.1 が成り立つ．

定理 3.1

$a \in \mathbf{R}$ とし，$f(x), g(x)$ を $x = a$ で連続な関数とする．このとき，次の (1)〜(4) が成り立つ．

(1) $\displaystyle\lim_{x \to a}(f(x) \pm g(x)) = f(a) \pm g(a)$.　（複号同順）

(2) $\displaystyle\lim_{x \to a} cf(x) = cf(a)$.　$(c \in \mathbf{R})$

(3) $\displaystyle\lim_{x \to a} f(x)g(x) = f(a)g(a)$.

(4) $\displaystyle\lim_{x \to a} \frac{f(x)}{g(x)} = \frac{f(a)}{g(a)}$.　$(g(a) \neq 0)$

すなわち，関数 $f(x) \pm g(x)$, $cf(x)$, $f(x)g(x)$, $\dfrac{f(x)}{g(x)}$ は $x = a$ で連続である．

実数の四則演算を用いること以外に，あたえられた関数から新たな関数を定める方法として，次のようなものを考えることができる．$f(x)$ を関数とし，

$y = f(x)$ とおく．さらに，$g(y)$ を関数とする．このとき，$y = f(x)$ を $g(y)$ に代入することにより，関数 $g(f(x))$ を考えることができる．ただし，$f(x)$ の定義域の任意の元 x に対して，$g(y)$ が $y = f(x)$ で定義されているとする．関数 $g(f(x))$ を $(g \circ f)(x)$ と表し，$f(x)$ と $g(y)$ の**合成関数**または**合成**という．

合成関数に関して，次の定理 3.2 が成り立つ ［⇨ ［杉浦 1］ p. 58 定理 6.7］．

定理 3.2

$a \in \mathbf{R}$ とし，$f(x)$ を $x = a$ で連続な関数，$g(y)$ を $y = f(a)$ で連続な関数とする．このとき，等式

$$\lim_{x \to a} (g \circ f)(x) = (g \circ f)(a) \tag{3.2}$$

が成り立つ．すなわち，$(g \circ f)(x)$ は $x = a$ で連続である．

定理 3.1，定理 3.2 をまとめると，次のようになる．

連続な関数から四則演算や合成を用いて定められる関数は連続であり，

その極限は定義域の値を代入することにより求められる． $\tag{3.3}$

3・2 連続関数の例

連続関数，すなわち，連続な関数の基本的な例を挙げておこう．

例 3.1（多項式関数） 実数を係数とする 1 変数の多項式により定まる関数を**多項式関数**という．多項式関数 $f(x)$ はその次数を n （$n = 0, 1, 2, \cdots$）とすると，定数 $a_0, a_1, a_2, \cdots, a_n \in \mathbf{R}$ を用いて，

$$f(x) = a_0 x^n + a_1 x^{n-1} + a_2 x^{n-2} + \cdots + a_{n-1} x + a_n \tag{3.4}$$

と表すことができる．このとき，$f(x)$ を **n 次関数**ともいう．とくに，$n = 0$ のときは，$f(x)$ を**定数関数**ともいう．(2.6), (2.22)，定理 2.1 (1), (2) より，任意の $a \in \mathbf{R}$ に対して，$f(x)$ は $x = a$ で連続となる（✎）．よって，**多項式関数は連続である**． ◆

例 3.2（正弦関数と余弦関数） 任意の $a \in \mathbf{R}$ に対して，正弦関数 $\sin x$ は $x = a$ で連続であることを示そう．まず，**図 3.2** のように，$0 < \theta < \frac{\pi}{2}$ のとき，半径 1，中心角 θ の扇形の面積は底辺 1，高さ $\sin \theta$ の三角形の面積より大きいことに注意すると，不等式

$$\sin \theta < \theta \tag{3.5}$$

が成り立つ（✐）．ここで，和積の公式より，

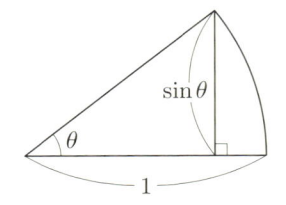

図 3.2　扇形と三角形の面積の比較（その 1）

$$\sin x - \sin a = 2 \cos \frac{x + a}{2} \sin \frac{x - a}{2} \tag{3.6}$$

なので，(3.5) および $-1 \leq \cos \dfrac{x + a}{2} \leq 1$ より，$0 < x - a < \pi$ のとき，

$$-(x - a) < \sin x - \sin a < x - a \tag{3.7}$$

となる．さらに，例 3.1 より，$\pm(x - a)$ は $x = a$ で連続なので，

$$\lim_{x \to a+0} \{\pm(x - a)\} = \pm(a - a) = 0 \qquad \text{（複号同順）} \tag{3.8}$$

となる．よって，(3.7), (3.8)，はさみうちの原理（定理 2.4）より，

$$\lim_{x \to a+0} \sin x = \sin a \tag{3.9}$$

である．

一方，θ および $\sin \theta$ が奇関数[2] であることに注意すると, (3.5) より，$-\dfrac{\pi}{2} < \theta < 0$ のとき，不等式

$$\theta < \sin \theta \tag{3.10}$$

が成り立つ（✐）．よって，上と同様に，

$$\lim_{x \to a-0} \sin x = \sin a \tag{3.11}$$

となる（✐）．

---

[2]　$f(-x) = -f(x)$ をみたす関数 $f(x)$ を**奇関数**という．また，$f(-x) = f(x)$ をみたす関数 $f(x)$ を**偶関数**という．

(3.9), (3.11) より，

$$\lim_{x \to a} \sin x = \sin a, \tag{3.12}$$

すなわち，$\sin x$ は $x = a$ で連続である．したがって，**$\sin x$ は連続である**．

同様に，任意の $a \in \mathbf{R}$ に対して，余弦関数 $\cos x$ は $x = a$ で連続であることがわかる（✍）[3]．よって，**$\cos x$ は連続である**．　　　　◆

次の例 3.3 については事実として認めることにしよう ［⇨［杉浦 1］第 III 章 §3, §4］.

例 3.3（指数関数，対数関数，べき関数） (1) $a > 0,\ a \neq 1$ とすると，**指数関数 a^x は連続である**．また，等式

$$\lim_{x \to +\infty} a^x = \begin{cases} 0 & (0 < a < 1), \\ +\infty & (a > 1), \end{cases} \qquad \lim_{x \to -\infty} a^x = \begin{cases} +\infty & (0 < a < 1), \\ 0 & (a > 1) \end{cases} \tag{3.13}$$

が成り立つ（**図 3.3**，**図 3.4**）．

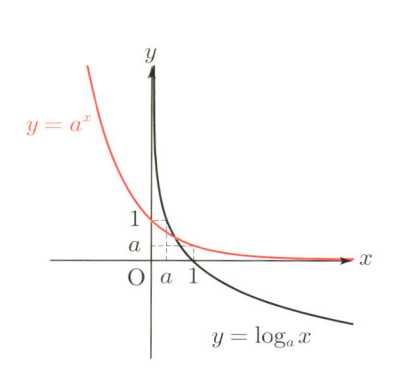
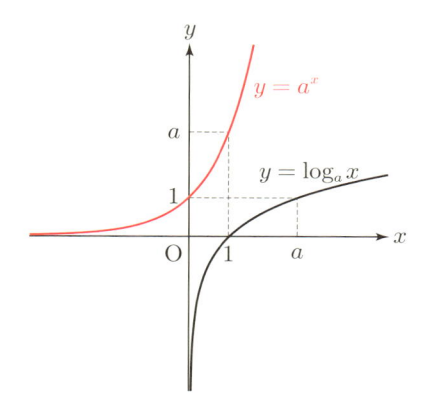

図 3.3 $0 < a < 1$ のときの $y = a^x$，$y = \log_a x$ のグラフ

図 3.4 $a > 1$ のときの $y = a^x$，$y = \log_a x$ のグラフ

(2) $a > 0,\ a \neq 1$ とすると，**対数関数 $\log_a x$ は連続である**．ただし，$x > 0$ と

---

[3] 和積の公式 $\cos x - \cos a = -2 \sin \dfrac{x+a}{2} \sin \dfrac{x-a}{2}$ を用いるとよい．

する．なお，$a = e$［⇨ 例 1.6］のときは，$\log_e x$ を $\log x$ または $\ln x$ と表し，これを x の**自然対数**という[4]．また，等式

$$\lim_{x \to +0} \log_a x = \begin{cases} +\infty & (0 < a < 1), \\ -\infty & (a > 1), \end{cases} \tag{3.14}$$

$$\lim_{x \to +\infty} \log_a x = \begin{cases} -\infty & (0 < a < 1), \\ +\infty & (a > 1) \end{cases} \tag{3.15}$$

が成り立つ（**図 3.3**，**図 3.4**）．

(3) $a \in \mathbf{R}$ とすると，**べき関数 x^a は連続である**．ただし，$x > 0$ とする．なお，$a = \frac{1}{2}$ のときは，$x^{\frac{1}{2}}$ を $\sqrt{x}$ とも表す．また，$n = 3, 4, 5, \cdots$ に対しては，$x^{\frac{1}{n}}$ を $\sqrt[n]{x}$ とも表す． ◆

例題 3.1　関数の極限 $\displaystyle\lim_{x \to 0} \frac{\sqrt{x+1} - 1}{x}$ を求めよ．

解
$$\lim_{x \to 0} \frac{\sqrt{x+1} - 1}{x} = \lim_{x \to 0} \frac{(\sqrt{x+1} - 1)(\sqrt{x+1} + 1)}{x(\sqrt{x+1} + 1)}$$
$$= \lim_{x \to 0} \frac{(x+1) - 1}{x(\sqrt{x+1} + 1)} = \lim_{x \to 0} \frac{1}{\sqrt{x+1} + 1}$$
$$\overset{\text{☺ 例 3.1, 例 3.3 (3),(3.3)}}{=} \frac{1}{\sqrt{0+1} + 1} = \frac{1}{2} \tag{3.16}$$

である． ◇

はさみうちの原理（定理 2.4），例 3.2 を用いることにより，次の例 3.4 のような関数の極限を求めることができる．

例 3.4　等式

$$\lim_{x \to 0} \frac{\sin x}{x} = 1 \tag{3.17}$$

が成り立つことを示そう．まず，**図 3.5** のように，$0 < \theta < \frac{\pi}{2}$ のとき，底辺 1，

---

[4]　「ln」は「自然対数」を意味する英単語 "natural logarithm" の頭文字に由来する．

高さ $\tan\theta$ の三角形の面積は半径 1，中心角 θ
の扇形の面積より大きいことに注意すると，不
等式

$$\theta < \tan\theta \qquad (3.18)$$

が成り立つ（✍）．よって，(3.5), (3.18) より，
$0 < x < \frac{\pi}{2}$ のとき，不等式

$$\cos x < \frac{\sin x}{x} < 1 \qquad (3.19)$$

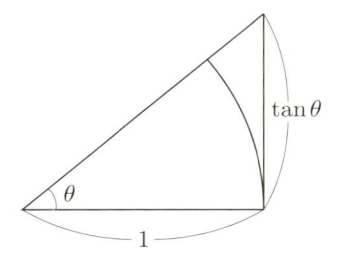

図 3.5 扇形と三角形の
面積の比較（その 2）

が成り立つ．さらに，$\cos x$ および $\frac{\sin x}{x}$ は偶関数なので，(3.19) は $-\frac{\pi}{2} < x < 0$
のときも成り立つ．ここで，例 3.2 より，$\cos x$ は $x = 0$ で連続なので，

$$\lim_{x\to 0}\cos x = \cos 0 = 1 \qquad (3.20)$$

となる．よって，(3.19), (3.20)，はさみうちの原理（定理 2.4）より，(3.17) が
成り立つ．

とくに，関数 $f(x)$ を

$$f(x) = \begin{cases} \dfrac{\sin x}{x} & (x \neq 0), \\ 1 & (x = 0) \end{cases} \qquad (3.21)$$

により定めると，$f(x)$ は $x = 0$ で連続である．さらに，$a \in \mathbf{R}$, $a \neq 0$ とすると，
例 3.1，例 3.2 より，$x, \sin x$ は $x = a$ で連続なので，(3.3) より，その商 $f(x)$
も $x = a$ で連続である．したがって，$f(x)$ は連続である．　　　　◆

3・3　有界閉区間で連続な関数

$\mathbf{R}$ の部分集合の中でも次の定義 3.2 のように定められるものは，関数の定義
域としてよく用いられる．

┌─ **定義 3.2** ─────────

$a, b \in \mathbf{R}$, $a < b$ とする．
　$(a, b) \subset \mathbf{R}$ を

$$(a,b) = \{x \in \mathbf{R} \mid a < x < b\} \qquad (3.22)$$

により定め，これを**有界開区間**という[5]．

$[a,b] \subset \mathbf{R}$ を

$$[a,b] = \{x \in \mathbf{R} \mid a \leq x \leq b\} \qquad (3.23)$$

により定め，これを**有界閉区間**という[6]．

有界閉区間で連続な関数に対する重要な定理を2つ挙げよう．まず，次の定理3.3が成り立つ $[\Rightarrow [$杉浦1$]$ p.74 定理8.1$]$．

定理3.3（中間値の定理）

$f(x)$ を有界閉区間 $[a,b]$ で連続な関数とする．$f(a) \neq f(b)$ ならば，$f(a)$ と $f(b)$ の間の任意の $l \in \mathbf{R}$ に対して[7]，$f(c) = l$ となる $c \in (a,b)$ が存在する（**図3.6**）．

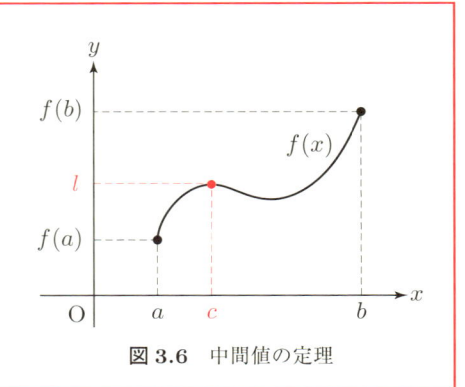

図3.6 中間値の定理

---

[5] $a \in \mathbf{R}$ に対して，$(-\infty, a) = \{x \in \mathbf{R} \mid x < a\}$ あるいは $(a, +\infty) = \{x \in \mathbf{R} \mid a < x\}$ により定められる $\mathbf{R}$ の部分集合を**無限開区間**という．有界開区間，無限開区間，$\mathbf{R}$ を合わせて**開区間**という．

[6] $a \in \mathbf{R}$ に対して，$(-\infty, a] = \{x \in \mathbf{R} \mid x \leq a\}$ あるいは $[a, +\infty) = \{x \in \mathbf{R} \mid x \geq a\}$ により定められる $\mathbf{R}$ の部分集合を**無限閉区間**という．有界閉区間，無限閉区間，$\mathbf{R}$ を合わせて**閉区間**という．とくに，$\mathbf{R}$ は開区間でも閉区間でもある．また，$a = b$ のときを考えると，$[a,b] = \{a\} = \{b\}$ となり，これも閉区間とみなされるが，1点のみで定義された関数についてはわざわざ考える必要がほとんどないため，定義3.2では $a < b$ とした．

[7] $f(a) < f(b)$ のときは $f(a) < l < f(b)$ であり，$f(b) < f(a)$ のときは $f(b) < l < f(a)$ である．

また，**有界閉区間で連続な関数は最大値および最小値をもつ**，すなわち，次の定理 3.4 が成り立つ [⇨ [杉浦 1] p. 68 定理 7.3].

定理 3.4（ワイエルシュトラスの定理）

$f(x)$ を有界閉区間 $[a, b]$ で連続な関数とする．このとき，ある $c, c' \in [a, b]$ が存在し，任意の $x \in [a, b]$ に対して，

$$f(x) \leq f(c), \qquad f(c') \leq f(x)$$

が成り立つ．すなわち，$f(x)$ は $x = c$ で最大値 $f(c)$，$x = c'$ で最小値 $f(c')$ をとる（**図 3.7**）．

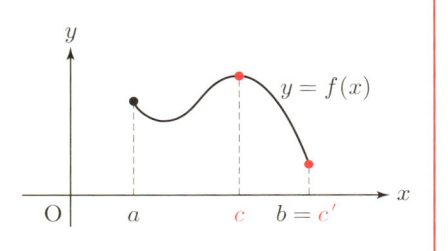

図 3.7 ワイエルシュトラスの定理（$a < c < b$, $b = c'$ となる例）

---

§3 の問題

確認問題

問 3.1 次の関数の極限を求めよ.

(1) $\displaystyle\lim_{x \to \frac{\pi}{2}} \frac{1 - \sin x}{\cos^2 x}$　　(2) $\displaystyle\lim_{x \to 0} \frac{\log(1 + x)}{x}$　　(3) $\displaystyle\lim_{x \to 0} \frac{e^x - 1}{x}$

問 3.2 有界開区間および有界閉区間の定義を書け.

基本問題

問 3.3　関数 $|x|$ は $x = 0$ で連続であることを示せ．なお，例 3.1 より，$a \in \mathbf{R}$，$a \neq 0$ のときも，$|x|$ は $x = a$ で連続となり，定理 3.2 より，任意の $a \in \mathbf{R}$ に対して，関数 $f(x)$ が $x = a$ で連続ならば，関数 $|f(x)|$ は $x = a$ で連続である．

□□□ [⇨ **3・1**]

問 3.4　次の関数の極限を求めよ．

(1) $\displaystyle\lim_{x \to 0} \frac{1 - \cos 2x}{x^2}$　　　(2) $\displaystyle\lim_{x \to 0} \frac{\sin 3x}{x}$　　　(3) $\displaystyle\lim_{x \to \pi} \frac{\sin x}{x - \pi}$

□□□ [⇨ **3・2**]

チャレンジ問題

問 3.5　$f(x)$ を有界閉区間 $[a, b]$ で連続な関数とする．任意の $x \in [a, b]$ に対して，$f(x) \in [a, b]$ が成り立つならば，$f(c) = c$ となる $c \in [a, b]$ が存在する[8]ことを，次の □ をうめることにより示せ．

関数 $g(x)$ を

$$g(x) = x - f(x) \quad (x \in [a, b])$$

により定めると，例 3.1 と $f(x)$ の連続性および定理 3.1 (1) より，$g(x)$ は $[a, b]$ で ① である．また，$f(x) \in [a, b]$ より，$g(a)$ ② 0，$g(b)$ ③ 0 である．$g(a) = 0$ または $g(b) = 0$ のときは，それぞれ $c =$ ④ ，$c =$ ⑤ とおけばよい．

「$g(a) = 0$ または $g(b) = 0$」ではないとき，すなわち，$g(a)$ ⑥ 0 かつ $g(b)$ ⑦ 0 のとき，0 は $g(a)$ と $g(b)$ の間の数となる．よって，⑧ の定理より，$g(c) = 0$ となる $c \in (a, b)$ が存在する．このとき，$f(c) = c$ である．

□□□ [⇨ **3・3**]

---

[8]　このような c のことを**不動点**という．

第 1 章のまとめ

数列，関数の極限

- $\lim\limits_{n \to \infty} a_n = \alpha \in \mathbf{R},\ \lim\limits_{n \to \infty} b_n = \beta \in \mathbf{R}$ のとき

  - $\lim\limits_{n \to \infty} (a_n \pm b_n) = \alpha \pm \beta$　（複号同順）

  - $\lim\limits_{n \to \infty} ca_n = c\alpha$　$(c \in \mathbf{R})$

  - $\lim\limits_{n \to \infty} a_n b_n = \alpha\beta$

  - $\lim\limits_{n \to \infty} \dfrac{a_n}{b_n} = \dfrac{\alpha}{\beta}$　$(\beta \neq 0)$

- **はさみうちの原理**：$a_n \leq c_n \leq b_n$

  $\lim\limits_{n \to \infty} a_n = \lim\limits_{n \to \infty} b_n = \alpha \in \mathbf{R}$
  $\Longrightarrow^{9)} \lim\limits_{n \to \infty} c_n = \alpha$

- 関数の極限についても同様

関数の連続性

- 関数 $f(x)$ が $x = a$ で**連続** $\Longleftrightarrow \lim\limits_{x \to a} f(x) = f(a)$

- **有界閉区間**で連続な関数の重要な性質

  - **中間値の定理**が成り立つ

  - **最大値，最小値をもつ**（**ワイエルシュトラスの定理**）

- 連続関数の例：多項式関数, $\sin x,\ \cos x,\ a^x,\ \log_a x,\ x^a$

重要な極限

- **ネピアの数** e：

  $$\lim_{n \to \infty} \left(1 + \frac{1}{n}\right)^n = \lim_{x \to \pm\infty} \left(1 + \frac{1}{x}\right)^x = \lim_{x \to 0}(1 + x)^{\frac{1}{x}} = e$$

- $\lim\limits_{x \to 0} \dfrac{\sin x}{x} = 1$

---

9)　命題 $P,\ Q$ に対して，P ならば Q であることを $P \Rightarrow Q$ と表す．$P \Rightarrow Q$ かつ $Q \Rightarrow P$ であることを $P \Leftrightarrow Q$ と表し，P と Q は**同値である**という．

1変数関数の微分

§4 関数の微分

--- §4のポイント ---

- **平均変化率**の極限を考えることにより，関数の**微分可能性**を定めることができる．
- 微分可能な関数は連続である．
- 関数の微分は**線形性**をもち，**積の微分法**や**商の微分法**，さらに，**合成関数の微分法**が成り立つ．
- 指数関数を用いて，**双曲線関数**を定めることができる．

4・1 関数の微分可能性

関数の極限 [⇨ §2] を用いて，関数の微分可能性を定めることができる．$f(x)$ を，$a, b \in \mathbf{R}$ を定義域の元として含む関数とする．x が a から b へと変わるとき，$f(x)$ は $f(a)$ から $f(b)$ へと変わるが，これらの変化の量の比

$$\frac{f(b) - f(a)}{b - a} \tag{4.1}$$

を**平均変化率**という．平均変化率は関数の変化の様子を知る 1 つの目安となる

が，$f(x)$ を x で微分するということは，a と b を限りなく近づけたときの「瞬間」の変化率を考えることである（**図 4.1**）.

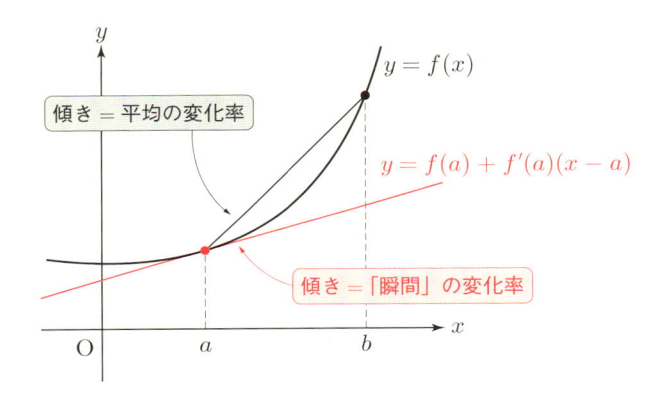

図 4.1　平均変化率と「瞬間」の変化率

定義 4.1（微分）

$a \in \mathbf{R}$ とし，$f(x)$ を $x = a$ とその近くで定義された関数とする．極限

$$\lim_{x \to a} \frac{f(x) - f(a)}{x - a} = \lim_{h \to 0} \frac{f(a+h) - f(a)}{h} \in \mathbf{R} \tag{4.2}$$

が存在するとき[1]，$f(x)$ は $x = a$ で**微分可能**であるという．このとき，極限 (4.2) を $f'(a)$ または $\dfrac{df}{dx}(a)$ などと表し，$f(x)$ の $x = a$ における**微分係数**という[2].

定義 4.2

$f(x)$ を関数とする．$f(x)$ の定義域の任意の元 a に対して，$f(x)$ が $x = a$ で微分可能なとき，$f(x)$ は**微分可能**であるという．このとき，関数 $f'(x)$

---

[1]　$h = x - a$ とおくことにより，(4.2) の両辺は等しいことがわかる.

[2]　「 $'$ 」は英語では "prime" と読むが，日本語では「ダッシュ」とも読む.

> または $\dfrac{df}{dx}(x)$ を $f(x)$ の**導関数**という．導関数を求めることを**微分する**という．

例 4.1　$c \in \mathbf{R}$ を定数とし，定数関数 $f(x) = c$ を考える．このとき，

$$f'(x) \overset{\odot\, 定義\ 4.1}{=} \lim_{h \to 0} \frac{f(x+h) - f(x)}{h} = \lim_{h \to 0} \frac{c - c}{h} = \lim_{h \to 0} 0 = 0 \qquad (4.3)$$

である[3]．すなわち，定数関数 $f(x) = c$ は微分可能であり，等式

$$f'(x) = (c)' = 0 \qquad (4.4)$$

が成り立つ．例えば，$(5)' = 0$ である．　　　　　　　　　　　　　　◆

$a \in \mathbf{R}$ とし，$f(x)$ を $x = a$ で微分可能な関数とする．このとき，方程式

$$y = f(a) + f'(a)(x - a) \qquad (4.5)$$

は xy 平面上の直線を表す．これは点 $(a, f(a))$ を通るさまざまな直線の中で，$(a, f(a))$ の近くで曲線 $y = f(x)$ に最も近い直線であるといえる（**図 4.1**）．直線 (4.5) を曲線 $y = f(x)$ の $x = a$ における**接線**という．とくに，$f'(a)$ は接線 (4.5) の傾きを表す．

微分可能性は連続性 $\left[\Rightarrow \boxed{\textbf{§3}} \right]$ よりも強い概念である．すなわち，次の定理 4.1 が成り立つ．

定理 4.1

$a \in \mathbf{R}$ とし，$f(x)$ を $x = a$ で微分可能な関数とする．このとき，$f(x)$ は $x = a$ で連続である．

証明　まず，

$$\lim_{x \to a} (f(x) - f(a)) = \lim_{x \to a} \frac{f(x) - f(a)}{x - a} \cdot (x - a)$$

---

[3]　$f'(a)$ を計算した後で a を x に置き換えるのは面倒なので，このように計算する．

$$= \lim_{x \to a} \frac{f(x) - f(a)}{x - a} \lim_{x \to a} (x - a) \overset{\odot \, \text{定義} \, 4.1}{=} f'(a) \cdot 0 = 0, \qquad (4.6)$$

すなわち,

$$\lim_{x \to a} (f(x) - f(a)) = 0 \qquad (4.7)$$

である. よって,

$$\lim_{x \to a} f(x) = f(a) \qquad (4.8)$$

となる. すなわち, $f(x)$ は $x = a$ で連続である. ◇

例 4.2 問 3.3 より, $|x|$ は $x = 0$ で連続である. しかし,

$$\lim_{h \to +0} \frac{|0 + h| - |0|}{h} = \lim_{h \to +0} \frac{h}{h} = \lim_{h \to +0} 1 = 1, \qquad (4.9)$$

$$\lim_{h \to -0} \frac{|0 + h| - |0|}{h} = \lim_{h \to -0} \frac{-h}{h} = \lim_{h \to -0} (-1) = -1 \qquad (4.10)$$

なので, 極限 (4.2) は存在しない. よって, $|x|$ は $x = 0$ で微分可能ではない. とくに, 定理 4.1 の逆は正しくない[4]. すなわち, **$x = a$ で連続な関数は必ずしも $x = a$ で微分可能ではない.** ◆

基本的な関数の微分可能性について, 次の定理 4.2 が成り立つ.

定理 4.2

次の (1)〜(4) が成り立つ[5].

(1) $(x^n)' = nx^{n-1}$ $(n \in \mathbf{N})$ (2) $(\sin x)' = \cos x$

(3) $(\cos x)' = -\sin x$ (4) $(e^x)' = e^x$

証明 (1) $(x^n)' \overset{\odot \, \text{定義} \, 4.1}{=} \lim_{h \to 0} \frac{(x + h)^n - x^n}{h}$

$\overset{\odot \, \text{二項定理}}{=} \lim_{h \to 0} \frac{1}{h} \left\{ (_n C_0 x^n + _n C_1 x^{n-1} h + _n C_2 x^{n-2} h^2 + \cdots + _n C_n h^n) - x^n \right\}$

---

[4] 命題 P, Q に対して, 命題 $Q \Rightarrow P$ を命題 $P \Rightarrow Q$ の逆という.

[5] (2) の右辺と (3) の右辺は符号を混同しやすいので注意しよう.

$$= \lim_{h \to 0} \frac{1}{h} \left\{ \left(x^n + n x^{n-1} h + \frac{n(n-1)}{2} x^{n-2} h^2 + \cdots + h^n \right) - x^n \right\}$$

$$= \lim_{h \to 0} \left\{ n x^{n-1} + \frac{n(n-1)}{2} x^{n-2} h + \cdots + h^{n-1} \right\} = n x^{n-1} \qquad (4.11)$$

である．よって，x^n は微分可能であり，(1) が成り立つ．

(2) $(\sin x)' \overset{\text{☺ 定義 4.1}}{=} \lim_{h \to 0} \frac{\sin(x+h) - \sin x}{h}$

$\overset{\text{☺ 和積の公式}}{=} \lim_{h \to 0} \frac{1}{h} \cdot 2 \cos \frac{(x+h)+x}{2} \sin \frac{(x+h)-x}{2} = \lim_{h \to 0} \frac{\sin \frac{h}{2}}{\frac{h}{2}} \cos \left(x + \frac{h}{2} \right)$

$\overset{\text{☺ (3.17)}}{=} 1 \cdot \cos x = \cos x \qquad (4.12)$

である．よって，$\sin x$ は微分可能であり，(2) が成り立つ．

(3) および (4)　問 4.1 とする．　　　　　　　　　　　　　　　　◇

4・2　関数の微分の基本的性質

　微分可能な関数から四則演算を用いて定められる関数の微分可能性に関して，次の定理 4.3 が成り立つ．

定理 4.3

$f(x), g(x)$ を同じ定義域で微分可能な関数とする．このとき，次の (1)〜(4) が成り立つ．

  (1) $(f(x) \pm g(x))' = f'(x) \pm g'(x)$.　（複号同順）

  (2) $(cf(x))' = cf'(x)$.　($c \in \mathbf{R}$)

  (3) $(f(x)g(x))' = f'(x)g(x) + f(x)g'(x)$.　**(積の微分法)**

  (4) $\left(\dfrac{f(x)}{g(x)} \right)' = \dfrac{f'(x)g(x) - f(x)g'(x)}{(g(x))^2}$.　($g(x) \neq 0$)　**(商の微分法)**

証明　(1) $(f(x) \pm g(x))'$

$\overset{\text{☺ 定義 4.1}}{=} \lim_{h \to 0} \frac{(f(x+h) \pm g(x+h)) - (f(x) \pm g(x))}{h}$

$$= \lim_{h \to 0} \frac{(f(x+h) - f(x)) \pm (g(x+h) - g(x))}{h} = \lim_{h \to 0} \frac{f(x+h) - f(x)}{h}$$

$$\pm \lim_{h \to 0} \frac{g(x+h) - g(x)}{h} \overset{\odot \text{定義 4.1}}{=} f'(x) \pm g'(x) \tag{4.13}$$

である. よって, $f(x) \pm g(x)$ は微分可能であり, (1) が成り立つ.

(2) 問 4.2 とする.

(3) $(f(x)g(x))' \overset{\odot \text{定義 4.1}}{=} \lim_{h \to 0} \frac{f(x+h)g(x+h) - f(x)g(x)}{h}$

$$= \lim_{h \to 0} \frac{(f(x+h) - f(x))g(x+h) + f(x)(g(x+h) - g(x))}{h}$$

$$= \lim_{h \to 0} \frac{f(x+h) - f(x)}{h} \lim_{h \to 0} g(x+h) + f(x) \lim_{h \to 0} \frac{g(x+h) - g(x)}{h}$$

$$\overset{\odot \text{定義 4.1}}{=} f'(x) \lim_{h \to 0} g(x+h) + f(x)g'(x)$$

$$\overset{\odot \text{定理 4.1}}{=} f'(x)g(x) + f(x)g'(x) \tag{4.14}$$

である. よって, $f(x)g(x)$ は微分可能であり, (3) が成り立つ.

(4) 問 4.4 とする. ◇

注意 4.1 (1) 定理 4.3 (1), (2) を合わせて, 微分の**線形性**という. 微分の線形性より, $f_1(x), f_2(x), \cdots, f_n(x)$ を同じ定義域で微分可能な関数とし, $c_1, c_2, \cdots, c_n \in \mathbf{R}$ とすると, 等式

$$(c_1 f_1(x) + c_2 f_2(x) + \cdots + c_n f_n(x))' = c_1 f_1'(x) + c_2 f_2'(x) + \cdots + c_n f_n'(x) \tag{4.15}$$

が成り立つ. 証明は n に関する数学的帰納法を用いればよい (✐).

(2) 定理 4.3 (4) において, 微分する関数の分子を 1 とし, $g(x)$ を $f(x)$ に置き換えると, (4.4) より,

$$\left(\frac{1}{f(x)} \right)' = - \frac{f'(x)}{(f(x))^2} \tag{4.16}$$

となる.

$\boxed{\textbf{例 4.3（正接関数）}}$ 正接関数 $\tan x$ は

$$\tan x = \frac{\sin x}{\cos x} \tag{4.17}$$

により定められる．ただし，$\cos x \neq 0$ でなければならないので，$x \in \mathbf{R}$ は任意の $n \in \mathbf{N}$ に対して，

$$x \neq \frac{\pi}{2} + n\pi \tag{4.18}$$

であるとする．このとき，

$$(\tan x)' = \left(\frac{\sin x}{\cos x}\right)' \overset{\odot \, \text{定理 4.3 (4)}}{=} \frac{(\sin x)' \cos x - (\sin x)(\cos x)'}{\cos^2 x}$$

$$\overset{\odot \, \text{定理 4.2 (2), (3)}}{=} \frac{\cos x \cos x - (\sin x)(-\sin x)}{\cos^2 x} = \frac{\cos^2 x + \sin^2 x}{\cos^2 x}$$

$$= \frac{1}{\cos^2 x} \quad (\odot \ \cos^2 x + \sin^2 x = 1), \tag{4.19}$$

すなわち，

$$(\tan x)' = \frac{1}{\cos^2 x} \tag{4.20}$$

である． $\blacklozenge$

$\boxed{\textbf{例 4.4}}$ $n \in \mathbf{N}$ とすると，

$$\left(\frac{1}{x^n}\right)' \overset{\odot \, (4.16)}{=} -\frac{(x^n)'}{(x^n)^2} \overset{\odot \, \text{定理 4.2 (1)}}{=} -\frac{nx^{n-1}}{x^{2n}} = -\frac{n}{x^{n+1}} \tag{4.21}$$

である．ただし，$x \in \mathbf{R}, x \neq 0$ である．例 4.1，定理 4.2 (1)，(4.21) を合わせると，$n \in \mathbf{Z}$ [$\Rightarrow$(1.2)] に対して，等式

$$(x^n)' = nx^{n-1} \tag{4.22}$$

が成り立つ[6]． $\blacklozenge$

$\boxed{\textbf{例題 4.1}}$ 関数 e^{-x} を微分せよ．

---

[6] $x^0 = 1$ であると約束する．

解　$(e^{-x})' = \left(\dfrac{1}{e^x}\right)' \overset{\odot (4.16)}{=} -\dfrac{(e^x)'}{(e^x)^2} \overset{\odot \text{定理 } 4.2\,(4)}{=} -\dfrac{e^x}{(e^x)^2} = -\dfrac{1}{e^x} = -e^{-x}$ である. ◇

4・3　双曲線関数

指数関数を用いて,

$$\sinh x = \frac{e^x - e^{-x}}{2}, \qquad \cosh x = \frac{e^x + e^{-x}}{2} \tag{4.23}$$

とおき, これらをそれぞれ双曲線正弦関数, 双曲線余弦関数という[7]. また, これらをまとめて双曲線関数という (図 **4.2**). 三角関数の場合と同様に, $(\sinh x)^2$ などを $\sinh^2 x$ のように表すことが多い.

(4.23) より, 等式

$$\cosh^2 x - \sinh^2 x = 1 \tag{4.24}$$

が成り立つ (✍)[8]. ここで, $\cosh x > 0$ となるので, xy 平面の部分集合

$$\{(\cosh t, \sinh t) \mid t \in \mathbf{R}\} \tag{4.25}$$

は双曲線

$$x^2 - y^2 = 1 \tag{4.26}$$

の x 座標が正の部分を表す (図 **4.3**). これが「双曲線関数」という言葉の由来である[9]. また, 定理 4.2 (4), 定理 4.3 (1), (2), 例題 4.1 より, 等式

$$(\sinh x)' = \cosh x, \qquad (\cosh x)' = \sinh x \tag{4.27}$$

が成り立つ[10].

---

[7]　sinh, cosh の「h」は「双曲的」を意味する英単語 "hyperbolic"（ハイパボリック）の頭文字である. 定数やパラメータを表しているのではないことに注意しよう.

[8]　双曲線関数は三角関数と同様の公式をみたすが, 現れる符号が異なることもあるので, 注意する必要がある.

[9]　これに対して, 三角関数を円関数ということもある.

[10]　$\cos x$ の微分とは異なり, (4.27) 第 2 式右辺には「$-$」が付かないことに注意しよう.

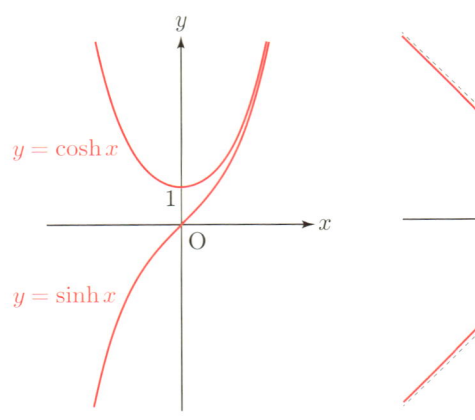

図 **4.2**　双曲線関数のグラフ

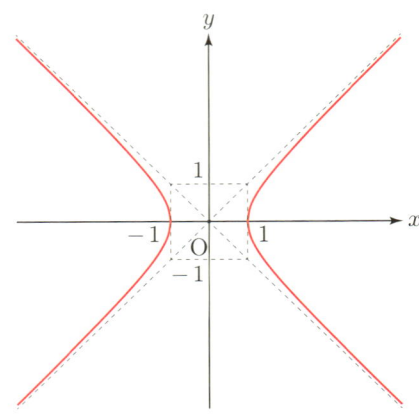

図 **4.3**　双曲線 $x^2 - y^2 = 1$

4・4　合成関数の微分法

合成関数 $[\Rightarrow \boxed{3 \cdot 1}]$ の微分に関しては，次の定理 4.4 が成り立つ $[\Rightarrow$ ［杉浦 1］p. 131 定理 6.6$]^{11)}$.

定理 4.4（合成関数の微分法）

$a \in \mathbf{R}$ とし，$f(x)$ を $x = a$ で微分可能な関数，$g(y)$ を $y = f(a)$ で微分可能な関数とする．このとき，等式

$$(g \circ f)'(a) = g'(f(a))f'(a) \tag{4.28}$$

が成り立つ．

注意 4.2　合成関数の微分法（定理 4.4）において，$z = (g \circ f)(x)$ とおき，(4.28) を簡単に

$$\frac{dz}{dx} = \frac{dz}{dy}\frac{dy}{dx} \tag{4.29}$$

---

11)　合成関数の微分法を**連鎖律**ともいう．

と表すこともある[12].

$h \in \mathbf{R}$ を 0 ではないが, 0 に十分近いとし,

$$\Delta x = h, \quad \Delta y = f(a+h) - f(a), \quad \Delta z = (g \circ f)(a+h) - (g \circ f)(a) \tag{4.30}$$

とおく. ここで, **もしも $\Delta y \neq 0$ であれば**, 等式

$$\frac{\Delta z}{\Delta x} = \frac{\Delta z}{\Delta y} \frac{\Delta y}{\Delta x} \tag{4.31}$$

が成り立つ. $\Delta y \neq 0$ という仮定は常にみたされるわけではないので, 厳密には正しくないが, (4.29) は (4.31) において, $\Delta x \to 0$ としたものとして覚えることができる.

例 4.5 合成関数の微分法 (定理 4.4) を用いて, 定理 4.2 (2) から, 定理 4.2 (3) を示すことができる. 実際,

$$\cos x = \sin\left(\frac{\pi}{2} - x\right) \tag{4.32}$$

なので,

$$(\cos x)' \overset{\smile \text{ 定理 4.4, 定理 4.2 (2)}}{=} \left\{\cos\left(\frac{\pi}{2} - x\right)\right\} \left(\frac{\pi}{2} - x\right)'$$

$$\overset{\smile (4.4), \text{ 定理 4.2 (1)}}{=} (\sin x)(-1) = -\sin x \tag{4.33}$$

である. 同様に, 例題 4.1 の別解をあたえることができる (✎). ◆

---

[12] 厳密には, 左辺の z は x を変数とする関数 $z = (g \circ f)(x)$ であり, 右辺の z は y を変数とする関数 $z = g(y)$ である.

§4 の問題

確認問題

問 4.1 微分の定義（定義 4.1）にしたがって，次の (1), (2) が成り立つこと
を示せ．

$$(1)\ (\cos x)' = -\sin x \qquad\qquad (2)\ (e^x)' = e^x$$

□□□ [⇨ **4·1**]

問 4.2 $c \in \mathbf{R}$ とし，$f(x)$ を微分可能な関数とする．微分の定義（定義 4.1）
にしたがって，等式

$$(cf(x))' = cf'(x)$$

が成り立つことを示せ．

□□□ [⇨ **4·2**]

問 4.3 次の関数を微分せよ[13]．

$$(1)\ x^2 - 6x + 9 \qquad\qquad (2)\ x^3 e^x \qquad\qquad (3)\ \frac{\cos x}{\sin x}$$

□□□ [⇨ **4·2**]

基本問題

問 4.4 次の □ をうめることにより，商の微分法（定理 4.3 (4)）を示せ．

$$\left(\frac{f(x)}{g(x)}\right)' \overset{\text{定義 4.1}}{=} \lim_{h \to 0} \frac{\boxed{①} - \dfrac{f(x)}{g(x)}}{h} = \lim_{h \to 0} \frac{\boxed{②}}{hg(x+h)g(x)}$$

---

[13]　(3) の $\dfrac{\cos x}{\sin x}$ を $\cot x$ とも表し，**余接関数**という．cot は「余接」を意味する英単語
　　　"cotangent" を略したものである．

$$= \lim_{h \to 0} \frac{(f(x+h) - f(x))g(x) - f(x)\left(g(x+h) - \boxed{③}\right)}{hg(x+h)g(x)}$$

$$= \lim_{h \to 0} \frac{\dfrac{f(x+h) - f(x)}{\boxed{④}}g(x) - f(x)\dfrac{g(x+h) - \boxed{③}}{\boxed{⑤}}}{g(x+h)g(x)}$$

$$= \frac{\left(\displaystyle\lim_{h \to 0} \dfrac{f(x+h) - f(x)}{\boxed{④}}\right)g(x) - f(x)\displaystyle\lim_{h \to 0}\dfrac{g(x+h) - \boxed{③}}{\boxed{⑤}}}{\displaystyle\lim_{h \to 0} g(x+h)g(x)}$$

$$\underset{\text{☺ 定義 4.1, 定理 4.1}}{=} \frac{f'(x)g(x) - f(x)g'(x)}{(g(x))^2}$$

である．よって，$\dfrac{f(x)}{g(x)}$ は微分可能であり，定理 4.3 (4) が成り立つ.

□□□ [⇨ **4・2**]

問 4.5　関数 $\tanh x$ を

$$\tanh x = \frac{\sinh x}{\cosh x}$$

により定め，これを **双曲線正接関数** という．$\tanh x$ の導関数を求めよ.

□□□ [⇨ **4・3**]

問 4.6　次の関数を微分せよ.

(1) $(2x - 3)^4$　　　　(2) $\cos \dfrac{1}{x}$　　　　(3) e^{-x^2}

□□□ [⇨ **4・4**]

§5 平均値の定理

> §5のポイント
>
> - 微分可能なところで極値をとる関数は，そこでの微分係数が 0 となる．
> - **ロルの定理**を用いることにより，**平均値の定理**を示すことができる．
> - 微分可能な関数が**単調**であるかどうかは，微分係数の符号で判定することができる．
> - 微分係数が 0 とはならない微分可能な関数に対して，**逆関数の微分法**が成り立つ．
> - 三角関数の**逆関数**を考えることにより，**逆三角関数**を定めることができる．

5・1 極値における微分係数

平均値の定理は微分可能な関数 [⇨ 4・1] の変化の様子を調べる上で基本となるものである．まず，いくつか準備をしておこう．

> **定義 5.1**
>
> $a \in \mathbf{R}$ とし，$f(x)$ を $x = a$ とその近くで定義された関数とする．$x = a$ の十分近くの任意の $\tilde{x}$ に対して[1]，$f(\tilde{x}) \leq f(a)$ となるとき，$f(a)$ を $f(x)$ の $x = a$ における**極大値**という．また，同様に，$f(a) \leq f(\tilde{x})$ となるとき，$f(a)$ を $f(x)$ の $x = a$ における**極小値**という．極大値と極小値を合わせて**極値**という．

注意 5.1　(1) 関数の最大値，最小値はとくに極値である．
(2) 定義 5.1 において，「$f(\tilde{x}) \leq f(a)$」の部分を「$f(\tilde{x}) < f(a)$」に置き換えた

---

[1]　記号「˜」はティルダと読む．

ものを極大値の定義とすることもある．極小値についても同様である．

ワイエルシュトラスの定理（定理 3.4）より，有界閉区間で連続な関数は最大値および最小値をもつ．しかし，定理 3.4 は関数が具体的にどこで最大値や最小値をとるのかについてまでは教えてくれない．一方，微分可能なところで極値をとる関数については，次の定理 5.1 が成り立つ．

定理 5.1

$a \in \mathbf{R}$ とし，$f(x)$ を $x = a$ で微分可能な関数とする．$f(a)$ が $f(x)$ の $x = a$ における極値ならば，$f'(a) = 0$ である（図 5.1）[2]．

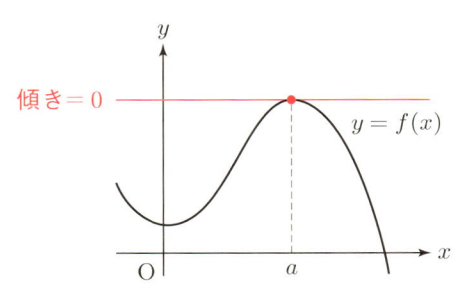

図 5.1 定理 5.1 のイメージ

証明 $f(a)$ が $f(x)$ の $x = a$ における極大値のとき，0 に十分近い $h > 0$ を，$a + h$ が $f(x)$ の定義域の元となるように選んでおくと，定義 5.1 より，

$$\frac{f(a + h) - f(a)}{h} \leq 0 \tag{5.1}$$

である．(5.1) において，$h \to +0$ とすると，$f(x)$ の $x = a$ における微分可能性と定理 2.3 より，$f'(a) \leq 0$ となる．また，0 に十分近い $h < 0$ を，$a + h$ が $f(x)$ の定義域の元となるように選んでおくと，

$$\frac{f(a + h) - f(a)}{h} \geq 0 \tag{5.2}$$

---

[2]　定理 5.1 の逆は正しくない．例えば，$f(x) = x^3$ とすると，$f'(0) = 0$ であるが，$f(0) = 0$ は $f(x)$ の $x = 0$ における極値ではない．

である．よって，上と同様に，$h \to -0$ とすると，$f'(a) \geq 0$ となる．したがって，$0 \leq f'(a) \leq 0$ となるので，$f'(a) = 0$ である．

$f(a)$ が $f(x)$ の $x = a$ における極小値のときも同様である（✎）．　　　　◇

5・2　ロルの定理から平均値の定理へ

ワイエルシュトラスの定理（定理3.4）と定理5.1を用いることにより，次の定理5.2を示すことができる．

定理5.2（ロルの定理）

$f(x)$ を有界閉区間 $[a,b]$ で連続な関数とする．$f(x)$ が (a,b) で微分可能であり，$f(a) = f(b)$ をみたすならば，$f'(c) = 0$ となる $c \in (a,b)$ が存在する（図5.2）．

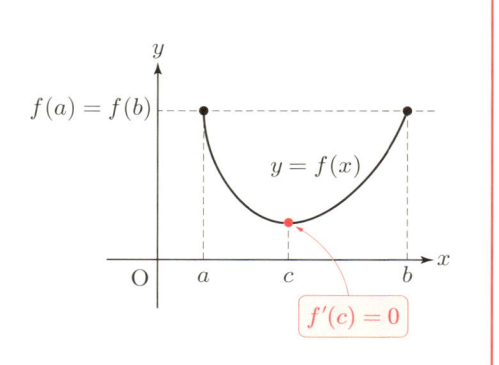

図5.2　ロルの定理

[証明]　まず，$f(x)$ が定数関数であるとする．このとき，(4.4) より，任意に $c \in (a,b)$ をとれば，$f'(c) = 0$ が成り立つ．

次に，$f(x)$ が定数関数ではないとする．$f(x)$ は $[a,b]$ で連続なので，ワイエルシュトラスの定理（定理3.4）より，ある $c_1, c_2 \in [a,b]$ が存在し，$f(x)$ は $x = c_1$ において最大値 $f(c_1)$ をとり，$x = c_2$ において最小値 $f(c_2)$ をとる．ここで，$f(x)$ は定数関数ではないので，$c_1 \neq c_2$ である．さらに，$f(a) = f(b)$ なので，$c_1 \in (a,b)$ または $c_2 \in (a,b)$ である．$c_1 \in (a,b)$ のとき，$c = c_1$ とおき，$c_2 \in (a,b)$ のとき，$c = c_2$ とおく．このとき，定理5.1より，$f'(c) = 0$ である．

 ◇

　ロルの定理（定理 5.2）を用いることにより，次の定理 5.3 を示すことができる.

定理 5.3（平均値の定理）

$f(x)$ を有界閉区間 $[a, b]$ で連続な関数とする. $f(x)$ が (a, b) で微分可能ならば，

$$\frac{f(b) - f(a)}{b - a} = f'(c) \qquad (5.3)$$

となる $c \in (a, b)$ が存在する（**図 5.3**）.

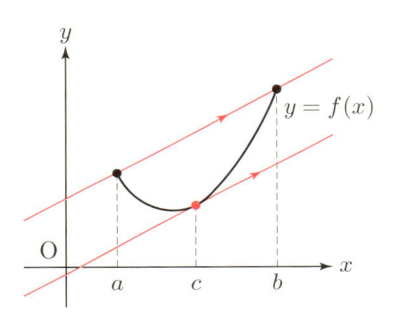

図 5.3　平均値の定理

証明　関数 $g(x)$ を

$$g(x) = f(x) - \frac{f(b) - f(a)}{b - a}(x - a) \qquad (5.4)$$

により定めると，$g(a) = g(b) = f(a)$ である. $g(x)$ に対して，ロルの定理（定理 5.2）を用いると，$g'(c) = 0 \iff$ (5.3) となるので，定理 5.3 が成り立つ. ◇

5・3　関数の単調性

　関数の変化の様子に関する基本的な概念として，単調性を挙げることができる.

定義 5.2

$f(x)$ を関数とする. $x_1 < x_2$ をみたす $f(x)$ の定義域の任意の元 x_1, x_2 に対して，$f(x_1) < f(x_2)$ となるとき，$f(x)$ は**単調増加**であるという. また，$x_1 < x_2$ をみたす $f(x)$ の定義域の任意の元 x_1, x_2 に対して，$f(x_1) > f(x_2)$ となるとき，$f(x)$ は**単調減少**であるという. 単調増加または単調減少で

> ある関数を合わせて**単調**であるという.

平均値の定理（定理 5.3）を用いることにより，次の定理 5.4 を示すことができる.

定理 5.4

I を開区間 [⇒**定義 3.2**]，$f(x)$ を I で微分可能な関数とする. このとき，次の (1)〜(3) が成り立つ.

(1) 任意の $x \in I$ に対して，$f'(x) = 0$ ならば，$f(x)$ は定数関数である.

(2) 任意の $x \in I$ に対して，$f'(x) > 0$ ならば，$f(x)$ は単調増加である.

(3) 任意の $x \in I$ に対して，$f'(x) < 0$ ならば，$f(x)$ は単調減少である.

証明　$a, b \in I$, $a < b$ とする. このとき，$f(x)$ は $[a, b]$ で連続となり，(a, b) で微分可能となる. よって，平均値の定理（定理 5.3）より，(5.3) をみたす $c \in (a, b)$ が存在する. $b - a > 0$ であることに注意すると，(5.3) より，(1)〜(3) の仮定「$f'(x) = 0$」，「$f'(x) > 0$」，「$f'(x) < 0$」に応じて，それぞれ

$$(1)\ f(a) = f(b), \quad (2)\ f(a) < f(b), \quad (3)\ f(a) > f(b) \tag{5.5}$$

となる. よって，(1)〜(3) が成り立つ. 　　　　　　　　　　　　　　　◇

5・4　逆関数

逆関数とよばれる関数を考えると，これまで以上に多くの新しい関数を作ることができるようになる.

$f(x)$ を関数とする. **逆関数について考える際には「関数がどこで定義されているか，また，どこに値をとるか」が重要となる.** そこでまず，$f(x)$ の定義域を $I \subset \mathbf{R}$ とする. そして，次の条件 (5.6) を考える.

$$\text{任意の } x_1, x_2 \in I \text{ に対して，} x_1 \neq x_2 \implies f(x_1) \neq f(x_2) \tag{5.6}$$

条件 (5.6) がみたされていれば，逆に $f(x)$ という値から x を対応させること

ができる．そこで，$f(x)$ は条件 (5.6) をみたすと仮定し，$J \subset \mathbf{R}$ を

$$J = \{f(x) \mid x \in I\} \tag{5.7}$$

により定める．このとき，$y = f(x)$ とおき，$y \in J$ に対して，$x \in I$ を対応させることにより得られる関数を $f^{-1}(y)$ と表す[3]．$f^{-1}(y)$ を $f(x)$ の**逆関数**という．とくに，$f^{-1}(y)$ の定義域は J である．

逆関数の存在に関して，次の定理 5.5 が成り立つ ［⇨ ［杉浦 1］p. 193 定理 4.2］．

定理 5.5

$f(x)$ を有界閉区間 $[a, b]$ で連続な単調関数とし，$J \subset \mathbf{R}$ を

$$J = \{f(x) \mid x \in [a, b]\} \tag{5.8}$$

により定める．このとき，$f(x)$ が単調増加ならば，$J = [f(a), f(b)]$ となり，$f(x)$ が単調減少ならば，$J = [f(b), f(a)]$ となる．さらに，J で連続かつ単調な $f(x)$ の逆関数 $f^{-1}(y)$ が存在する（図 5.4）．

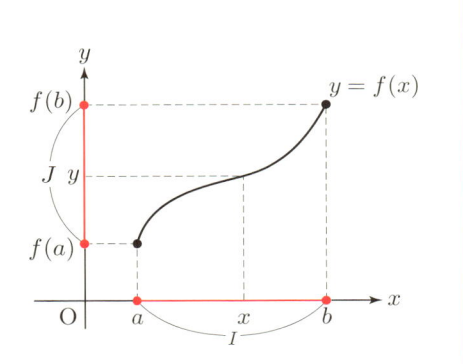

図 5.4　定理 5.5 のイメージ

注意 5.2　定理 5.5 において，$f(x)$ の定義域がその他の閉区間や開区間などの場合も，定義域を有界閉区間に制限して考えることにより，同様の結論が成り立つ．

例 5.1（指数関数と対数関数）　$a > 0, a \neq 1$ とする．例 3.3 (1) より，指数関数 a^x は $\mathbf{R}$ で連続である．また，a^x は単調であり，(3.13) と合わせると，

---

3)　「f^{-1}」は「エフ・インバース」と読む．英単語 "inverse" は「逆の」という意味である．逆関数 $f^{-1}(y)$ の「-1」は「-1 乗」の意味ではないことに注意しよう．

$$\{a^x \mid x \in \mathbf{R}\} = \{y \in \mathbf{R} \mid y > 0\} = (0, +\infty) \tag{5.9}$$

となる．よって，注意 5.2 より，$(0, +\infty)$ で連続な a^x の逆関数が存在する．これが a を底とする対数関数 $\log_a y$ である． ◆

5・5 逆関数の微分法

I を開区間，$f(x)$ を I で微分可能な関数とし，$f'(x)$ が常に正か常に負であると仮定する．このとき，$f(x)$ は連続かつ単調となり，$f(x)$ の逆関数 $f^{-1}(y)$ を考えることができる．さらに，$f^{-1}(y)$ も連続かつ単調となる[4]．実は，$f^{-1}(y)$ の微分可能性に関して，次の定理 5.6 が成り立つ [⇨ [杉浦 1] p. 139 定理 6.10]．

定理 5.6（逆関数の微分法）

I を開区間，$f(x)$ を I で微分可能な関数とする．$f'(x)$ が常に正か常に負ならば，$f(x)$ の逆関数 $f^{-1}(y)$ は微分可能であり，等式

$$(f^{-1})'(f(x)) = \frac{1}{f'(x)} \tag{5.10}$$

が成り立つ．

例題 5.1 等式

$$(\log |x|)' = \frac{1}{x} \tag{5.11}$$

を示せ．

解 $y > 0$ のとき，$\log |y| = \log y$ である．また，$y = f(x) = e^x$ とおくと，例 5.1 より，$x = f^{-1}(y) = \log y$ である．よって，

---

[4] 定理 5.4 (2), (3) および注意 5.2 を用いる．具体的な例については，**5・6** で述べる逆正弦関数，逆余弦関数，逆正接関数を参考にせよ．

$$(\log |y|)' \overset{\odot\,(5.10)}{=} \frac{1}{(e^x)'} \overset{\odot\,\text{定理 }4.2\,(4)}{=} \frac{1}{e^x} = \frac{1}{y}, \qquad (5.12)$$

すなわち，

$$(\log |y|)' = \frac{1}{y} \qquad\qquad (5.13)$$

である．

$y < 0$ のとき，$t = -y$ とおくと，$t > 0$ なので，

$$(\log |y|)' \overset{\odot\,\text{定理 }4.4}{=} \frac{d}{dt}(\log |t|)\frac{d}{dy}(-y) \overset{\odot\,(5.13)}{=} \frac{1}{t}\cdot(-1) = \frac{1}{-t}$$
$$= \frac{1}{y}, \qquad\qquad (5.14)$$

すなわち，(5.13) が成り立つ．

(5.13) において，y を x に置き換えると，(5.11) が得られる[5]．　　　$\diamondsuit$

5・6　逆三角関数

三角関数の逆関数について考えよう．なお，元の関数の定義域は，以下に述べるような最もよく用いられるものとする．

逆正弦関数　$\sin x$ は有界閉区間 $\left[-\dfrac{\pi}{2}, \dfrac{\pi}{2}\right]$ で定義された連続かつ単調増加な関数として考えることができる．ここで，$\sin\left(-\dfrac{\pi}{2}\right) = -1$, $\sin\dfrac{\pi}{2} = 1$ なので，定理 5.5 より，有界閉区間 $[-1, 1]$ で定義された連続かつ単調増加な $\sin x$ の逆関数が存在する．この逆関数を $\sin^{-1} y$ と表し，逆正弦関数という．記号 $\sin^{-1}$ については，代わりに Sin^{-1}, $\arcsin$, Arcsin などを用いることがある[6][7] (**図 5.5**)．

---

5)　元の関数 $f(x)$ のことは忘れて，逆関数 $f^{-1}(y)$ のみを考えるときは，通常の習慣にしたがい，変数は x を用いて $f^{-1}(x)$ と表す．

6)　英単語 "arc"（アーク）は弧を意味する．ラジアンの定義より，半径 1 の扇形においては，中心角の値は「弧」の長さに等しいことに由来する．

7)　この後に述べる逆余弦関数，逆正接関数についても同様の記号を用いることがある．

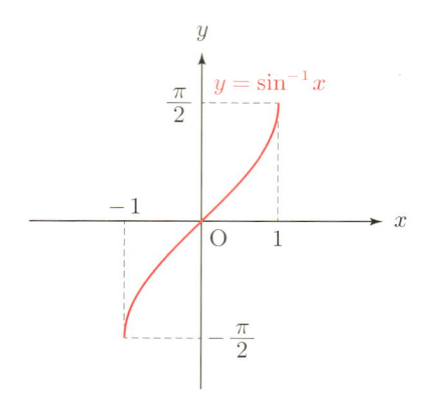

図 **5.5** $y = \sin^{-1} x$ のグラフ

逆余弦関数 $\cos x$ は有界閉区間 $[0, \pi]$ で定義された連続かつ単調減少な関数として考えることができる．ここで，$\cos 0 = 1$, $\cos \pi = -1$ なので，定理 5.5 より，有界閉区間 $[-1, 1]$ で定義された連続かつ単調減少な $\cos x$ の逆関数が存在する．この逆関数を $\cos^{-1} y$ と表し，**逆余弦関数**という（**図 5.6**）．

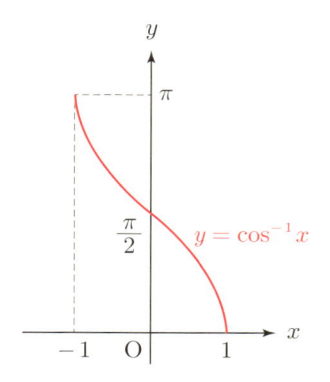

図 **5.6** $y = \cos^{-1} x$ のグラフ

逆正接関数 $\tan x$ は有界開区間 $\left(-\dfrac{\pi}{2}, \dfrac{\pi}{2} \right)$ で定義された連続かつ単調増加な関数として考えることができる．ここで，

$$\lim_{x \to -\frac{\pi}{2}+0} \tan x = -\infty, \qquad \lim_{x \to \frac{\pi}{2}-0} \tan x = +\infty \qquad (5.15)$$

となるので，注意 5.2 より，$\mathbf{R}$ 全体で定義された連続かつ単調増加な $\tan x$ の逆関数が存在する．この逆関数を $\tan^{-1} y$ と表し，**逆正接関数**という（**図 5.7**）．

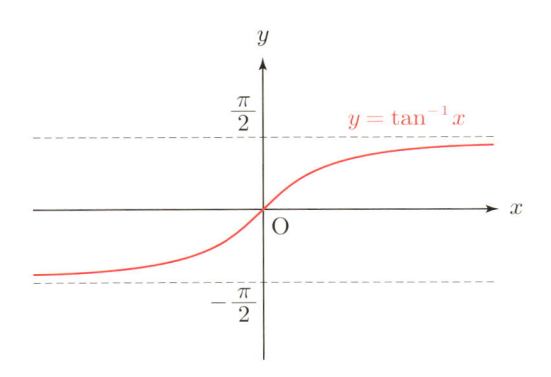

図 5.7　$y = \tan^{-1} x$ のグラフ

逆正弦関数，逆余弦関数，逆正接関数をあわせて**逆三角関数**という．

例題 5.2　$\sin^{-1} \dfrac{1}{2}$ の値を求めよ．

解　$x = \sin^{-1} \dfrac{1}{2}$ とおくと，$x \in \left[-\dfrac{\pi}{2}, \dfrac{\pi}{2} \right]$, $\sin x = \dfrac{1}{2}$ である．よって，$x = \dfrac{\pi}{6}$ である． ◇

§5 の問題

確認問題

問 5.1　次の問に答えよ.

(1) ロルの定理を書け.　　　(2) 平均値の定理を書け.

□□□ [⇨ 5・2]

問 5.2　$n = 2, 3, 4, \cdots$ とする. 等式

$$(\sqrt[n]{x})' = \frac{1}{n} x^{\frac{1}{n}-1} \qquad (x > 0)$$

が成り立つことを逆関数の微分法(定理 5.6)を用いることにより示せ.

□□□ [⇨ 5・5]

問 5.3　次の値を求めよ.

(1) $\sin^{-1}\left(-\frac{1}{2}\right)$　　　(2) $\cos^{-1}\frac{1}{2}$　　　(3) $\tan^{-1} 1$

□□□ [⇨ 5・6]

基本問題

問 5.4　逆関数の微分法(定理 5.6)に関して,逆関数の微分可能性を仮定し,合成関数の微分法(定理 4.4)を用いることにより,等式 (5.10) を示せ.

□□□ [⇨ 5・5]

問 5.5　関数 $f(x)$ の導関数を求める際に,$y = f(x)$ とおき,両辺の対数をとった式を微分する方法がある. これを**対数微分法**という. 対数微分法を用いることにより,次の等式を示せ.

(1) $(x^a)' = ax^{a-1}$ $(x > 0)$. ただし,$a \in \mathbf{R}$ である.

(2) $(a^x)' = (\log a)a^x$ $(x \in \mathbf{R})$. ただし,$a > 0, a \neq 1$ である.

□□□ [⇨ 5・5]

問 5.6　次の等式を示せ.

(1)　$(\sin^{-1} x)' = \dfrac{1}{\sqrt{1-x^2}}$　　　$(-1 < x < 1)$

(2)　$(\cos^{-1} x)' = -\dfrac{1}{\sqrt{1-x^2}}$　　　$(-1 < x < 1)$

(3)　$(\tan^{-1} x)' = \dfrac{1}{1+x^2}$

$\Box\ \Box\ \Box$　[⇨  **5・6**]

§6　高次の導関数

- **ロピタルの定理**を用いることにより，**不定形**の極限を求めることができる．
- 導関数の微分可能性を考えることにより，高次の導関数などについて定めることができる．
- 積の微分法の一般化として，**ライプニッツの公式**が成り立つ．
- 2次までの導関数を考えることにより，関数のグラフの凹凸や極値を調べることができる．

6・1　ロピタルの定理

まず，ロピタルの定理について述べておこう[1]．平均値の定理（定理 5.3）は次の定理 6.1 のように一般化することができる．

定理 6.1（コーシーの平均値の定理）

$f(x)$, $g(x)$ を有界閉区間 $[a,b]$ で連続な関数とする．$f(x)$, $g(x)$ が (a,b) で微分可能であり，任意の $x \in (a,b)$ に対して，$g'(x) \neq 0$ ならば，

$$\frac{f(b) - f(a)}{g(b) - g(a)} = \frac{f'(c)}{g'(c)} \tag{6.1}$$

となる $c \in (a,b)$ が存在する[2]．

証明　まず，任意の $x \in (a,b)$ に対して，$g'(x) \neq 0$ なので，ロルの定理（定

---

[1]　ロピタルの定理をド・ロピタルの定理ともいう．

[2]　$g(x) = x$ の場合が平均値の定理（定理 5.3）である．

理 5.2) の対偶[3)] を考えると，$g(a) \neq g(b)$ となることに注意する．そこで，関数 $h(x)$ を

$$h(x) = f(x) - \frac{f(b) - f(a)}{g(b) - g(a)}(g(x) - g(a)) \tag{6.2}$$

により定めると，$h(a) = h(b) = f(a)$ である．よって，$h(x)$ に対して，定理 5.2 を用いればよい（✐）． ◇

コーシーの平均値の定理（定理 6.1）より，次の定理 6.2 が成り立つ [⇨ ［杉浦 1］p.106 問題 3]．

定理 6.2（ロピタルの定理）

$a \in \mathbf{R}$ とし，$f(x), g(x)$ を $x = a$ の近くで微分可能な関数とする．また，$g(x)$ の定義域の任意の元 x に対して，$g(x) \neq 0$ かつ $g'(x) \neq 0$ であり，さらに，等式

$$\lim_{x \to a} f(x) = \lim_{x \to a} g(x) = 0 \tag{6.3}$$

が成り立つとする．このとき，極限 $\displaystyle \lim_{x \to a} \frac{f'(x)}{g'(x)}$ が存在するならば，

$$\lim_{x \to a} \frac{f(x)}{g(x)} = \lim_{x \to a} \frac{f'(x)}{g'(x)} \tag{6.4}$$

である．

注意 6.1 (6.3) が成り立つときの (6.4) 左辺の極限を**不定形**の極限という．

ロピタルの定理（定理 6.2）は，(6.3), (6.4) において $a = \pm\infty$ としたとき，また，(6.3) の代わりに等式

$$\lim_{x \to a} f(x) = \pm\infty, \quad \lim_{x \to a} g(x) = \pm\infty \quad \text{（複号任意）} \tag{6.5}$$

[3)] 命題 P, Q に対して，命題「Q でない」$\Rightarrow$「P でない」を命題 $P \Rightarrow Q$ の**対偶**という．命題 $P \Rightarrow Q$ とその対偶の真偽は一致する．すなわち，一方が正しいならば，もう一方も正しく，一方が正しくないならば，もう一方も正しくない．

が成り立つとき，あるいは，右極限や左極限のときにも成り立つ．これらの場合の (6.4) 左辺や同様の極限も不定形の極限という．

例 6.1 例題 3.1 で求めた関数の極限

$$\lim_{x \to 0} \frac{\sqrt{x+1}-1}{x} = \frac{1}{2} \tag{6.6}$$

をロピタルの定理（定理 6.2）を用いることにより，改めて計算してみよう．まず，$f(x) = \sqrt{x+1} - 1$, $g(x) = x$ とおくと，

$$\lim_{x \to 0} f(x) = \lim_{x \to 0} (\sqrt{x+1} - 1) = \sqrt{0+1} - 1 = 0, \quad \lim_{x \to 0} g(x) = \lim_{x \to 0} x = 0 \tag{6.7}$$

なので，(6.3) の条件が成り立つ．また，

$$f'(x) = (\sqrt{x+1} - 1)' = \{(x+1)^{\frac{1}{2}} - 1\}' \overset{\odot \text{問} 5.2}{=} \frac{1}{2}(x+1)^{\frac{1}{2}-1} \cdot (x+1)'$$

$$= \frac{1}{2\sqrt{x+1}} \to \frac{1}{2\sqrt{0+1}} = \frac{1}{2} \qquad (x \to 0), \tag{6.8}$$

$$g'(x) = x' = 1 \to 1 \qquad (x \to 0) \tag{6.9}$$

なので，

$$\lim_{x \to 0} \frac{f'(x)}{g'(x)} = \lim_{x \to 0} \frac{(\sqrt{x+1}-1)'}{x'} = \frac{\lim_{x \to 0}(\sqrt{x+1}-1)'}{\lim_{x \to 0} x'} = \frac{\frac{1}{2}}{1} = \frac{1}{2} \tag{6.10}$$

である．よって，ロピタルの定理（定理 6.2）より，(6.6) が成り立つ．

なお，本書では上の計算を

$$\lim_{x \to 0} \frac{\sqrt{x+1}-1}{x} = \lim_{x \to 0} \frac{(\sqrt{x+1}-1)'}{x'} = \lim_{x \to 0} \frac{\frac{1}{2\sqrt{x+1}}}{1}$$

$$= \lim_{x \to 0} \frac{1}{2\sqrt{x+1}} = \frac{1}{2\sqrt{0+1}} = \frac{1}{2} \tag{6.11}$$

のように簡単に書くことにする． ◆

6・2 高次の導関数

よく用いられる微分可能な関数は，その導関数も再び微分可能であることが多い．まず，ロピタルの定理（定理 6.2）に関連する次の例題 6.1 から始めよう．

> **例題 6.1** ロピタルの定理（定理 6.2）を用いることにより，関数の極限 $\lim\limits_{x \to 0} \dfrac{\sin x - x}{x^3}$ を求めよ． □□□ 🖎

解 定理 6.2 より，

$$\lim_{x \to 0} \frac{\sin x - x}{x^3} = \lim_{x \to 0} \frac{(\sin x - x)'}{(x^3)'} = \lim_{x \to 0} \frac{\cos x - 1}{3x^2} = \lim_{x \to 0} \frac{(\cos x - 1)'}{(3x^2)'}$$

$$= \lim_{x \to 0} \frac{-\sin x}{6x} = -\frac{1}{6} \lim_{x \to 0} \frac{\sin x}{x} \overset{(3.17)}{=} -\frac{1}{6} \cdot 1 = -\frac{1}{6} \tag{6.12}$$

である． ◇

さて，$f(x)$ を微分可能な関数とすると，導関数 $f'(x)$ が存在する．ここで，$f'(x)$ が再び微分可能であるとしよう．すると，$f'(x)$ の導関数 $(f'(x))'$ を考えることができる．このとき，$f(x)$ は **2 回微分可能**であるという．また，$(f'(x))'$ を $f''(x)$ と表し[4]，$f(x)$ の **2 次**または **2 階の導関数**という．同様に，関数が **n 回微分可能**であるといった概念や **n 次**または **n 階の導関数**を定めることができる．関数 $y = f(x)$ の n 次の導関数は $f^{(n)}(x)$, $y^{(n)}$, $\dfrac{d^n f}{dx^n}$, $\dfrac{d^n y}{dx^n}$ などと表す．とくに，$f^{(1)}(x) = f'(x)$ である．また，$f^{(0)}(x) = f(x)$ と定める．

> **例 6.2** $f(x) = x^2$ とおくと，
>
> $$f'(x) = 2x, \quad f''(x) = (2x)' = 2, \quad f'''(x) = (2)' = 0 \tag{6.13}$$
>
> である[5]． ◆

---

[4] 「$''$」を「ダブルプライム」と読む．

[5] 「$'''$」を「トリプルプライム」と読む．3 次程度までであれば，導関数は「$'$」を付けて表すことが多い．

また，次の定義 6.1 のような概念を考えることもある．

定義 6.1

$f(x)$ を関数とする．$f(x)$ が n 回微分可能であり，n 次の導関数 $f^{(n)}(x)$ が連続であるとき，$f(x)$ は **n 回連続微分可能**または **C^n 級**であるという．$f(x)$ が何回でも微分可能であるとき，$f(x)$ は**無限回連続微分可能，無限回微分可能**または **C^∞ 級**であるという[6]．

注意 6.2　C^n 級という言葉は定理を正確に述べるときに必要になることがあるが，実際の計算に現れる関数は C^∞ 級であることが多いので，それほど神経質になる必要はない．

よく現れる C^∞ 級関数に関して，次の定理 6.3 が成り立つ．

定理 6.3

次の (1)〜(4) が成り立つ．

(1) $m \in \mathbf{N}$ とすると，
$$(x^m)^{(n)} = \begin{cases} m(m-1)\cdots(m-n+1)x^{m-n} & (1 \le n \le m), \\ 0 & (n > m) \end{cases}$$

(2) $(\sin x)^{(n)} = \sin\left(x + \dfrac{n}{2}\pi\right)$　　(3) $(\cos x)^{(n)} = \cos\left(x + \dfrac{n}{2}\pi\right)$

(4) $a > 0,\ a \ne 1$ とすると，$(a^x)^{(n)} = (\log a)^n a^x$

とくに，x^m, $\sin x$, $\cos x$, a^x は C^∞ 級である．

証明　(1) 1 次から n 次まで，導関数をそのまま順に計算していけばよい．
(2) n に関する数学的帰納法により示す．

$n = 0$ のとき，(2) の等式は成り立つ．

$n = k$ （$k = 0, 1, 2, \cdots$）のとき，(2) の等式が成り立つと仮定すると，

---

[6]　定理 4.1 より，この場合は $f(x)$ の任意の n 次の導関数 $f^{(n)}(x)$ は連続である．

$$(\sin x)^{(k+1)} = \left\{ (\sin x)^{(k)} \right\}' \overset{\odot \text{帰納法の仮定}}{=} \left\{ \sin\left(x + \frac{k}{2}\pi \right) \right\}'$$

$$= \left\{ \cos\left(x + \frac{k}{2}\pi \right) \right\} \left(x + \frac{k}{2} \right)' = \sin\left\{ \left(x + \frac{k}{2}\pi \right) + \frac{\pi}{2} \right\}$$

$$= \sin\left(x + \frac{k+1}{2}\pi \right) \tag{6.14}$$

となり，$n = k+1$ のときも (2) の等式が成り立つ．

よって，(2) の等式が成り立つ．

(3) (2) と同様に示すことができる（✐）．

(4) 問 5.5 (2) の等式を繰り返し用いればよい（✐）．　　　◇

また，積の微分法（定理 4.3 (3)）は次の定理 6.4 のように一般化することができる．証明は二項定理の場合と同様に，数学的帰納法を用いればよい（✐）．

定理 6.4（ライプニッツの公式）

$f(x), g(x)$ を同じ定義域で n 回微分可能な関数とすると，等式

$$(f(x)g(x))^{(n)} = \sum_{k=0}^{n} {}_n\mathrm{C}_k f^{(n-k)}(x) g^{(k)}(x)$$

$$= {}_n\mathrm{C}_0 f^{(n)}(x)g(x) + {}_n\mathrm{C}_1 f^{(n-1)}(x)g'(x) + \cdots + {}_n\mathrm{C}_n f(x)g^{(n)}(x) \tag{6.15}$$

が成り立つ．ただし，${}_n\mathrm{C}_k$ は二項係数 [⇨ 問 1.4] である．

例題 6.2　$f(x), g(x)$ を同じ定義域で 2 回微分可能な関数とする．ライプニッツの公式（定理 6.4）を用いることにより，$f(x)g(x)$ の 2 次の導関数を求めよ．☐☐☐✐

解　$(f(x)g(x))'' \overset{\odot (6.15)}{=} {}_2\mathrm{C}_0 f(x)g''(x) + {}_2\mathrm{C}_1 f'(x)g'(x) + {}_2\mathrm{C}_2 f''(x)g(x)$

$$= f(x)g''(x) + 2f'(x)g'(x) + f''(x)g(x) \tag{6.16}$$

である．　　　◇

6·3 関数の極値

定理 5.1 より，微分可能なところで極値をとる関数は，そこでの微分係数が 0 となるのであった．ここでは，2 次までの導関数を考えることにより，逆に微分係数が 0 となるところで，実際に極値をとるための十分条件をあたえよう[7]．

$a \in \mathbf{R}$ とし，$f(x)$ を $x = a$ で微分可能な関数とする．まず，xy 平面上の曲線 $y = f(x)$ について考え，これを C とおく．また，点 $(a, f(a))$ を P とおき，l を C の $x = a$ における接線とする．すなわち，l は方程式

$$y = f(a) + f'(a)(x - a) \tag{6.17}$$

で表される直線である $[\Rightarrow (4.5)]$．C が P の近くで l より上にあるとき，C は P または $x = a$ で下に凸であるという．また，$f(x)$ の定義域の任意の a に対して，C が $x = a$ で下に凸であるとき，C は下に凸であるという．同様に，上に凸である曲線を定めることができる．さらに，P の前後で C が l の上から下，または，下から上へと変わるとき，P を C の変曲点という（図 6.1）．

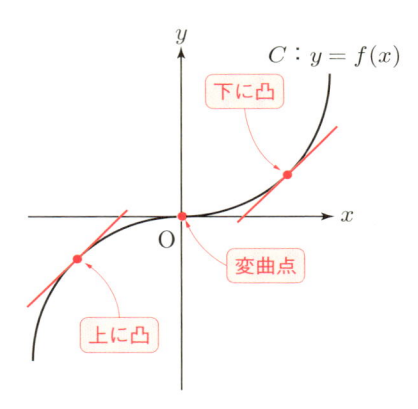

図 6.1 曲線 $y = f(x)$ の凹凸と変曲点

2 回微分可能な関数のグラフの凹凸について，次の定理 6.5 が成り立つ．

定理 6.5

$a \in \mathbf{R}$ とし，$f(x)$ を $x = a$ の近くで 2 回微分可能な関数とする．$f''(x)$ が $x = a$ で連続ならば，次の (1)〜(3) が成り立つ．

---

[7] 命題 P, Q に対して，命題 $P \Rightarrow Q$ が真であるとき，Q は P であるための必要条件，P は Q であるための十分条件という．

(1) $f''(a) > 0$ ならば，曲線 $y = f(x)$ は $x = a$ で下に凸である．

(2) $f''(a) < 0$ ならば，曲線 $y = f(x)$ は $x = a$ で上に凸である．

(3) $f''(a) = 0$ であり，$x = a$ の前後で $f''(x)$ の符号が変わるならば，

点 $(a, f(a))$ は曲線 $y = f(x)$ の変曲点である．

【証明】　(1) 関数 $g(x)$ を

$$g(x) = f(x) - \{f'(a)(x - a) + f(a)\} \tag{6.18}$$

により定める．$x \neq a$ となる $x = a$ の近くで，$g(x) > 0$ となることを示せばよい．このとき，

$$g'(x) = f'(x) - f'(a), \qquad g''(x) = f''(x) \tag{6.19}$$

である．ここで，$f'(x)$ は $x = a$ で微分可能なので，(6.19) 第 1 式および定理 4.1 より，$g'(x)$ は $x = a$ で連続となる．また，$f''(x)$ は $x = a$ で連続なので，(6.19) 第 2 式より，$g''(x)$ は $x = a$ で連続となる．よって，$x = a$ の近くで $g(x)$ の増減は

x	$x < a$	$x = a$	$x > a$
$g''(x)$	$+$	$+$	$+$
$g'(x)$	$\nearrow,\ -$	0	$\nearrow,\ +$
$g(x)$	$\searrow,\ +$	0	$\nearrow,\ +$

のように表される[8]．なお，この表を $g(x)$ の**増減表**という．したがって，曲線 $y = f(x)$ は $x = a$ で下に凸である．

(2) および (3)　(1) と同様に考えればよい（✍）．　　　　　　　　　　◇

---

[8]　記号 $+$，$-$ は一番左に書いた関数の値が上に書いた変数の範囲でそれぞれ正，負であることを表す．また，記号 $\nearrow$，$\searrow$ は一番左に書いた関数が上に書いた変数の範囲でそれぞれ単調増加，単調減少であることを表す．

定理 6.5 より，次の定理 6.6 が成り立つ．

定理 6.6

$a \in \mathbf{R}$ とし，$f(x)$ を $x = a$ の近くで 2 回微分可能な関数とする．また，$f'(a) = 0$ であるとする．$f''(x)$ が $x = a$ で連続ならば，次の (1)〜(3) が成り立つ．

(1) $f''(a) > 0$ ならば，$f(a)$ は $f(x)$ の $x = a$ における極小値である．

(2) $f''(a) < 0$ ならば，$f(a)$ は $f(x)$ の $x = a$ における極大値である．

(3) $f''(a) = 0$ であり，$x = a$ の前後で $f''(x)$ の符号が変わるならば，$f(a)$ は $f(x)$ の $x = a$ における極値ではない．

例題 6.3　関数 $f(x) = x \log x$ $(x > 0)$ について，そのグラフの凹凸や極値を調べよ．□ □ □

解　まず，

$$f'(x) \overset{\odot \ \text{定理 } 4.3\,(3)}{=} x' \log x + x (\log x)'$$

$$\overset{\odot \ (5.11)}{=} \log x + x \cdot \frac{1}{x} = \log x + 1, \tag{6.20}$$

$$f''(x) = (\log x + 1)' \overset{\odot \ (5.11)}{=} \frac{1}{x} \tag{6.21}$$

である．ここで，$f'(x) = 0$ とすると，$\log x + 1 = 0$ より，$x = \frac{1}{e}$ である．さらに，

$$f\left(\frac{1}{e}\right) = \frac{1}{e} \log \frac{1}{e} = \frac{1}{e} \cdot (-1) = -\frac{1}{e} \tag{6.22}$$

である．よって，$f(x)$ の増減表は

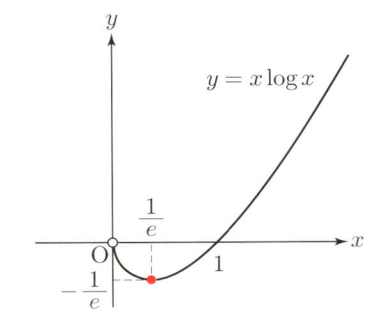

図 **6.2** $y = x \log x$ のグラフ

x	0	$\cdots$	$\dfrac{1}{e}$	$\cdots$
$f''(x)$		$+$	$+$	$+$
$f'(x)$		$-$	0	$+$
$f(x)$		$\searrow$	$-\dfrac{1}{e}$	$\nearrow$

となる．したがって，定理 6.5 より，曲線 $y = f(x)$ のグラフは $x > 0$ で下に凸である（**図 6.2**）⁹⁾．また，定理 6.6 より，$f(x)$ は $x = \dfrac{1}{e}$ で最小値 $-\dfrac{1}{e}$ をとる¹⁰⁾.

§6 の問題

確認問題

問 6.1   ロピタルの定理（定理 6.2）を用いることにより，次の関数の極限を求めよ．

$$(1)\ \lim_{x \to 0} \frac{\cos x - 1 + \frac{1}{2}x^2}{x^4} \qquad (2)\ \lim_{x \to 0} \frac{e^x - 1 - x - \frac{1}{2}x^2}{x^3}$$

 [⇨ **6・2**]

---

9)   式 $x \log x = \dfrac{\log x}{\frac{1}{x}}$ に注意すると，定理 6.2 より $\displaystyle \lim_{x \to +0} x \log x = 0$ となる（）.

10)   最大値や最小値までわかるのならば，そこまで求めるように心がけよう．

[問 6.2] $f(x)$, $g(x)$ を同じ定義域で3回微分可能な関数とする．ライプニッツの公式（定理 6.4）を用いることにより，$f(x)g(x)$ の3次の導関数を求めよ．

□□□ [⇨ **6・2**]

[問 6.3] 次の関数 $f(x)$ について，そのグラフの凹凸や極値を調べよ．

(1) $a, b \in \mathbf{R}$, $a < b$ とし，$f(x) = \dfrac{1}{3}x^3 - \dfrac{a+b}{2}x^2 + abx$　　(2) $f(x) = xe^{-x}$

□□□ [⇨ **6・3**]

基本問題

[問 6.4] 次の □ をうめることにより，関数 $f(x) = \tan^{-1} x$ に対して，$f^{(n)}(0)$ の値を求めよ．

まず，$f'(x) = \dfrac{1}{\boxed{①}}$ なので，$\left(\boxed{①} \right) f'(x) = 1$ である．$n = 2, 3, 4, \cdots$ のとき，この両辺を $(n-1)$ 回微分すると，$\boxed{②}$ の公式より，

$$\left(\boxed{①} \right) f^{(n)}(x) + \boxed{③} f^{(n-1)}(x) + \boxed{④} f^{(n-2)}(x) = 0$$

となる．よって，$x = 0$ を代入すると，$f^{(n)}(0) = \boxed{⑤} f^{(n-2)}(0)$ となる．ここで，$f(0) = \boxed{⑥}$ なので，n が偶数のとき，$f^{(n)}(0) = \boxed{⑦}$ である．また，n が奇数のとき，

$$f^{(n)}(0) = \boxed{⑤} f^{(n-2)}(0) = \boxed{⑤} \left\{ \boxed{⑧} \right\} f^{(n-4)}(0) = \cdots$$
$$= (-1)^{\frac{n-1}{2}} \boxed{⑨} \cdot f'(0) = (-1)^{\frac{n-1}{2}} \boxed{⑨} \cdot \boxed{⑩} = \boxed{⑪}$$

である．

□□□ [⇨ **6・2**]

§7 テイラーの定理（その1）

§7のポイント

- 平均値の定理は**テイラーの定理**として一般化することができる.
- **有限テイラー展開**を用いることにより，関数を多項式で近似することができる.
- $x = 0$ におけるテイラーの定理や有限テイラー展開をそれぞれ**マクローリンの定理**，**有限マクローリン展開**という.
- **ランダウの記号**を用いることにより，関数を**漸近展開**することができる.

7·1 テイラーの定理

平均値の定理（定理 5.3）における (5.3) 式を $f(b)$ について解くと，

$$f(b) = f(a) + f'(c)(b - a) \tag{7.1}$$

となり，これは $f(b)$ の値を $f(x)$ の微分係数 $f'(c)$ を用いて表す式となっている．このように考えると，定理 5.3 は次の定理 7.1 のように一般化することができる．

> **定理 7.1（テイラーの定理）**
>
> I を開区間，$f(x)$ を I で n 回微分可能な関数とする．$a, b \in I$, $a \neq b$ とすると，
>
> $$f(b) = \sum_{k=0}^{n-1} \frac{f^{(k)}(a)}{k!}(b - a)^k + \frac{f^{(n)}(c)}{n!}(b - a)^n$$
>
> $$= f(a) + f'(a)(b - a) + \cdots + \frac{f^{(n-1)}(a)}{(n-1)!}(b - a)^{n-1} + \frac{f^{(n)}(c)}{n!}(b - a)^n \tag{7.2}$$
>
> となる $c \in \mathbf{R}$ が a と b の間に存在する．

証明 $A \in \mathbf{R}$ に対して，

$$g(x) = f(x) + f'(x)(b - x) + \cdots + \frac{f^{(n-1)}(x)}{(n-1)!}(b - x)^{n-1} + A(b - x)^n \tag{7.3}$$

とおく. (7.3) の両辺を微分すると,

$$g'(x) = f'(x) + \left\{ f''(x)(b - x) - f'(x) \right\}$$
$$+ \left\{ \frac{f'''(x)}{2!}(b - x)^2 - f''(x)(b - x) \right\} + \cdots$$
$$+ \left\{ \frac{f^{(n)}(x)}{(n-1)!}(b - x)^{n-1} - \frac{f^{(n-1)}(x)}{(n-2)!}(b - x)^{n-2} \right\} - nA(b - x)^{n-1}$$
$$= \frac{f^{(n)}(x)}{(n-1)!}(b - x)^{n-1} - nA(b - x)^{n-1}, \tag{7.4}$$

すなわち,

$$g'(x) = \frac{f^{(n)}(x)}{(n-1)!}(b - x)^{n-1} - nA(b - x)^{n-1} \tag{7.5}$$

となる. ここで, $a \neq b$ より, (7.3) 右辺の最後の項の $(b - x)^n$ の部分は $x = a$ のとき 0 とはならない. よって, A を

$$g(a) = g(b) \, (= f(b)) \tag{7.6}$$

が成り立つように選んでおくことができる. このとき, $g(x)$ に対して, ロルの定理 (定理 5.2) を用いると,

$$g'(c) = 0 \tag{7.7}$$

となる $c \in \mathbf{R}$ が a と b の間に存在する. さらに, $b \neq c$ および (7.5), (7.7) より,

$$A = \frac{f^{(n)}(c)}{n!} \tag{7.8}$$

となる. したがって, (7.3), (7.6), (7.8) より, (7.2) が得られる. ◇

(7.2) の

$$\frac{f^{(n)}(c)}{n!}(b - a)^n \tag{7.9}$$

の部分を剰余項という. また, (7.2) において,

$$b = x, \qquad c = a + \theta(x - a) \tag{7.10}$$

とおくと，c は a と b の間にあるので，$0 < \theta < 1$ であり，

$$f(x) = \sum_{k=0}^{n-1} \frac{f^{(k)}(a)}{k!}(x-a)^k + \frac{f^{(n)}(a+\theta(x-a))}{n!}(x-a)^n$$

$$= f(a) + f'(a)(x-a) + \cdots + \frac{f^{(n-1)}(a)}{(n-1)!}(x-a)^{n-1}$$

$$+ \frac{f^{(n)}(a+\theta(x-a))}{n!}(x-a)^n \qquad (7.11)$$

となる．なお，(7.11) は $x = a$ のときも $0 < \theta < 1$ となる θ を任意に選んでおくことにより成り立つ．(7.11) を $f(x)$ の $x = a$ における**有限テイラー展開**という[1]．(7.11) の

$$\sum_{k=0}^{n-1} \frac{f^{(k)}(a)}{k!}(x-a)^k \qquad (7.12)$$

の部分は x の $(n-1)$ 次多項式であり，さまざまな $(n-1)$ 次多項式の中で，$x = a$ の近くで $f(x)$ に最も近い多項式であるといえる[2]．

7・2 有限マクローリン展開の例

(7.2) や (7.11) において，$a = 0$ としたときのテイラーの定理や有限テイラー展開をそれぞれ**マクローリンの定理，有限マクローリン展開**という．定理6.3より，$\sin x, \cos x, e^x$ の有限マクローリン展開を次のように求めることができる．

定理7.2

次の (1)〜(3) の有限マクローリン展開が成り立つ．ただし，$n \in \mathbf{N}$ であり，θ は x に依存する 0 と 1 の間の実数である．

---

[1] 8・5 で扱う無限和として表されるテイラー展開に対して，(7.11) は有限和として表されているため，これらを区別して「有限」という言葉を付ける．

[2] 具体的にどの程度近いのかは剰余項の大きさを評価すればよいが，本書ではこれ以上は立ち入らないことにする．

$$(1) \quad \sin x = \sum_{k=0}^{n-1} \frac{(-1)^k}{(2k+1)!} x^{2k+1} + \frac{(-1)^n \sin(\theta x)}{(2n)!} x^{2n}$$

$$= x - \frac{1}{6} x^3 + \cdots + \frac{(-1)^{n-1}}{(2n-1)!} x^{2n-1} + \frac{(-1)^n \sin(\theta x)}{(2n)!} x^{2n} \quad \text{または}$$

$$\sin x = \sum_{k=0}^{n-1} \frac{(-1)^k}{(2k+1)!} x^{2k+1} + \frac{(-1)^n \cos(\theta x)}{(2n+1)!} x^{2n+1}$$

$$= x - \frac{1}{6} x^3 + \cdots + \frac{(-1)^{n-1}}{(2n-1)!} x^{2n-1} + \frac{(-1)^n \cos(\theta x)}{(2n+1)!} x^{2n+1}$$

$$(2) \quad \cos x = \sum_{k=0}^{n-1} \frac{(-1)^k}{(2k)!} x^{2k} + \frac{(-1)^n \cos(\theta x)}{(2n)!} x^{2n}$$

$$= 1 - \frac{1}{2} x^2 + \cdots + \frac{(-1)^{n-1}}{(2n-2)!} x^{2n-2} + \frac{(-1)^n \cos(\theta x)}{(2n)!} x^{2n} \quad \text{または}$$

$$\cos x = \sum_{k=0}^{n-1} \frac{(-1)^k}{(2k)!} x^{2k} + \frac{(-1)^n \sin(\theta x)}{(2n-1)!} x^{2n-1}$$

$$= 1 - \frac{1}{2} x^2 + \cdots + \frac{(-1)^{n-1}}{(2n-2)!} x^{2n-2} + \frac{(-1)^n \sin(\theta x)}{(2n-1)!} x^{2n-1}$$

$$(3) \quad e^x = \sum_{k=0}^{n-1} \frac{1}{k!} x^k + \frac{e^{\theta x}}{n!} x^n = 1 + x + \cdots + \frac{1}{(n-1)!} x^{n-1} + \frac{e^{\theta x}}{n!} x^n$$

証明 (1) $k = 0, 1, 2, \cdots$ とし，$f(x) = \sin x$ とおく．このとき，定理 6.3 (2) より，

$$f^{(k)}(x) = \sin \left(x + \frac{k}{2} \pi \right) \tag{7.13}$$

である．よって，

$$f^{(k)}(0) = \sin \frac{k}{2} \pi = \begin{cases} 0 & (k \text{ は偶数}), \\ (-1)^{\frac{k-1}{2}} & (k \text{ は奇数}) \end{cases} \tag{7.14}$$

となる．また，

$$f^{(2n)}(\theta x) = \sin(\theta x + n\pi) = (-1)^n \sin(\theta x), \tag{7.15}$$

$$f^{(2n+1)}(\theta x) = \sin\left(\theta x + n\pi + \frac{\pi}{2}\right) = \cos(\theta x + n\pi) = (-1)^n \cos(\theta x) \quad (7.16)$$

である．したがって，(7.11), (7.14), (7.15), (7.16) より，(1) の有限マクローリン展開が成り立つ．

(2) (1) と同様に計算すればよい（✎）．

(3) $k = 0, 1, 2, \cdots$ とし，$f(x) = e^x$ とおく．このとき，定理 6.3 (4) より，

$$f^{(k)}(x) = e^x \quad (7.17)$$

である．よって，

$$f^{(k)}(0) = 1, \qquad f^{(n)}(\theta x) = e^{\theta x} \quad (7.18)$$

である．したがって，(7.11), (7.18) より，(3) の有限マクローリン展開が成り立つ． ◇

例 7.1 定理 7.2 (3) の e^x の有限マクローリン展開について，剰余項を除いた部分を $f_n(x)$ とおく．すなわち，

$$f_n(x) = \sum_{k=0}^{n-1} \frac{1}{k!} x^k = 1 + x + \cdots + \frac{1}{(n-1)!} x^{n-1} \quad (7.19)$$

である．$x = 0$ の近くにおける関数 $f_n(x)$ のグラフは，n が大きくなるにつれて，e^x のグラフに「近づいていく」（**図 7.1**）． ◆

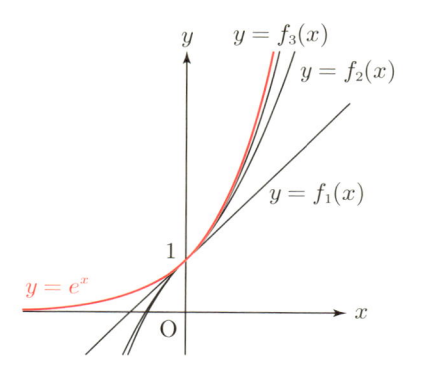

図 7.1 e^x の多項式による近似

例題 7.1　次の問に答えよ.

(1) $f(x) = \dfrac{1}{1-x}$ とおく. $k = 0, 1, 2, \cdots$ とすると, 等式

$$f^{(k)}(x) = \frac{k!}{(1-x)^{k+1}} \tag{7.20}$$

が成り立つことを示せ.

(2) 有限マクローリン展開

$$\frac{1}{1-x} = \sum_{k=0}^{n-1} x^k + \frac{1}{(1-\theta x)^{n+1}} x^n$$

$$= 1 + x + \cdots + x^{n-1} + \frac{1}{(1-\theta x)^{n+1}} x^n \tag{7.21}$$

が成り立つことを示せ. ただし, $n \in \mathbf{N}$ であり, θ は x に依存する

0 と 1 の間の実数である.　　　　

解　(1) k に関する数学的帰納法により示す.

$k = 0$ のとき, (7.20) の両辺は $\dfrac{1}{1-x}$ となり, 等式が成り立つ.

$k = l$ $(l = 0, 1, 2, \cdots)$ のとき, (7.20) が成り立つと仮定すると,

$$f^{(l+1)}(x) = (f^{(l)}(x))' \overset{\smile\ 帰納法の仮定}{=} \left\{ \frac{l!}{(1-x)^{l+1}} \right\}' = -\frac{l!(l+1)}{(1-x)^{l+2}} \cdot (-1)$$

$$= \frac{(l+1)!}{(1-x)^{l+2}} \tag{7.22}$$

となり, $k = l+1$ のときも (7.20) が成り立つ.

よって, (7.20) が成り立つ.

(2) (1) より,

$$f^{(k)}(0) = k!, \qquad f^{(n)}(\theta x) = \frac{n!}{(1-\theta x)^{n+1}} \tag{7.23}$$

である. よって, (7.11), (7.23) より, (7.21) の有限マクローリン展開が成り

立つ.　　　　　　　　　　　　　　　　　　　　　　　　　　　　$\diamondsuit$

7・3　ランダウの記号

有限テイラー展開はあたえられた関数の多項式による近似を可能にし，その誤差は剰余項の評価により得られる．しかし，あたえられた関数をその他の関数と比較するためには，このような精密な評価を用いなくても，以下で述べるランダウの記号を用いるだけで十分な場合もある．

--- 定義 7.1 ---

$a \in \mathbf{R}$ とし，$f(x), g(x)$ を $x = a$ の近くで定義された関数とする．等式

$$\lim_{x \to a} \frac{f(x)}{g(x)} = 0 \tag{7.24}$$

が成り立つとき，

$$f(x) = o(g(x)) \qquad (x \to a) \tag{7.25}$$

と表す．また，o を**ランダウの記号**という．

$x \to \pm\infty$ のとき，また，右極限や左極限のときも同様に定める．

注意 7.1　ランダウの記号を用いると異なる関数も同じように表されることがあるので，(7.25) の等号を通常の等号と同じように扱ってはならない．例えば，

$$\lim_{x \to 0} \frac{x^2}{x} = \lim_{x \to 0} x = 0, \qquad \lim_{x \to 0} \frac{x^3}{x} = \lim_{x \to 0} x^2 = 0 \tag{7.26}$$

なので，定義 7.1 より，

$$x^2 = o(x) \quad (x \to 0), \qquad x^3 = o(x) \quad (x \to 0) \tag{7.27}$$

である．ここで，(7.27) の 2 つの等式の右辺は同じ記号 $o(x)$ で表されているが，もちろん，$x^2 \neq x^3$ である．

例 7.2　ロピタルの定理（定理 6.2）より，

$$\lim_{x \to 0} \frac{\log(1-x) + x}{x} = \lim_{x \to 0} \frac{\{\log(1-x) + x\}'}{x'} \overset{\odot \, 定理 4.4,(5.11)}{=} \lim_{x \to 0} \frac{\frac{(1-x)'}{1-x} + x'}{1}$$

$$= \lim_{x \to 0} \left(\frac{-1}{1-x} + 1 \right) = \frac{-1}{1-0} + 1 = 0 \tag{7.28}$$

である．よって，定義 7.1 より，

$$\log(1 - x) + x = o(x) \qquad (x \to 0) \tag{7.29}$$

である．(7.29) を

$$\log(1 - x) = -x + o(x) \qquad (x \to 0) \tag{7.30}$$

とも表す．　◆

例題 7.2　ロピタルの定理（定理 6.2）を用いることにより，

$$\tan^{-1} x = x + o(x^2) \qquad (x \to 0) \tag{7.31}$$

が成り立つことを示せ．

解　定理 6.2 より，

$$\lim_{x \to 0} \frac{\tan^{-1} x - x}{x^2} = \lim_{x \to 0} \frac{(\tan^{-1} x - x)'}{(x^2)'} \overset{\odot\,問\,5.6\,(3)}{=} \lim_{x \to 0} \frac{\frac{1}{1+x^2} - 1}{2x}$$

$$= \lim_{x \to 0} \left(\frac{1 - (1 + x^2)}{2x(1 + x^2)} \right) = \lim_{x \to 0} \frac{-x}{2(1 + x^2)} = \frac{-0}{2(1 + 0^2)} = 0 \tag{7.32}$$

である．よって，定義 7.1 より，

$$\tan^{-1} x - x = o(x^2) \qquad (x \to 0), \tag{7.33}$$

すなわち，(7.31) が成り立つ．　◇

7・4　漸近展開

　ランダウの記号を用いると，微分が何回か可能な関数を次の定理 7.3 のように多項式と比較することができる ［⇨［杉浦 1］p. 116 例 10］．

定理 7.3（漸近展開）

$a \in \mathbf{R}$ とし，$f(x)$ を $x = a$ の近くで $(n-1)$ 回微分可能な関数とする．$f^{(n)}(a)$ が存在するならば，

$$f(x) = \sum_{k=0}^{n} \frac{f^{(k)}(a)}{k!}(x-a)^k + o((x-a)^n) = f(a) + f'(a)(x-a)$$

$$+ \cdots + \frac{f^{(n)}(a)}{n!}(x-a)^n + o((x-a)^n) \quad (x \to a) \qquad (7.34)$$

が成り立つ．

定理 7.2，例題 7.1 の $f^{(k)}(0)$ の計算より，次の定理 7.4 が成り立つ．

定理 7.4

$n \in \mathbf{N}$ とすると，次の (1)〜(4) の漸近展開が成り立つ．

$$(1) \ \sin x = \sum_{k=0}^{n} \frac{(-1)^k}{(2k+1)!} x^{2k+1} + o(x^{2n+1})$$

$$= x - \frac{1}{6}x^3 + \cdots + \frac{(-1)^n}{(2n+1)!} x^{2n+1} + o(x^{2n+1}) \quad (x \to 0)$$

$$(2) \ \cos x = \sum_{k=0}^{n} \frac{(-1)^k}{(2k)!} x^{2k} + o(x^{2n})$$

$$= 1 - \frac{1}{2}x^2 + \cdots + \frac{(-1)^n}{(2n)!} x^{2n} + o(x^{2n}) \quad (x \to 0)$$

$$(3) \ e^x = \sum_{k=0}^{n} \frac{1}{k!} x^k + o(x^n) = 1 + x + \cdots + \frac{1}{n!}x^n + o(x^n) \quad (x \to 0)$$

$$(4) \ \frac{1}{1-x} = \sum_{k=0}^{n} x^k + o(x^n) = 1 + x + \cdots + x^n + o(x^n) \quad (x \to 0)$$

§7 の問題

確認問題

問 7.1　$a \in \mathbf{R}$ とし，$f(x)$ を $x = a$ の近くで n 回微分可能な関数とする．$x = a$ における $f(x)$ の有限テイラー展開を和の記号 Σ を用いて書け．

 [⇨ **7·1**]

問 7.2　有限マクローリン展開

$$\log(1-x) = -\sum_{k=1}^{n-1} \frac{x^k}{k} - \frac{1}{n(1-\theta x)^n} x^n$$
$$= -x - \frac{1}{2}x^2 - \cdots - \frac{1}{n-1}x^{n-1} - \frac{1}{n(1-\theta x)^n}x^n$$

が成り立つことを示せ．ただし，$n = 2, 3, 4, \cdots$ であり，θ は x に依存する 0 と 1 の間の実数である．なお，$n \in \mathbf{N}$ とすると，さらに，漸近展開

$$\log(1-x) = -\sum_{k=1}^{n} \frac{x^k}{k} + o(x^n) = -x - \frac{1}{2}x^2 - \cdots - \frac{1}{n}x^n + o(x^n) \quad (x \to 0)$$

が成り立つ．

 [⇨ **7·2**]

問 7.3　ロピタルの定理（定理 6.2）を用いることにより，

$$\sin^{-1} x = x + o(x^2) \qquad (x \to 0)$$

が成り立つことを示せ．

[⇨ **7·3**]

基本問題

問 7.4　$a \in \mathbf{R}$ とし，$f(x)$ を $x = a$ および $x = a$ の近くで定義された関数とする．次の命題をランダウの記号を用いて書け．

(1)　$f(x)$ は $x = a$ で連続である．

(2)　$f(x)$ は $x = a$ で微分可能である．

 [⇨ **7·3**]

[問 7.5]　問 6.4 の結果を用いることにより，$n \in \mathbf{N}$ とすると，漸近展開

$$\tan^{-1} x = \sum_{k=0}^{n} \frac{(-1)^k}{2k+1} x^{2k+1} + o(x^{2n+1})$$

$$= x - \frac{1}{3} x^3 + \cdots + \frac{(-1)^n}{2n+1} x^{2n+1} + o(x^{2n+1}) \qquad (x \to 0)$$

が成り立つことを示せ．　　□□□ [⇨ **7・4**]

§8　べき級数

- 数列の各項の和を考えることにより，**級数**を定めることができる.
- **絶対収束する**級数は**収束する**.
- **べき級数**を用いることにより，C^∞ 級関数を定めることができる.
- **ダランベールの公式**や**コーシー - アダマールの公式**を用いると，べき級数の**収束半径**を求めることができる.
- **テイラー展開**できる関数は**解析的**であるという.

8·1　級数

　有限テイラー展開 (7.11) の剰余項を取り除いて，和で表される部分 (7.12) をべき級数とよばれる「無限和」にすることを考えよう．そのための準備として，数列に対する級数から始めることにする．なお，べき級数を定めるために，ここでは $a_0, a_1, a_2, \cdots$ のように，初項が a_0 から始まる数列を主に考えることにする．このとき，数列は $\{a_n\}_{n=0}^{\infty}$ と表される.

　$\{a_n\}_{n=0}^{\infty}$ を数列とする．このとき，数列 $\{s_n\}_{n=0}^{\infty}$ を

$$s_0 = a_0, \quad s_1 = a_0 + a_1, \quad \cdots, \quad s_n = \sum_{k=0}^{n} a_k = a_0 + a_1 + a_2 + \cdots + a_n, \quad \cdots$$

$$(8.1)$$

により定め，a_n を第 n 項とする**無限級数**または**級数**という．なお, 級数 $\{s_n\}_{n=0}^{\infty}$ 自身のことを

$$\sum_{n=0}^{\infty} a_n, \qquad a_0 + a_1 + a_2 + \cdots + a_n + \cdots \qquad (8.2)$$

などと表すことが多い．また，s_n を $\{s_n\}_{n=0}^{\infty}$ の**第 n 部分和**という．$\{s_n\}_{n=0}^{\infty}$ の極限 $s \in \mathbf{R}$ が存在するとき，$\{s_n\}_{n=0}^{\infty}$ は**収束する**という．このとき，

$$s = \sum_{n=0}^{\infty} a_n = a_0 + a_1 + a_2 + \cdots + a_n + \cdots \qquad (8.3)$$

と表し，s を $\{s_n\}_{n=0}^{\infty}$ の**和**という．$\{s_n\}_{n=0}^{\infty}$ が収束しないとき，$\{s_n\}_{n=0}^{\infty}$ は**発散する**という．

例 8.1 （等比級数）　$x \in \mathbf{R}$ とする．このとき，級数 $\sum_{n=0}^{\infty} x^n$ を**等比級数**という．
この級数の第 n 部分和を s_n とおくと，

$$s_n = 1 + x + x^2 + \cdots + x^n \qquad (8.4)$$

である．

まず，$x = 1$ とする．このとき，

$$s_n = 1 + 1 + 1^2 + \cdots + 1^n = n + 1 \to +\infty \qquad (n \to \infty) \qquad (8.5)$$

なので，級数 $\sum_{n=0}^{\infty} x^n$ は発散する．

次に，$x \neq 1$ とする．このとき，(8.4) の両辺に x を掛けると，

$$x s_n = x + x^2 + x^3 + \cdots + x^{n+1} \qquad (8.6)$$

である．(8.4)−(8.6) より，

$$(1 - x)s_n = 1 - x^{n+1} \qquad (8.7)$$

なので，$x \neq 1$ であることに注意すると，

$$s_n = \frac{1 - x^{n+1}}{1 - x} \qquad (8.8)$$

となる．よって，例 1.5 より，$-1 < x < 1$ のとき，級数 $\sum_{n=0}^{\infty} x^n$ は収束し，

$$\sum_{n=0}^{\infty} x^n = \frac{1}{1 - x} \qquad (8.9)$$

となる．一方，$x \leq -1$ または $x > 1$ のとき，級数 $\sum_{n=0}^{\infty} x^n$ は発散する．　　◆

> **例題 8.1** 級数 $\displaystyle\sum_{n=0}^{\infty} \frac{1}{(n+1)(n+2)}$ が収束するか発散するかを調べよ.
>
> □ □ □ ✍

解　あたえられた級数の第 n 部分和を s_n とおくと,

$$
s_n = \sum_{k=0}^{n} \frac{1}{(k+1)(k+2)} = \sum_{k=0}^{n} \frac{(k+2)-(k+1)}{(k+1)(k+2)} = \sum_{k=0}^{n} \left(\frac{1}{k+1} - \frac{1}{k+2} \right)
$$

$$
= \left(1 - \frac{1}{2} \right) + \left(\frac{1}{2} - \frac{1}{3} \right) + \cdots + \left(\frac{1}{n+1} - \frac{1}{n+2} \right) = 1 - \frac{1}{n+2}
$$

$$
\to 1 - 0 = 1 \qquad (n \to \infty) \tag{8.10}
$$

である. よって, あたえられた級数は 1 に収束する. 　　　　　　　　◇

8・2　絶対収束と条件収束

$\{a_n\}_{n=0}^{\infty}$ を数列とする. このとき, 各項の絶対値をとることにより, 数列 $\{|a_n|\}_{n=0}^{\infty}$ を考えることができる. 級数 $\displaystyle\sum_{n=0}^{\infty} |a_n|$ が収束するとき, 級数 $\displaystyle\sum_{n=0}^{\infty} a_n$ は**絶対収束する**という. 絶対収束しないが収束する級数は**条件収束する**という. 絶対収束する級数に関して, 次の定理 8.1 が成り立つ [⇨ [杉浦 1] p.45 定理 5.2, p.373 定理 3.3].

> ― **定理 8.1** ―
>
> 絶対収束する級数は収束する. また, 級数が絶対収束するならば, 項の順序を入れ替えて得られる級数も絶対収束し, その和は元の級数の和に等しい.

例 8.2　級数 $\displaystyle\sum_{n=0}^{\infty} \frac{(-1)^n}{n+1}$ は $\log 2$ に収束することが知られている [⇨ [杉浦 1]

p.45 例 5]．一方，級数 $\displaystyle\sum_{n=0}^{\infty} \frac{1}{n+1}$ は発散する．実際，$\displaystyle\sum_{n=0}^{\infty} \frac{1}{n+1}$ の第 n 部分和を s_n とおくと，$k \in \mathbf{N}$ のとき，

$$s_{2^k-1} = 1 + \frac{1}{2} + \frac{1}{3} + \cdots + \frac{1}{2^k} = 1 + \frac{1}{2} + \left(\frac{1}{3} + \frac{1}{4}\right) + \cdots$$

$$+ \left(\frac{1}{2^{k-1}+1} + \frac{1}{2^{k-1}+2} + \cdots + \frac{1}{2^k}\right) \geq 1 + \frac{1}{2^1} + \left(\frac{1}{2^2} + \frac{1}{2^2}\right) + \cdots$$

$$+ \Big(\underbrace{\frac{1}{2^k} + \frac{1}{2^k} + \cdots + \frac{1}{2^k}}_{2^{k-1}\,個}\Big) = 1 + \underbrace{\frac{1}{2} + \frac{1}{2} + \cdots + \frac{1}{2}}_{k\,個} = 1 + \frac{k}{2}$$

$$\to +\infty \qquad (k \to \infty) \tag{8.11}$$

となるので，

$$\lim_{n \to \infty} s_n = +\infty \tag{8.12}$$

である．よって，級数 $\displaystyle\sum_{n=0}^{\infty} \frac{(-1)^n}{n+1}$ は条件収束する．なお，級数 $\displaystyle\sum_{n=0}^{\infty} \frac{1}{n+1}$ は $\displaystyle\sum_{n=1}^{\infty} \frac{1}{n}$ に等しいが，これを**調和級数**という[1]．　◆

注意 8.1　　絶対収束する級数とは対照的に，条件収束する級数は項の順序を適当に入れ替えることにより，和を $\pm\infty$ や任意の実数に等しくすることができる [⇨ ［杉浦 1］p.373 定理 3.4, p.374 注意 2]．

8・3　べき級数と収束半径

次に，べき級数を定めよう．$a \in \mathbf{R}$ とし，$\{a_n\}_{n=0}^{\infty}$ を数列とする．このとき，$x \in \mathbf{R}$ に対して，級数

$$\sum_{n=0}^{\infty} a_n(x-a)^n = a_0 + a_1(x-a) + a_2(x-a)^2 + \cdots + a_n(x-a)^n + \cdots$$

$$\tag{8.13}$$

---

[1]　「調和」という言葉は音楽に由来し，倍音の波長が基本波長の $\frac{1}{2}, \frac{1}{3}, \frac{1}{4}, \cdots, \frac{1}{n}, \cdots$ であり，倍音が調和して聞こえることによる．

を考えることができる.(8.13) を a を**中心**とする**べき級数**または**整級数**という.

べき級数の収束に関して,次の定理 8.2 が成り立つ [⇨ [杉浦 1] p. 168 定理 2.1].

定理 8.2

べき級数 (8.13) に対して,次の (1)〜(3) のいずれか 1 つが成り立つ.

(1) $x \neq a$ ならば,(8.13) は発散する.

(2) ある $r > 0$ が存在し,$|x - a| < r$ ならば,(8.13) は絶対収束し,$|x - a| > r$ ならば,(8.13) は発散する.

(3) 任意の $x \in \mathbf{R}$ に対して,(8.13) は絶対収束する.

定理 8.2 (1)〜(3) の場合に対応して,それぞれ 0, r, $+\infty$ を (8.13) の**収束半径**という[2][3].

例 8.3　(8.13) において,$a = 0$, $a_n = 1$ とする.このとき,例 8.1 の等比級数 $\displaystyle\sum_{n=0}^{\infty} x^n$ が得られる.また,その収束半径は 1 である.　◆

定理 8.2 において,(1) の場合は $x = a$ でなければ,(8.13) はその値を実数として定めることができない.それに対して,(2), (3) の場合は (8.13) はそれぞれ有界開区間 $(a - r, a + r)$,$\mathbf{R}$ で定義された関数を定める.これらの関数を $f(x)$ とおくことにする.すなわち,

$$f(x) = \sum_{n=0}^{\infty} a_n (x - a)^n \tag{8.14}$$

---

[2]　べき級数は複素数を変数とする複素数値関数として考えることができる.このとき,定理 8.2 (2) に対応する級数は「収束半径」を半径とする円の内部で絶対収束する [⇨ [杉浦 1] 第 III 章 §2].

[3]　定理 8.2 (2) の場合,$|x - a| = r$,すなわち,$x = a \pm r$ のときは,(8.13) は収束することもあれば,発散することもある.

である．このとき，次の定理 8.3 が成り立つ ［⇨ ［杉浦 1］ p. 172 定理 2.5］．

定理 8.3（項別微分定理）

(8.14) の $f(x)$ は C^∞ 級である．さらに，等式

$$f'(x) = \sum_{n=1}^{\infty} na_n(x-a)^{n-1} \tag{8.15}$$

が成り立つ．

8・4　収束半径の求め方

べき級数の収束半径の求め方を 2 つ紹介しておこう ［⇨ ［杉浦 1］ p. 169 定理 2.2, p. 367 定理 2.3］．

定理 8.4

べき級数 (8.13) の収束半径を r とすると，次の (1), (2) が成り立つ．

(1) $\displaystyle\lim_{n\to\infty}\left|\frac{a_n}{a_{n+1}}\right|$ が存在するならば，$r = \displaystyle\lim_{n\to\infty}\left|\frac{a_n}{a_{n+1}}\right|$ である．
（**ダランベールの公式**）

(2) $\displaystyle\lim_{n\to\infty}\sqrt[n]{|a_n|}$ が存在するならば，$\dfrac{1}{r} = \displaystyle\lim_{n\to\infty}\sqrt[n]{|a_n|}$ である．ただし，右辺が 0 の場合は，$r = +\infty$ とする．　（**コーシー‐アダマールの公式**）

例 8.4　例 8.3 において，

$$\lim_{n\to\infty}\left|\frac{a_n}{a_{n+1}}\right| = \lim_{n\to\infty}\sqrt[n]{|a_n|} = 1 \tag{8.16}$$

である．よって，ダランベールの公式（定理 8.4 (1)），コーシー‐アダマールの公式（定理 8.4 (2)）のどちらを用いても，$\displaystyle\sum_{n=0}^{\infty}x^n$ の収束半径が 1 であることを確かめることができる．　　　　　　　　◆

> **例題 8.2**　ダランベールの公式（定理 8.4 (1)）を用いることにより，べ
> き級数 $\displaystyle\sum_{n=0}^{\infty} \frac{1}{n!} x^n$ の収束半径を求めよ。　□□□ ✎

解　$a_n = \dfrac{1}{n!}$ とおくと，

$$\left|\frac{a_n}{a_{n+1}}\right| = \left|\frac{\frac{1}{n!}}{\frac{1}{(n+1)!}}\right| = n + 1 \to +\infty \qquad (n \to \infty) \tag{8.17}$$

である．よって，定理 8.4 (1) より，収束半径は $+\infty$ である．　　　　◇

8・5　テイラー展開

それでは，8・1 の冒頭で述べた有限テイラー展開を無限和にすることを考えよう。

> **定義 8.1**
>
> $a \in \mathbf{R}$ とし，$f(x)$ を $\underline{x = a \text{ の近く}}$ で定義された関数とする。$\underline{x = a \text{ の近く}}$
> で，$f(x)$ が (8.14) のように表されるとき，$f(x)$ は $x = a$ で**解析的**である
> という。このとき，(8.14) のべき級数を $f(x)$ の $x = a$ における**べき級数**
> **展開**，**整級数展開**または**テイラー展開**という。$a = 0$ のときは，(8.14) の
> べき級数を $f(x)$ の**マクローリン展開**という。

注意 8.2　定義 8.1 において，下線を引いた「$x = a$ の近く」という部分が 2 ヶ
所あるが，後者の「近く」は前者の「近く」よりも「小さく」なる可能性があ
る。例えば，$f(x) = \dfrac{1}{1-x}$ とおくと，$f(x)$ は 1 とは異なる $x \in \mathbf{R}$ に対して定
義することができる。一方，例 8.1 より，$f(x)$ は $x = 0$ で解析的であり，その
マクローリン展開は

$$\frac{1}{1-x} = \sum_{n=0}^{\infty} x^n \tag{8.18}$$

と表される．ここで，(8.18) 右辺が定義されるのは $|x| < 1$ のときであり，元の $f(x)$ の定義域よりも「小さく」なっている．

次の定理 8.5 が示すように，$x = a$ で解析的な関数のテイラー展開はすべての高次の導関数の $x = a$ における値を用いて表される．

定理 8.5

$a \in \mathbf{R}$ とし，$f(x)$ を $x = a$ で解析的な関数とする．このとき，$f(x)$ の $x = a$ におけるテイラー展開は

$$f(x) = \sum_{n=0}^{\infty} \frac{f^{(n)}(a)}{n!} (x - a)^n \tag{8.19}$$

と表される．とくに，テイラー展開は一意的である．

証明　$f(x)$ が $x = a$ で解析的なので，$f(x)$ を $x = a$ の近くで (8.14) のように表すことができる．このとき，項別微分定理（定理 8.3）より，$f(x)$ は $x = a$ の近くで C^∞ 級であり，(8.15) が成り立つ．さらに，(8.15) のべき級数に対して，定理 8.3 を用いると，等式

$$f''(x) = \sum_{n=2}^{\infty} n(n-1) a_n (x - a)^{n-2} \tag{8.20}$$

が成り立つ．以下同様に，$k = 0, 1, 2, \cdots$ に対して，$x = a$ の近くで等式

$$f^{(k)}(x) = \sum_{n=k}^{\infty} n(n-1)(n-2) \cdots (n-k+1) a_n (x - a)^{n-k} \tag{8.21}$$

が成り立つ．(8.21) の両辺に $x = a$ を代入すると，$f^{(k)}(a) = k! a_k$，すなわち，

$$a_k = \frac{f^{(k)}(a)}{k!} \tag{8.22}$$

となるので，(8.19) が成り立つ．　　　　　　　　　　　　　　　　　　$\diamondsuit$

注意 8.3　項別微分定理（定理 8.3），定理 8.5 より，関数は解析的ならば C^∞ 級であるが，逆は正しくない．例えば，**R** で定義された関数 $f(x)$ を

$$f(x) = \begin{cases} e^{-\frac{1}{x}} & (x > 0), \\ 0 & (x \leq 0) \end{cases} \tag{8.23}$$

により定める．このとき，$f(x)$ は C^∞ 級であるが，$x = 0$ で解析的ではないことがわかる（**図 8.1**）[⇨［杉浦 1］p. 97 例 3]．

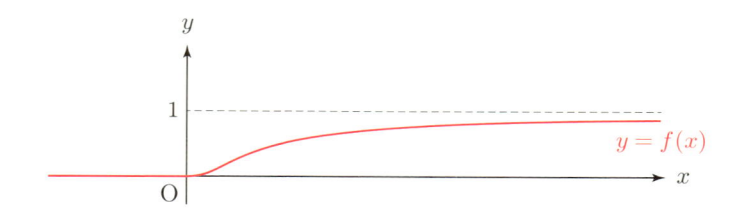

図 8.1　C^∞ 級だが解析的ではない関数

C^∞ 級関数が解析的となるための十分条件 [⇨ p. 64] に関して，次の定理 8.6 を挙げておこう [⇨［杉浦 1］p. 101 定理 2.11]．

定理 8.6

$r > 0$ とし，I を有界開区間 $(-r, r)$ または **R** とする．また，$f(x)$ を I で定義された C^∞ 級関数とする．ある $C \geq 0$ および $M \geq 0$ が存在し，任意の $n = 0, 1, 2, \cdots$ および $x \in I$ に対して，不等式

$$\left| f^{(n)}(x) \right| \leq C M^n \tag{8.24}$$

が成り立つならば，$f(x)$ は $x = a$ で解析的であり，任意の $x \in I$ に対して，(8.19) のテイラー展開が成り立つ．

定理 8.6 を用いて，$\sin x$ のマクローリン展開を求めてみよう．

例題 8.3　$\sin x$ に対して，マクローリン展開

$$\sin x = \sum_{n=0}^{\infty} \frac{(-1)^n}{(2n+1)!} x^{2n+1} \quad (x \in \mathbf{R}) \tag{8.25}$$

が成り立つことを示せ．　

解　$f(x) = \sin x$ とおくと，任意の $x \in \mathbf{R}$ に対して，

$$\left| f^{(n)}(x) \right| \overset{\odot\ 定理\ 6.3\,(2)}{=} \left| \sin\left(x + \frac{n}{2}\pi\right) \right| \le 1 \tag{8.26}$$

である．よって，$C = M = 1$ とおくと，(8.24) が成り立つ．したがって，(7.14)，定理 8.6 より，(8.25) が成り立つ．　　　　　　　　　　◇

　三角関数に限らず，よく用いられる多くの関数は解析的であり，それらのマクローリン展開も重要である [⇨**第 2 章のまとめ**]．

 §8 の問題

確認問題

問 8.1 次の級数が収束するか発散するかを調べよ.

$$(1)\ \sum_{n=0}^{\infty} \frac{2}{4n^2 - 1} \qquad (2)\ \sum_{n=0}^{\infty} \frac{1}{\sqrt{n+2} + \sqrt{n+1}}$$

□□□ [⇨ **8・1**]

問 8.2 ダランベールの公式(定理 8.4 (1))を用いることにより,次のべき級数の収束半径を求めよ.

$$(1)\ \sum_{n=0}^{\infty} \frac{(-1)^n}{n+1} x^n \qquad (2)\ \sum_{n=0}^{\infty} n! x^n \qquad (3)\ \sum_{n=1}^{\infty} \frac{1}{n^2} x^n$$

補足 (3) に関して,級数 $\sum_{n=1}^{\infty} \frac{1}{n^2}$ は $\frac{\pi^2}{6}$ に収束することが知られている [⇨ [杉浦 1] p.315 例 11].

□□□ [⇨ **8・4**]

問 8.3 次のマクローリン展開が成り立つことを示せ.

$$(1)\ \cos x = \sum_{n=0}^{\infty} \frac{(-1)^n}{(2n)!} x^{2n} \quad (x \in \mathbf{R}) \qquad (2)\ e^x = \sum_{n=0}^{\infty} \frac{1}{n!} x^n \quad (x \in \mathbf{R})$$

□□□ [⇨ **8・5**]

基本問題

問 8.4 $c \in \mathbf{R}$, $c \neq 0$ とする.コーシー‐アダマールの公式(定理 8.4 (2))を用いることにより,べき級数 $\sum_{n=0}^{\infty} c^n x^n$ の収束半径を求めよ.

□□□ [⇨ **8・4**]

問 8.5　$\alpha \in \mathbf{R}$, $n = 0, 1, 2, \cdots$ に対して,

$$\binom{\alpha}{n} = \begin{cases} \dfrac{\alpha(\alpha - 1) \cdots (\alpha - n + 1)}{n!} & (n \neq 0), \\ 1 & (n = 0) \end{cases}$$

とおき, これを一般二項係数という. とくに, $\alpha = 0, 1, 2, \cdots$ のとき, $\binom{\alpha}{n}$ は通常の二項係数 $_\alpha \mathrm{C}_n$ に一致する.

$\alpha \neq 0, 1, 2, \cdots$ のとき, べき級数 $\displaystyle \sum_{n=0}^{\infty} \binom{\alpha}{n} x^n$ の収束半径は 1 であることを示せ.

補足　$\alpha \neq 0, 1, 2, \cdots$ のとき, 関数 $(1 + x)^\alpha$ に対して, マクローリン展開

$$(1 + x)^\alpha = \sum_{n=0}^{\infty} \binom{\alpha}{n} x^n \qquad (-1 < x < 1)$$

が成り立つ. これを一般二項定理または一般二項展開という [⇨ [杉浦 1] p. 199 定理 4.3]. 　　　　　□□□ [⇨ **8 · 4**]

第 2 章のまとめ

導関数の定義

$$f'(x) = \frac{df}{dx}(x) = \lim_{h \to 0} \frac{f(x+h) - f(x)}{h}$$

基本的な関数の導関数

- $(x^a)' = ax^{a-1} \quad (a \in \mathbf{R})$　○ $(\sin x)' = \cos x$　○ $(\cos x)' = -\sin x$
- $(\tan x)' = \dfrac{1}{\cos^2 x}$　○ $(a^x)' = (\log a)a^x \quad (a > 0,\ a \neq 1)$
- $(\log |x|)' = \dfrac{1}{x}$　○ $(\sinh x)' = \cosh x$　○ $(\cosh x)' = \sinh x$
- $(\tanh x)' = \dfrac{1}{\cosh^2 x}$　○ $(\sin^{-1} x)' = \dfrac{1}{\sqrt{1 - x^2}}$
- $(\cos^{-1} x)' = -\dfrac{1}{\sqrt{1 - x^2}}$　○ $(\tan^{-1} x)' = \dfrac{1}{1 + x^2}$

微分の基本的性質

- 線形性：$(f(x) \pm g(x))' = f'(x) \pm g'(x)$　（複号同順）

$$(cf(x))' = cf'(x) \quad (c \in \mathbf{R})$$

- 積の微分法：$(f(x)g(x))' = f'(x)g(x) + f(x)g'(x)$
- 商の微分法：$\left(\dfrac{f(x)}{g(x)} \right)' = \dfrac{f'(x)g(x) - f(x)g'(x)}{(g(x))^2}$
- 合成関数の微分法：$(g \circ f)'(x) = g'(f(x))f'(x)$
- 逆関数の微分法：$(f^{-1})'(f(x)) = \dfrac{1}{f'(x)}$

平均値の定理

- $f(x)$: $[a, b]$ で連続，(a, b) で微分可能

$$\implies \frac{f(b) - f(a)}{b - a} = f'(c) \text{ となる } c \in (a, b) \text{ が存在する}$$

- テイラーの定理へと一般化される

べき級数： $\displaystyle\sum_{n=0}^{\infty} a_n(x-a)^n$

- **収束半径**の範囲内で**絶対収束**する

テイラー展開： $\displaystyle f(x) = \sum_{n=0}^{\infty} \frac{f^{(n)}(a)}{n!}(x-a)^n$

- $\displaystyle \frac{1}{1-x} = \sum_{n=0}^{\infty} x^n \quad (-1 < x < 1)$

- $\displaystyle \sin x = \sum_{n=0}^{\infty} \frac{(-1)^n}{(2n+1)!} x^{2n+1} \quad (x \in \mathbf{R})$

- $\displaystyle \cos x = \sum_{n=0}^{\infty} \frac{(-1)^n}{(2n)!} x^{2n} \quad (x \in \mathbf{R})$ ○ $\displaystyle e^x = \sum_{n=0}^{\infty} \frac{1}{n!} x^n \quad (x \in \mathbf{R})$

- $\displaystyle \log(1-x) = -\sum_{n=1}^{\infty} \frac{x^n}{n} \quad (-1 \leq x < 1)$

- $\displaystyle (1+x)^\alpha = \sum_{n=0}^{\infty} \binom{\alpha}{n} x^n \quad (-1 < x < 1)$ （**一般二項定理**)

1変数関数の積分

§9　定積分と不定積分

```
                                              §9のポイント
```
- 関数の微分に対する逆の操作を考えることにより，**原始関数**を定めることができる.
- 平面内の図形の面積を考えることにより，有界閉区間で定義された関数の**定積分**を定めることができる.
- **微分積分学の基本定理**より，原始関数は**不定積分**を用いて表すことができる.
- 関数の積分は**線形性**をもち，**部分積分法**や**置換積分法**が成り立つ.

9・1　原始関数

　まず，関数の微分に対する逆の操作を考えよう．簡単のため，9・1では関数の定義域を開区間とする.

> **定義 9.1**
>
> $f(x)$ および $F(x)$ を開区間 I で定義された関数とする．$F(x)$ が I で微分可能であり，$F'(x) = f(x)$ となるとき，
>
> $$F(x) = \int f(x)\,dx \tag{9.1}$$
>
> と表し，$F(x)$ を $f(x)$ の**原始関数**という．

1 つの関数に対する原始関数は一通りには定まらない．実際，次の定理 9.1 が成り立つ．

> **定理 9.1**
>
> $f(x)$ を開区間 I で定義された関数，$F(x)$ を $f(x)$ の 1 つの原始関数とする．このとき，$f(x)$ の任意の原始関数 $G(x)$ は $C \in \mathbf{R}$ を用いて，
>
> $$G(x) = F(x) + C \tag{9.2}$$
>
> と表される．

証明　まず，

$$(G(x) - F(x))' = G'(x) - F'(x) \overset{\odot\,\text{定義}\,9.1}{=} f(x) - f(x) = 0, \tag{9.3}$$

すなわち，

$$(G(x) - F(x))' = 0 \tag{9.4}$$

である．よって，定理 5.4 (1) より，$G(x) - F(x)$ は定数関数である．したがって，ある $C \in \mathbf{R}$ が存在し，

$$G(x) - F(x) = C, \tag{9.5}$$

すなわち，(9.2) が成り立つ．　　　　　　　　　　　　　　　　　　　　　$\diamondsuit$

(9.2) の C を**積分定数**という．なお，以下では**積分定数を省略する**ことにする．また，$\displaystyle\int \frac{1}{f(x)}\,dx$ を $\displaystyle\int \frac{dx}{f(x)}$ とも表す．

§4，§5 で扱ったことと定義 9.1 より，次の定理 9.2 が成り立つ．

定理 9.2

次の (1)〜(11) が成り立つ．

(1) $a \in \mathbf{R}$，$a \neq -1$ とすると，$\displaystyle\int x^a \, dx = \frac{1}{a+1} x^{a+1}$

(2) $\displaystyle\int \frac{dx}{x} = \log |x|$　　　　(3) $\displaystyle\int \sin x \, dx = -\cos x$

(4) $\displaystyle\int \cos x \, dx = \sin x$　　　　(5) $\displaystyle\int \frac{dx}{\cos^2 x} = \tan x$

(6) $\displaystyle\int \sinh x \, dx = \cosh x$　　　　(7) $\displaystyle\int \cosh x \, dx = \sinh x$

(8) $\displaystyle\int \frac{dx}{\cosh^2 x} = \tanh x$

(9) $a > 0$，$a \neq 1$ とすると，$\displaystyle\int a^x \, dx = \frac{1}{\log a} a^x$

(10) $\displaystyle\int \frac{dx}{\sqrt{1-x^2}} = \sin^{-1} x$ または $\displaystyle\int \frac{dx}{\sqrt{1-x^2}} = -\cos^{-1} x$

(11) $\displaystyle\int \frac{dx}{1+x^2} = \tan^{-1} x$

注意 9.1　定理 9.1，定理 9.2 (10) に関して，等式

$$\sin^{-1} x + \cos^{-1} x = \frac{\pi}{2} \qquad (x \in (-1, 1))$$

$$(9.6)$$

が成り立つ（✎）（**図 9.1**）．

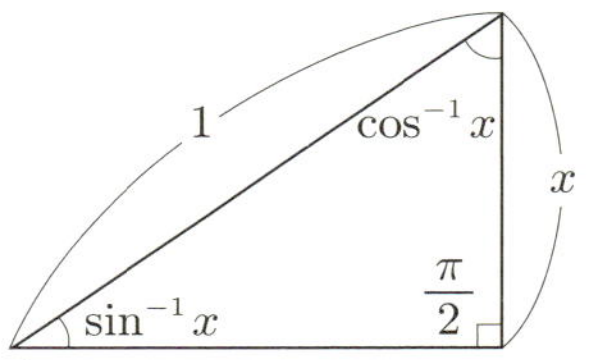

図 9.1　(9.6) の幾何学的説明

9・2 定積分

　原始関数は平面内の図形の面積と深い関係がある[1]．なお，本書では面積の厳密な定義は行わないことにする [⇨ ［杉浦 1］第 IV 章 §2]．

定義 9.2

$f(x)$ を有界閉区間 $[a, b]$ で定義された関数とする．曲線 $y = f(x)$ と直線 $x = a$, $x = b$ および x 軸で囲まれた図形の**面積**が存在するとき，これを

$$\int_a^b f(x)\,dx \qquad (9.7)$$

と表し，$f(x)$ の $[a, b]$ における**定積分**という（**図 9.2**）．なお，x 軸

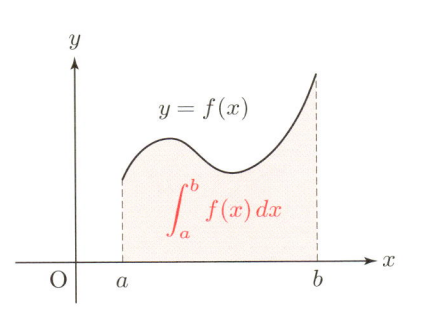

図 9.2　定積分のイメージ

より上の面積を正，下の面積を負と定める．このとき，$f(x)$ は $[a, b]$ で**積分可能**であるという．また，$f(x)$ を**被積分関数**，$[a, b]$ を**積分区間**という．

例 9.1　$c \in \mathbf{R}$ を定数とすると，定数関数 $f(x) = c$ の有界閉区間 $[a, b]$ における定積分は

$$\int_a^b c\,dx = c(b - a) \qquad (9.8)$$

である．実際，$c = 0$ のときは明らかである．また，$c > 0$ のときは，縦の長さ c，横の長さ $(b - a)$ の長方形の面積を考えればよい．さらに，$c < 0$ のときは，定積分の定義（定義 9.2）より，(9.8) の値は負となることに注意すればよい．◆

注意 9.2　定積分においては，積分区間が 1 点となる場合も考え，

---

[1]　第 6 章で扱う多変数関数の積分は，微分の逆の操作というよりも，むしろ図形の面積あるいは体積として捉える必要がある．

$$\int_a^a f(x)\,dx = 0 \tag{9.9}$$

であるとする.

　関数の積分可能性について，次の定理 9.3 が基本的である ［⇨［杉浦 1］p. 227 定理 4.2］.

定理 9.3

　$f(x)$ を有界閉区間 $[a,b]$ で連続な関数とする．このとき，$f(x)$ は $[a,b]$ で積分可能である[2].

9・3　不定積分

　$f(x)$ を有界閉区間 $[a,b]$ で連続な関数とする．このとき，$[a,b]$ で定義された関数 $F(x)$ を

$$F(x) = \int_a^x f(t)\,dt \qquad (x \in [a,b]) \tag{9.10}$$

により定めることができる[3]．これを $f(x)$ の **不定積分** という．定積分の値や不定積分を求めることを **積分する** という.

　不定積分は被積分関数の原始関数であることがわかる．すなわち，次の定理 9.4 が成り立つ ［⇨［杉浦 1］p. 232 定理 5.4］.

定理 9.4（微分積分学の基本定理）

　$f(x)$ を有界閉区間 $[a,b]$ で連続な関数，$F(x)$ を $f(x)$ の不定積分とする．このとき，等式

---

[2]　$x \in [0,1]$ とし，$x \in \mathbf{Q}$ のとき $f(x) = 1$，$x \notin \mathbf{Q}$ のとき $f(x) = 0$ とおくと，$f(x)$ は $[0,1]$ で積分可能ではないことが知られている ［⇨［杉浦 1］p. 208 例 2］.

[3]　x を固定して考えて，変数 t に関して積分するという意味では，(9.10) 右辺をこのように書いた方が正確であるが，$\int_a^x f(x)\,dx$ と書いてしまうこともある.

$$F'(x) = f(x) \qquad (x \in [a, b]) \tag{9.11}$$

が成り立つ. ただし,

$$F'(a) = \lim_{h \to a+0} \frac{F(a+h) - F(a)}{h}, \quad F'(b) = \lim_{h \to b-0} \frac{F(b+h) - F(b)}{h} \tag{9.12}$$

である[4).

次の定理 9.5 より, 定積分の値は原始関数を用いて計算することができる.

定理 9.5

$f(x)$ を有界閉区間 $[a, b]$ で連続な関数, $F(x)$ を $f(x)$ の原始関数とする[5).
このとき, 等式

$$\int_a^b f(x)\,dx = F(b) - F(a) \tag{9.13}$$

が成り立つ.

[証明]　$G(x)$ を $f(x)$ の不定積分, すなわち,

$$G(x) = \int_a^x f(t)\,dt \tag{9.14}$$

とする. このとき, 微分積分学の基本定理 (定理 9.4) より, $G(x)$ は $f(x)$ の原始関数である. また, (9.9) より, $G(a) = 0$ である. 一方, $F(x)$ も $f(x)$ の原始関数なので, 定理 9.1 より, (9.2) をみたす $C \in \mathbf{R}$ が存在する. よって,

$$\int_a^b f(x)\,dx = G(b) \overset{\odot\,(9.2)}{=} F(b) + C \overset{\odot\,(9.2)}{=} F(b) + (G(a) - F(a))$$

$$\overset{\odot\,G(a)=0}{=} F(b) - F(a), \tag{9.15}$$

すなわち, (9.13) が成り立つ.　　　　　　　　　　　　　　　　◇

---

4)　$F'(a)$, $F'(b)$ をそれぞれ $x = a$ における**右微分係数**, $x = b$ における**左微分係数**という.

5)　定義 9.1 では簡単のため I を開区間としたが, $x = a$ や $x = b$ においては, それぞれ右微分係数, 左微分係数を考えて, $F'(a) = f(a)$, $F'(b) = f(b)$ が成り立つとする.

注意 9.3　(9.13) において,

$$F(b) - F(a) = \Big[F(x) \Big]_a^b \tag{9.16}$$

と表すことが多い. また, 積分の計算をする際には,

$$\int_b^a f(x)\,dx = -\int_a^b f(x)\,dx, \qquad \int 1\,dx = \int dx \tag{9.17}$$

などと表すこともある. さらに, **原始関数と不定積分は定数の差だけしか違いがないため, これらの言葉を区別しない**ことにする.

例題 9.1　$a \in \mathbf{R}$, $a \neq -1$ とする. 定積分 $\displaystyle\int_1^2 x^a\,dx$ の値を求めよ.

解　$\displaystyle\int_1^2 x^a\,dx \overset{\odot\, \text{定理 9.2 (1),(9.13)}}{=} \left[\frac{1}{a+1}x^{a+1} \right]_1^2 = \frac{1}{a+1}\cdot 2^{a+1} - \frac{1}{a+1}\cdot 1^{a+1}$

$$= \frac{2^{a+1} - 1}{a+1} \tag{9.18}$$

である.　　　　　　　　　　　　　　　　　　　　　　　　　　　　◇

　不定積分, 定積分に関して, 次の定理 9.6 が成り立つ.

定理 9.6

$f(x)$, $g(x)$ を開区間 I で定義された原始関数をもつ関数とする. このとき, 次の (1)〜(4) が成り立つ.

(1) $\displaystyle\int (f(x) \pm g(x))\,dx = \int f(x)\,dx \pm \int g(x)\,dx.$　（複号同順）

(2) $\displaystyle\int cf(x)\,dx = c\int f(x)\,dx.$　$(c \in \mathbf{R})$

(3) $f(x)$, $g(x)$ が I で C^1 級 [⇨ **定義 6.1**] ならば,

$$\int f'(x)g(x)\,dx = f(x)g(x) - \int f(x)g'(x)\,dx. \quad \textbf{(部分積分法)}$$

(4) $f(x)$ が I で連続であるとする．$x(t)$ を開区間 J で C^1 級の関数とし，

任意の $t \in J$ に対して，$x(t) \in I$ であるとすると，

$$\int f(x)\,dx = \int f(x(t))x'(t)\,dt. \quad \textbf{(置換積分法)}$$

定積分についても同様の事実が成り立つ[6]．

証明　定義 9.1 より，それぞれの式の両辺を微分して，等式が成り立つことを示せばよい．(1), (2) は微分の線形性（定理 4.3 (1), (2)）を用いる．また，(3) は積の微分法（定理 4.3 (3)）を用いる．さらに，(4) は合成関数の微分法（定理 4.4）を用いる[7]．　　　　　　　　　　　　　◇

注意 9.4　(1) 定理 9.6 (1), (2) を合わせて，積分の**線形性**という．積分の線形性より，$f_1(x), f_2(x), \cdots, f_n(x)$ を開区間 I で定義された原始関数をもつ関数とし，$c_1, c_2, \cdots, c_n \in \mathbf{R}$ とすると，等式

$$\int \sum_{i=1}^{n} c_i f_i(x)\,dx = \sum_{i=1}^{n} c_i \int f_i(x)\,dx \qquad (9.19)$$

が成り立つ．証明は n に関する数学的帰納法を用いればよい（✍）．

(2) 置換積分法（定理 9.6 (4)）の特別な場合でもあるが，等式

$$\int \frac{f'(x)}{f(x)}\,dx = \log|f(x)| \qquad (9.20)$$

はこのまま覚えておくと便利である．

---

[6]　例えば，置換積分法については，$a = x(\alpha)$, $b = x(\beta)$ とすると，$\displaystyle\int_a^b f(x)\,dx = \int_\alpha^\beta f(x(t))x'(t)\,dt$ が成り立つ．

[7]　定積分の場合，厳密には，(3), (4) では定理 9.3 を用いている [⇨［杉浦 1］p. 235 定理 5.6]．

例題9.2 不定積分 $\displaystyle\int \log x\, dx$ を求めよ. □ □ □ ✎

解
$$\int \log x\, dx = \int 1 \cdot \log x\, dx = \int x' \log x\, dx$$

$$\overset{\odot\ 定理\,9.6\,(3)}{=} x \log x - \int x(\log x)'\, dx$$

$$= x \log x - \int x \cdot \frac{1}{x}\, dx = x \log x - \int dx$$

$$\overset{\odot\ 定理\,9.2\,(1)}{=} x \log x - x \tag{9.21}$$

である. ◇

例 9.2　$a > 0$ とする. 置換積分法（定理9.6(4)）を用いて, 不定積分 $\displaystyle\int \frac{dx}{\sqrt{a^2 - x^2}}$ を求めてみよう[8]. $x(t) = at$ とおく. このとき,

$$x'(t) = \frac{dx}{dt} = a, \qquad t = \frac{x(t)}{a} \tag{9.22}$$

である. よって,

$$\int \frac{dx}{\sqrt{a^2 - x^2}} \overset{\odot\ 定理\,9.6\,(4),\,(9.22)\,第1式}{=} \int \frac{1}{\sqrt{a^2 - (at)^2}}\, a\, dt = \int \frac{dt}{\sqrt{1 - t^2}}$$

$$\overset{\odot\ 定理\,9.2\,(10)}{=} \sin^{-1} t \overset{\odot\ (9.22)\,第2式}{=} \sin^{-1} \frac{x}{a} \tag{9.23}$$

である. この計算を $x = at$ の両辺に「d をとって」$dx = (at)'\, dt$, すなわち, $dx = a\, dt$ とし,

$$\int \frac{dx}{\sqrt{a^2 - x^2}} = \int \frac{a\, dt}{\sqrt{a^2 - (at)^2}} = \int \frac{dt}{\sqrt{1 - t^2}} = \cdots \tag{9.24}$$

としてもよい. ◆

---

[8]　合成関数の微分法（定理4.4）に慣れてくると, これくらいの不定積分であれば, 直ちに $\displaystyle\int \frac{dx}{\sqrt{a^2 - x^2}} = \sin^{-1} \frac{x}{a}$ と書けるようになるであろう.

> **例題 9.3** $a > 0$ とする. $x = at$ とおき, 置換積分法 (定理 9.6 (4)) を用いることにより, 定積分 $\displaystyle\int_0^a \frac{dx}{a^2 + x^2}$ の値を求めよ. □□□ 🖊

解 $x = at$ より,

$$dx = a\,dt, \qquad \begin{array}{|c|c|c|c|} \hline x & 0 & \to & a \\ \hline t & 0 & \to & 1 \\ \hline \end{array} \tag{9.25}$$

である[9]. よって,

$$\int_0^a \frac{dx}{a^2 + x^2} \overset{\odot\ \text{定理 9.6 (4),(9.25)}}{=} \int_0^1 \frac{a\,dt}{a^2 + (at)^2} \overset{\odot\ \text{定理 9.6 (2)}}{=} \frac{1}{a} \int_0^1 \frac{dt}{1 + t^2}$$

$$\overset{\odot\ \text{定理 9.2 (11)}}{=} \frac{1}{a} \Big[\tan^{-1} t\Big]_0^1 = \frac{1}{a}\left(\tan^{-1} 1 - \tan^{-1} 0\right) = \frac{1}{a}\left(\frac{\pi}{4} - 0\right)$$

$$= \frac{\pi}{4a} \tag{9.26}$$

である. ◇

---

[9] x が 0 から a へと変化するとき, t が 0 から 1 へと変化することを (9.25) の右の表のように表した.

§9 の問題

確認問題

問 9.1 次の定積分の値を求めよ.

(1) $\displaystyle\int_1^2 \frac{dx}{x}$ (2) $\displaystyle\int_0^\pi \sin x\,dx$ (3) $\displaystyle\int_0^{\log 3} \cosh x\,dx$

☐☐☐ [⇨ **9・3**]

問 9.2 次の不定積分を求めよ.

(1) $\displaystyle\int x \sin x\,dx$ (2) $\displaystyle\int x e^x\,dx$ (3) $\displaystyle\int x \cosh x\,dx$

☐☐☐ [⇨ **9・3**]

問 9.3 $t = 2x - 3$ とおき,置換積分法(定理 9.6 (4))を用いることにより,定積分 $\displaystyle\int_{\frac{3}{2}}^2 (2x-3)^4\,dx$ の値を求めよ.

☐☐☐ [⇨ **9・3**]

基本問題

問 9.4 次の不定積分を求めよ.

(1) $\displaystyle\int \sin^{-1} x\,dx$ (2) $\displaystyle\int \tan^{-1} x\,dx$

☐☐☐ [⇨ **9・3**]

問 9.5 $a, b \in \mathbf{R}$, $a \neq 0$ とし,

$$I = \int e^{ax} \sin bx\,dx, \qquad J = \int e^{ax} \cos bx\,dx$$

とおく.

(1)　部分積分法（定理 9.6 (3)）を用いることにより，等式

$$aI + bJ = e^{ax} \sin bx, \qquad bI - aJ = -e^{ax} \cos bx$$

が成り立つことを示せ.

(2)　I, J を求めよ.

チャレンジ問題

問 9.6　べき級数を用いて表される (8.14) の関数の原始関数に関して，等式

$$\int \sum_{n=0}^{\infty} a_n (x-a)^n \, dx = \sum_{n=0}^{\infty} \frac{a_n}{n+1} (x-a)^{n+1} \quad \text{（項別積分定理）}$$

が成り立つ [⇨［杉浦 1］p. 173 定理 2.5 系] ことを用いて，マクローリン展開

$$\log(1+x) = \sum_{n=1}^{\infty} \frac{(-1)^{n+1} x^n}{n} \qquad (-1 < x < 1)$$

が成り立つことを示せ[10].

---

[10]　例 8.2 より，この等式は $x = 1$ のときも成り立つ.

§10 定積分の性質

§10 のポイント

- 定積分について**積分区間に関する加法性**が成り立つ.
- 定積分について**単調性**が成り立つ.
- 偶関数や奇関数の定積分は計算が簡単になる場合がある.

10・1 積分区間に関する加法性

定積分については，微分積分学の基本定理（定理 9.4）や線形性，部分積分法，置換積分法（定理 9.6）といった §9 で述べたもの以外にも，重要な性質がいくつかある.

簡単のため，定積分を考える際の被積分関数は連続であるとする [⇒定理 9.3]. まず，次の定理 10.1 から始めよう.

定理 10.1（積分区間に関する加法性）

$a, b, c \in \mathbf{R}$ とすると，

$$\int_a^b f(x)\, dx = \int_a^c f(x)\, dx + \int_c^b f(x)\, dx \tag{10.1}$$

が成り立つ.

証明 まず，$a = b$ のとき，

$$((10.1)\ \text{左辺}) = \int_a^a f(x)\, dx \overset{\odot\ (9.9)}{=} 0, \tag{10.2}$$

$$((10.1)\ \text{右辺}) = \int_a^c f(x)\, dx + \int_c^a f(x)\, dx \overset{\odot\ (9.17)\ \text{第1式}}{=} 0 \tag{10.3}$$

となり，(10.1) が成り立つ. 同様に，$a = c$ または $b = c$ のときも (10.1) が成り立つ (✍).

次に，$a < c < b$ のとき，定積分の定義（定義 9.2）より，(10.1) が成り立つ

（**図 10.1**）．よって，$a < b < c$ のとき，

$$((10.1) \text{ 右辺}) = \left(\int_a^b f(x)\,dx + \int_b^c f(x)\,dx \right) + \int_c^b f(x)\,dx$$

$$= \int_a^b f(x)\,dx + \left(\int_b^c f(x)\,dx + \int_c^b f(x)\,dx \right)$$

$$\overset{\odot\,(9.17)\,\text{第 1 式}}{=} \int_a^b f(x)\,dx + 0 = ((10.1) \text{ 左辺}) \qquad (10.4)$$

となり，(10.1) が成り立つ．同様に，a, b, c がその他の大小関係をみたすときも (10.1) が成り立つ（✍）．　　　　　　　　　　　　　　　　　◇

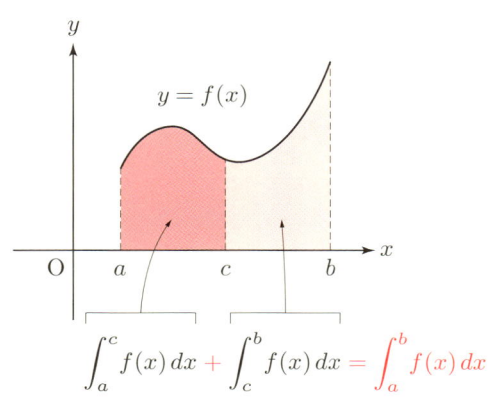

$$\int_a^c f(x)\,dx + \int_c^b f(x)\,dx = \int_a^b f(x)\,dx$$

図 10.1　積分区間に関する加法性

例題 10.1　積分区間に関する加法性（定理 10.1）を用いて，定積分

$$\int_0^{\frac{\pi}{8}} \cos x\,dx + \int_{\frac{\pi}{8}}^{\frac{\pi}{2}} \cos x\,dx \qquad (10.5)$$

の値を求めよ．　　　　　　　　　　　□ □ □ ✍

解　$\displaystyle \int_0^{\frac{\pi}{8}} \cos x\,dx + \int_{\frac{\pi}{8}}^{\frac{\pi}{2}} \cos x\,dx \overset{\odot\,\text{定理 10.1}}{=} \int_0^{\frac{\pi}{2}} \cos x\,dx \overset{\odot\,\text{定理 9.2 (4)}}{=} [\sin x]_0^{\frac{\pi}{2}}$

$$= \sin \frac{\pi}{2} - \sin 0 = 1 - 0 = 1 \qquad (10.6)$$

である．　　　　　　　　　　　　　　　　　　　　　　　　　　◇

10・2 定積分の単調性

また，定積分は次の定理 10.2 に述べる単調性をもつ（**図 10.2**）［⇨［杉浦 1］p. 209 定理 2.2，p. 227 定理 4.3］.

--- **定理 10.2（定積分の単調性）** ---

$a, b \in \mathbf{R}$，$a < b$ とする．任意の $x \in [a, b]$ に対して，$f(x) \geq g(x)$ が成り立つならば，

$$\int_a^b f(x)\,dx \geq \int_a^b g(x)\,dx \tag{10.7}$$

である．とくに，$g(x) = 0$ のとき，

$$\int_a^b f(x)\,dx \geq 0 \tag{10.8}$$

である．また，(10.7) において等号が成り立つのは $f(x) \equiv g(x)$ [1] のときに限る．

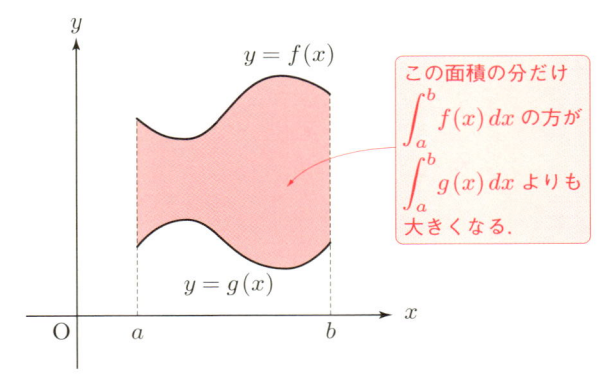

この面積の分だけ $\displaystyle\int_a^b f(x)\,dx$ の方が $\displaystyle\int_a^b g(x)\,dx$ よりも大きくなる.

図 10.2 定積分の単調性

---

[1]　任意の $x \in [a, b]$ に対して $f(x) = g(x)$ であることをこのように表す.

例題 10.2　次の問に答えよ.

(1)　$1 \leq x \leq 2$ のとき, 不等式

$$\sqrt{2} \leq \sqrt{x^3 + 1} \leq \frac{1}{\sqrt{2}}(x^3 + 1) \tag{10.9}$$

が成り立つことを示せ.

(2)　不等式

$$\sqrt{2} < \int_1^2 \sqrt{x^3 + 1}\, dx < \frac{19}{8}\sqrt{2} \tag{10.10}$$

が成り立つことを示せ.

解　(1) まず, $1 \leq x \leq 2$ なので,

$$(x^3 + 1) - 2 = x^3 - 1 \geq 0, \tag{10.11}$$

すなわち,

$$x^3 + 1 \geq 2 \tag{10.12}$$

である. また, $1 \leq x \leq 2$ なので,

$$\frac{1}{2}(x^3 + 1)^2 - (x^3 + 1) = \frac{1}{2}\{(x^6 + 2x^3 + 1) - 2(x^3 + 1)\} = \frac{1}{2}(x^6 - 1) \geq 0, \tag{10.13}$$

すなわち,

$$\frac{1}{2}(x^3 + 1)^2 \geq x^3 + 1 \tag{10.14}$$

である. (10.12), (10.14) より, (10.9) が成り立つ.

(2) (10.9) および定積分の単調性（定理 10.2）より,

$$\int_1^2 \sqrt{2}\, dx < \int_1^2 \sqrt{x^3 + 1}\, dx < \int_1^2 \frac{1}{\sqrt{2}}(x^3 + 1)\, dx \tag{10.15}$$

である[2]．ここで，

$$\int_1^2 \sqrt{2}\, dx \overset{\odot}{=} {}^{(9.8)} \sqrt{2}(2-1) = \sqrt{2}, \tag{10.16}$$

$$\int_1^2 \frac{1}{\sqrt{2}}(x^3+1)\, dx \overset{\odot}{=} {}^{\text{定理 } 9.6\,(2)} \frac{1}{\sqrt{2}} \int_1^2 (x^3+1)\, dx \overset{\odot}{=} {}^{\text{定理 } 9.2\,(1)} \frac{1}{\sqrt{2}} \left[\frac{1}{4}x^4 + x \right]_1^2$$

$$= \frac{1}{\sqrt{2}} \left\{ \frac{1}{4} \cdot (2^4 - 1^4) + (2-1) \right\} = \frac{19}{8}\sqrt{2} \tag{10.17}$$

である[3]．よって，(10.10) が成り立つ． ◇

注意 10.1　　被積分関数が根号を含む不定積分の中には，多項式，三角関数，指数関数，対数関数，逆三角関数といった，よく現れる関数[4]を用いて具体的に表すことは決してできないものが存在する．そのような例として，例題 10.2 に現れた関数 $\sqrt{x^3+1}$ といった，平方根の中身が 3 次や 4 次の多項式である関数の不定積分が知られている[5]．

　定積分の単調性（定理 10.2）を用いることにより，次の定理 10.3 を示すことができる．

┌─ **定理 10.3** ─────────────────────

　$a, b \in \mathbf{R}$，$a < b$ とすると，不等式

───────────────────────────────

[2]　(10.9) の等号が成り立つのは $x=1$ のときに限るので，等号を含まない不等式が得られる．

[3]　(10.17) を $\dfrac{1}{\sqrt{2}} \displaystyle\int_1^2 (x^3+1)\, dx = \dfrac{1}{\sqrt{2}} \int_1^2 x^3\, dx + \dfrac{1}{\sqrt{2}} \int_1^2 x\, dx = \dfrac{1}{\sqrt{2}} \left[\dfrac{1}{4}x^4 \right]_1^2 + \dfrac{1}{\sqrt{2}}[x]_1^2 = \cdots$ のように項を分けて計算するのは煩雑である．上のように計算した方が良いであろう．

[4]　これらは**初等関数**とよばれる関数の一種である．

[5]　このような積分を**楕円積分**という．また，その他の例として，**ガウスの誤差関数**とよばれる不定積分 $\dfrac{2}{\sqrt{\pi}} \displaystyle\int_0^x e^{-t^2}\, dt$ も知られている．興味のある読者は，例えば，E. A. Marchisotto and G.-A. Zakeri, *An Invitation to Integration in Finite Terms*, The College Mathematics Journal, Vol. 25, No. 4 (Sep., 1994), pp. 295-308 を見よ．

$$\left| \int_a^b f(x)\,dx \right| \leq \int_a^b |f(x)|\,dx \tag{10.18}$$

が成り立つ．また，等号が成り立つのは，$f(x)$ が常に 0 以上であるか，または，$f(x)$ が常に 0 以下であるときに限る．

証明 $x \in [a, b]$ とすると，絶対値の定義より，

$$f(x) \leq |f(x)|, \quad -f(x) \leq |f(x)| \tag{10.19}$$

である．よって，定積分の単調性（定理 10.2）より，

$$\int_a^b f(x)\,dx \leq \int_a^b |f(x)|\,dx, \quad -\int_a^b f(x)\,dx \leq \int_a^b |f(x)|\,dx \tag{10.20}$$

となる．したがって，絶対値の定義より，(10.18) が成り立つ．

また，

$$\begin{aligned}
&(10.18) \text{ の等号が成立} \\
&\quad \Longleftrightarrow (10.20) \text{ のどちらか一方の等号が成立} \\
&\quad \Longleftrightarrow (10.19) \text{ のどちらか一方の等号が成立} \\
&\quad \Longleftrightarrow f(x) \text{ は常に 0 以上または } f(x) \text{ は常に 0 以下}
\end{aligned} \tag{10.21}$$

である． ◇

また，次の定理 10.4 が成り立つ．

定理 10.4（コーシー‐シュワルツの不等式）

$a, b \in \mathbf{R}$, $a < b$ とすると，不等式

$$\left(\int_a^b f(x)g(x)\,dx \right)^2 \leq \left(\int_a^b (f(x))^2\,dx \right) \left(\int_a^b (g(x))^2\,dx \right) \tag{10.22}$$

が成り立つ[6]．また，等号が成り立つのは，$f(x)$ が $g(x)$ の定数倍となるか，または，$g(x)$ が $f(x)$ の定数倍となるときに限る．

---

[6] コーシー‐シュワルツの不等式は一般に内積空間に対して成り立つ［⇨［藤岡 2］p. 228 定理 22.1 (2)］．

(証明) まず, $f(x) \equiv 0$ であるとする. このとき, (10.22) の両辺はともに 0 となり, 等号が成り立つ.

次に, ある $x \in [a,b]$ に対して, $f(x) \neq 0$ であるとする. このとき, 定積分の単調性 (定理 10.2) より,

$$\int_a^b (f(x))^2 \, dx > 0 \tag{10.23}$$

となる. ここで, $t \in \mathbf{R}$ とすると, 定理 10.2 より,

$$\int_a^b (tf(x) + g(x))^2 \, dx \geq 0, \tag{10.24}$$

すなわち, 積分の線形性 (定理 9.6 (1), (2)) より,

$$t^2 \int_a^b (f(x))^2 \, dx + 2t \int_a^b f(x)g(x) \, dx + \int_a^b (g(x))^2 \, dx \geq 0 \tag{10.25}$$

である. (10.25) が任意の t に対して成り立つので, (10.23) に注意し, t の 2 次式である (10.25) 左辺の判別式を考えると,

$$\left(\int_a^b f(x)g(x) \, dx \right)^2 - \left(\int_a^b (f(x))^2 \, dx \right) \left(\int_a^b (g(x))^2 \, dx \right) \leq 0, \tag{10.26}$$

すなわち, (10.22) が成り立つ.

また,
(10.22) の等号が成立
$$\begin{aligned} &\iff f(x) \equiv 0 \text{ または } (10.25) \text{ の等号が成立} \\ &\iff f(x) \equiv 0 \text{ または } (10.24) \text{ の等号が成立} \\ &\overset{\odot \, 定理\,10.2}{\iff} f(x) \equiv 0 \text{ またはある } t \in \mathbf{R} \text{ に対して } tf(x) + g(x) \equiv 0 \\ &\iff f(x) \text{ は } g(x) \text{ の定数倍または } g(x) \text{ は } f(x) \text{ の定数倍} \end{aligned} \tag{10.27}$$
である. ◇

10・3 偶関数, 奇関数の定積分

定積分の定義 (定義 9.2) より, 偶関数, 奇関数 [⇨ p. 26] の定積分について, 次の定理 10.5 が成り立つ.

定理 10.5

$f(x)$ を偶関数とすると，等式

$$\int_{-a}^{a} f(x)\,dx = 2\int_{0}^{a} f(x)\,dx \tag{10.28}$$

が成り立つ（**図 10.3 左**）．また，$f(x)$ を奇関数とすると，等式

$$\int_{-a}^{a} f(x)\,dx = 0 \tag{10.29}$$

が成り立つ（**図 10.3 右**）．

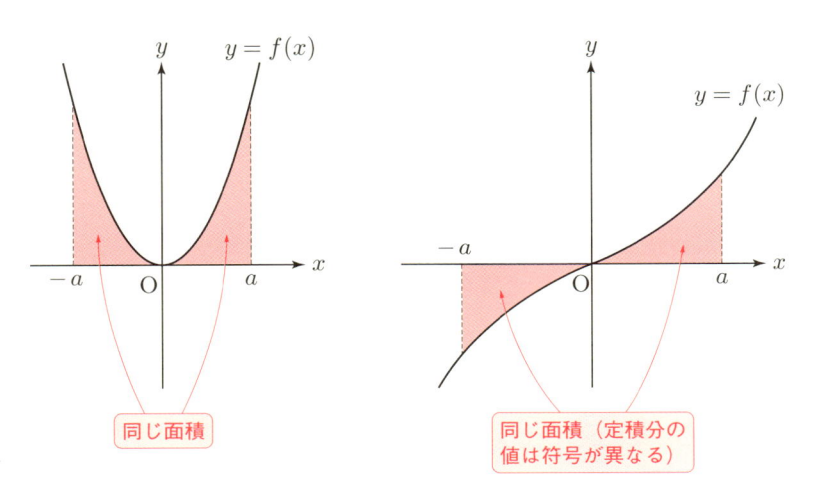

図 10.3 偶関数，奇関数の定積分

例題 10.3　定理 10.5 を用いることにより，次の定積分の値を求めよ．

(1) $\displaystyle\int_{-\frac{\pi}{4}}^{\frac{\pi}{4}} \frac{dx}{\cos^2 x}$ 　　(2) $\displaystyle\int_{-\log 2}^{\log 2} \sinh x\,dx$ 　□□□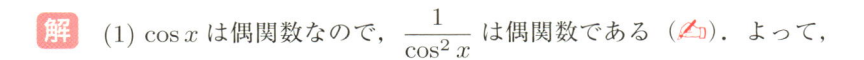

解　(1) $\cos x$ は偶関数なので，$\dfrac{1}{\cos^2 x}$ は偶関数である（✎）．よって，

$$(与式) \overset{\odot\,(10.28)}{=} 2\int_0^{\frac{\pi}{4}} \frac{dx}{\cos^2 x} \overset{\odot\,定理\,9.2\,(5)}{=} 2\left[\tan x\right]_0^{\frac{\pi}{4}} = 2\left(\tan\frac{\pi}{4} - \tan 0\right)$$

$$= 2(1-0) = 2 \qquad\qquad (10.30)$$

である.

(2) (4.23) 第 1 式より, $\sinh x$ は奇関数である（✍）. よって, (10.29) より, 定積分の値は 0 である. $\qquad\qquad\Diamond$

 ## §10 の問題

確認問題

問 10.1 $a > 0,\, a \neq 1$ とする. 積分区間に関する加法性（定理 10.1）を用いて, 定積分

$$\int_0^{10} a^x\, dx + \int_{10}^{1} a^x\, dx$$

の値を求めよ. □□□ [⇨ 10・1]

問 10.2 次の問に答えよ.

(1) $0 \leq x \leq 1$ のとき, 不等式

$$e^{-x} \leq e^{-x^2} \leq e^{1-2x}$$

が成り立つことを示せ.

(2) 不等式

$$\frac{e-1}{e} < \int_0^1 e^{-x^2}\, dx < \frac{e^2-1}{2e}$$

が成り立つことを示せ.

□□□ [⇨ 10・2]

問 10.3　定理 10.5 を用いることにより，次の定積分の値を求めよ.

$$(1)\ \int_{-\log 3}^{\log 3} \frac{dx}{\cosh^2 x} \qquad\qquad (2)\ \int_{-\pi}^{\pi} \sin^5 x\, dx$$

$$\square\ \square\ \square\ [\Rightarrow \mathbf{10 \cdot 3}]$$

基本問題

問 10.4　次の問に答えよ.

(1)　$f(x)$ を有界閉区間 $[a,b]$ で常に正となる連続関数とする．コーシー‐シュワルツの不等式（定理 10.4）を用いることにより，不等式

$$\left(\int_a^b f(x)\, dx\right)\left(\int_a^b \frac{dx}{f(x)}\right) \geq (b-a)^2$$

が成り立つことを示せ.

(2)　(1) において，等号が成り立つときの $f(x)$ を求めよ.

$$\square\ \square\ \square\ [\Rightarrow \mathbf{10 \cdot 2}]$$

チャレンジ問題

問 10.5　$f(x)$ を有界閉区間 $[a,b]$ で連続な関数とすると，

$$\int_a^b f(x)\, dx = (b-a)f(c)$$

となる $c \in (a,b)$ が存在する．これを積分に関する平均値の定理という．次の $\boxed{}$ をうめることにより，積分に関する平均値の定理を証明せよ.

　まず，$f(x)$ が $\boxed{①}$ 関数であるとする．このとき，任意に $c \in (a,b)$ を選んでおくと，上の等式が成り立つ．次に，$f(x)$ が $\boxed{①}$ 関数ではないとする．$f(x)$ は $[a,b]$ で連続なので，$\boxed{②}$ の定理より，$f(x)$ は最大値 M，最小値 m をもつ．このとき，任意の $x \in [a,b]$ に対して，

$$m \leq f(x) \leq M$$

である．さらに，$f(x)$ は $\boxed{①}$ 関数ではないので，定積分の $\boxed{③}$ 性より，

$$m \left(\boxed{④} \right) < \int_a^b f(x)\, dx < M \left(\boxed{④} \right)$$

となる．よって，

$$\int_a^b f(x)\, dx = k \left(\boxed{④} \right)$$

とおくと，$m < k < M$ である．ここで，$f(x)$ は $[a,b]$ で連続なので，$\boxed{⑤}$ の定理より，$k = f(c)$ となる $c \in (a,b)$ が存在する．したがって，積分に関する平均値の定理が成り立つ．　　　　□□□ [⇨ **10・2**]

§11 有理関数の積分と曲線の長さ

─ §11 のポイント ─

- 多項式の比として表される関数を**有理関数**という.
- 1 変数の有理関数の不定積分は**部分分数分解**を行うことにより求められる.
- 曲線を折れ線で近似することにより，**曲線の長さ**を考えることができる.
- 有界閉区間で定義された C^1 級関数を用いて定められる曲線の長さは定積分で表すことができる.

11・1 部分分数分解

多項式の比として表される関数を**有理関数**という．まず，x を変数とする有理関数は次の (i)〜(iii) の形をした関数の和として表すことができる［⇨［杉浦 1］p. 241 命題 6.1］.

(i) x を変数とする多項式関数

(ii) $\dfrac{A}{(x-\alpha)^n}$ $\quad$ $(A, \alpha \in \mathbf{R},\ n \in \mathbf{N})$

(iii) $\dfrac{Ax+B}{\{(x-\alpha)^2+\beta^2\}^n}$ $\quad$ $(A, B, \alpha, \beta \in \mathbf{R},\ \beta \neq 0,\ n \in \mathbf{N})$

有理関数を上の (i)〜(iii) の形をした関数の和として表すことを**部分分数分解**という．多項式 $g(x)$ と $h(x)$ の比として表される有理関数 $f(x) = \dfrac{g(x)}{h(x)}$ の部分分数分解は，一般に次の (a), (b) の手順により求めることができる.

(a) $g(x)$ を $h(x)$ で割り，商を $q(x)$，余りを $r(x)$ とする．このとき，

$$f(x) = q(x) + \frac{r(x)}{h(x)} \text{ となり，} q(x) \text{ が (i) の多項式関数である．}$$

(b) $h(x)$ を実数を係数とする多項式の積に因数分解する．このとき，

$h(x)$ は (ii), (iii) の分母の形の多項式の積となり，$\dfrac{r(x)}{h(x)}$ は (ii), (iii) の形の関数の和として表される．

部分分数分解を次の例 11.1 で具体的に計算してみよう．

例 11.1（未定係数法）

有理関数

$$f(x) = \frac{x^4 + x^3 + x^2 + 2x + 3}{x^3 + 1} \tag{11.1}$$

の部分分数分解を求めよう．まず，

$$f(x) = \frac{x(x^3 + 1) + (x^3 + 1) + x^2 + x + 2}{x^3 + 1} = x + 1 + \frac{x^2 + x + 2}{(x + 1)(x^2 - x + 1)}$$

$$= x + 1 + \frac{x^2 + x + 2}{(x + 1)\left\{\left(x - \frac{1}{2}\right)^2 + \frac{3}{4}\right\}} \tag{11.2}$$

である．これから求める部分分数分解の形を

$$\frac{x^2 + x + 2}{x^3 + 1} = \frac{a}{x + 1} + \frac{bx + c}{x^2 - x + 1} \qquad (a, b, c \in \mathbf{R}) \tag{11.3}$$

とおくと，

$$((11.3) \text{ 右辺}) = \frac{a(x^2 - x + 1) + (bx + c)(x + 1)}{x^3 + 1}$$

$$= \frac{(a + b)x^2 + (-a + b + c)x + a + c}{x^3 + 1} \tag{11.4}$$

となり，(11.3) 左辺と分子の多項式の係数を比較すると，

$$a + b = 1, \quad -a + b + c = 1, \quad a + c = 2 \tag{11.5}$$

である．これらを連立させて解くと，$a = \frac{2}{3}$, $b = \frac{1}{3}$, $c = \frac{4}{3}$ となる．よって，

$$f(x) = x + 1 + \frac{2}{3}\frac{1}{x + 1} + \frac{1}{3}\frac{x + 4}{x^2 - x + 1} \tag{11.6}$$

である．このように部分分数分解を求める方法を未定係数法という．　　◆

11・2 有理関数の積分

積分の線形性（定理 9.6 (1), (2)）より，x を変数とする有理関数の不定積分は部分分数分解を行い，**11・1** (i)〜(iii) の関数の不定積分を求めることに帰着される．まず，(i) の関数の不定積分は定理 9.2 (1) より求めることができる．また，(ii) の関数の不定積分は

$$\int \frac{A}{(x-\alpha)^n}\, dx = \begin{cases} A \log|x-\alpha| & (n=1), \\ \dfrac{A}{(1-n)(x-\alpha)^{n-1}} & (n \geq 2) \end{cases} \tag{11.7}$$

と求めることができる．さらに，(iii) の関数の不定積分も原理的には計算することができて，これらのことは次の定理 11.1 のようにまとめられる［⇨［杉浦 1］p. 243 定理 6.3］．

定理 11.1

1 変数の有理関数の不定積分は有理関数，対数関数，逆正接関数を用いて表すことができる．

例 11.2 例 11.1 の関数 (11.1) の不定積分を求めよう．まず，

$$\int \frac{x^4 + x^3 + x^2 + 2x + 3}{x^3 + 1}\, dx$$

$$\stackrel{\odot (11.6)}{=} \int (x+1)\, dx + \frac{2}{3} \int \frac{dx}{x+1} + \frac{1}{3} \int \frac{x+4}{x^2-x+1}\, dx \tag{11.8}$$

である．ここで，

$$(x^2 - x + 1)' = 2x - 1 \tag{11.9}$$

であることに注意すると，

$$\int \frac{x+4}{x^2-x+1}\, dx = \int \frac{(2x-1)+9}{2(x^2-x+1)}\, dx$$

$$\stackrel{\odot (9.20)}{=} \frac{1}{2} \log(x^2-x+1) + \frac{9}{2} \int \frac{dx}{\left(x-\frac{1}{2}\right)^2 + \frac{3}{4}} \tag{11.10}$$

である．さらに，

$$x - \frac{1}{2} = \frac{\sqrt{3}}{2} t \tag{11.11}$$

とおくと，

$$dx = \frac{\sqrt{3}}{2} \, dt, \quad t = \frac{2x - 1}{\sqrt{3}} \tag{11.12}$$

であり，

$$\int \frac{dx}{\left(x - \frac{1}{2}\right)^2 + \frac{3}{4}} \overset{\odot \, 定理\,9.6\,(4)}{=} \int \frac{\frac{\sqrt{3}}{2}}{\frac{3}{4}(t^2 + 1)} \, dt \overset{\odot \, 定理\,9.2\,(11)}{=} \frac{2\sqrt{3}}{3} \tan^{-1} t$$

$$= \frac{2\sqrt{3}}{3} \tan^{-1} \frac{2x - 1}{\sqrt{3}} \tag{11.13}$$

となる．よって，(11.8), (11.10), (11.13) より，

$$\int \frac{x^4 + x^3 + x^2 + 2x + 3}{x^3 + 1} \, dx = \frac{1}{2}x^2 + x + \frac{2}{3} \log |x + 1|$$

$$+ \frac{1}{3} \left\{ \frac{1}{2} \log(x^2 - x + 1) + \frac{9}{2} \cdot \frac{2\sqrt{3}}{3} \tan^{-1} \frac{2x - 1}{\sqrt{3}} \right\} = \frac{1}{2}x^2 + x$$

$$+ \frac{2}{3} \log |x + 1| + \frac{1}{6} \log(x^2 - x + 1) + \sqrt{3} \tan^{-1} \frac{2x - 1}{\sqrt{3}} \tag{11.14}$$

である．◆

例題 11.1　不定積分 $\displaystyle\int \frac{3x^2 + 11x + 9}{x^2 + 3x + 2} \, dx$ を求めよ．□□□ ✍

解　まず，

$$\frac{3x^2 + 11x + 9}{x^2 + 3x + 2} = \frac{3(x^2 + 3x + 2) + 2x + 3}{x^2 + 3x + 2} = 3 + \frac{2x + 3}{(x + 1)(x + 2)} \tag{11.15}$$

である．ここで，求める部分分数分解の形を

$$\frac{2x + 3}{x^2 + 3x + 2} = \frac{a}{x + 1} + \frac{b}{x + 2} \quad (a, b \in \mathbf{R}) \tag{11.16}$$

とおくと，

$$((11.16) \text{ 右辺}) = \frac{a(x+2) + b(x+1)}{x^2 + 3x + 2}$$

$$= \frac{(a+b)x + 2a + b}{x^2 + 3x + 2} \tag{11.17}$$

となり，(11.16) 左辺と分子の多項式の係数を比較すると，

$$a + b = 2, \qquad 2a + b = 3 \tag{11.18}$$

である．これらを連立させて解くと，$a = 1, b = 1$ となる．よって，

$$\frac{3x^2 + 11x + 9}{x^2 + 3x + 2} = 3 + \frac{1}{x+1} + \frac{1}{x+2} \tag{11.19}$$

である．したがって，

$$\int \frac{3x^2 + 11x + 9}{x^2 + 3x + 2}\, dx = \int 3\, dx + \int \frac{dx}{x+1} + \int \frac{dx}{x+2}$$
$$= 3x + \log|x+1| + \log|x+2| \tag{11.20}$$

である． ◇

11・3　曲線の長さ

　積分の応用として，平面上の曲線の長さについて述べよう．

　一般に，xy 平面上の曲線は 2 つの関数 $\varphi(t), \psi(t)$ を用いて，点 $(\varphi(t), \psi(t))$ をプロットしていくことにより得られる．この曲線を $x = \varphi(t), y = \psi(t)$ のように表すことにする．関数のグラフは曲線の例である．実際，関数 $y = f(x)$ のグラフの場合は $\varphi(t) = t, \psi(t) = f(t)$ とおけばよい．

曲線の長さについて考えるには，まず，曲線を折れ線で近似する．すなわち，曲線上の点をいくつか選んで，曲線に沿って隣り合う点どうしを線分で結んでいけばよい（**図 11.1**）．線分の長さは三平方の定理を用いて求める

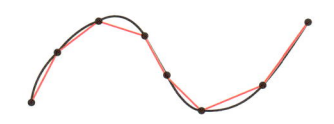

図 11.1　曲線の折れ線による近似

ことができ，折れ線の長さは線分の長さの和となる．そこで，曲線上の選ぶ点をどんどん増やしていき，折れ線の長さがある値に収束するとき，その値を**曲線の長さ**という．

　曲線の長さについて，次の定理 11.2 が成り立つ．証明には平均値の定理（定理 5.3）を用いる．　[⇨［杉浦 1］p. 346 定理 16.3].

定理 11.2

$\varphi(t)$, $\psi(t)$ を有界閉区間 $[a,b]$ で定義された C^1 級関数とする．このとき，曲線 $x = \varphi(t)$, $y = \psi(t)$ $(t \in [a,b])$ の長さは

$$\int_a^b \sqrt{(\varphi'(t))^2 + (\psi'(t))^2}\, dt \tag{11.21}$$

である．とくに，有界閉区間 $[a,b]$ で定義された C^1 級関数 $f(x)$ のグラフとして表される曲線の長さは

$$\int_a^b \sqrt{1 + (f'(x))^2}\, dx \tag{11.22}$$

である．

例 11.3　$a, b > 0$ とすると，曲線 $x = a\cos t$, $y = b\sin t$ $(t \in [0, 2\pi])$ は楕円を表す（**図 11.2**）．また，その長さは (11.21) より，

$$\int_0^{2\pi} \sqrt{\{(a\cos t)'\}^2 + \{(b\sin t)'\}^2}\, dt = \int_0^{2\pi} \sqrt{(-a\sin t)^2 + (b\cos t)^2}\, dt$$

$$= \int_0^{2\pi} \sqrt{a^2 \sin^2 t + b^2 \cos^2 t}\, dt \tag{11.23}$$

となる．(11.23) の積分も注意 10.1 で述べた楕円積分の例であり，一般には値を具体的に求めることはできない．しかし，$a = b$ のときは，この楕円は半径 a の円となり，その長さとして，よく知られている値 $2\pi a$ が得られる．　　　　　　◆

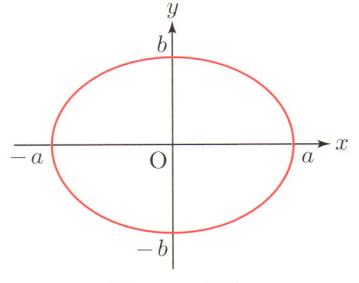

図 11.2　楕円

例題 11.2 $a > 0$ とする．曲線 $x = a\cos^3 t$, $y = a\sin^3 t$ $(t \in [0, \frac{\pi}{2}])$ の長さを求めよ．

□□□ ✍

解 求める長さは (11.21) より，

$$\int_0^{\frac{\pi}{2}} \sqrt{\{(a\cos^3 t)'\}^2 + \{(a\sin^3 t)'\}^2}\, dt$$

$$= \int_0^{\frac{\pi}{2}} \sqrt{\{3a(\cos^2 t)(-\sin t)\}^2 + (3a\sin^2 t\cos t)^2}\, dt$$

$$= \int_0^{\frac{\pi}{2}} 3a\sqrt{\cos^4 t\sin^2 t + \sin^4 t\cos^2 t}\, dt$$

$$= 3a\int_0^{\frac{\pi}{2}} \sqrt{\cos^2 t\sin^2 t(\cos^2 t + \sin^2 t)}\, dt = 3a\int_0^{\frac{\pi}{2}} \sin t\cos t\, dt$$

$$= 3a\left[\frac{1}{2}\sin^2 t\right]_0^{\frac{\pi}{2}} = 3a\left(\frac{1}{2}\cdot 1^2 - \frac{1}{2}\cdot 0^2\right) = \frac{3}{2}a \tag{11.24}$$

である． ◇

注意 11.1 例題 11.2 において，t の範囲を $t \in [0, 2\pi]$ としたときの曲線を**アステロイド**または**星芒形**（せいぼうけい）という（**図 11.3**）．

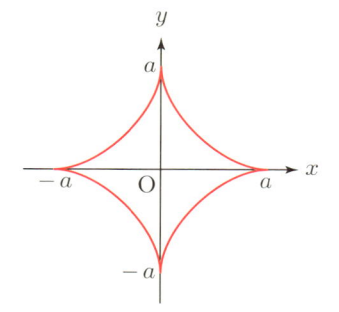

図 11.3 アステロイド

 §11 の問題

確認問題

問 11.1 　不定積分 $\displaystyle\int \frac{x^2 + x}{x^3 - x^2 + x - 1}\,dx$ を求めよ. □□□ [⇨ **11·3**]

問 11.2 　$a > 0$ とする. 曲線 $x = a(t - \sin t),\ y = a(1 - \cos t)\ (t \in [0, 2\pi])$ の長さを求めよ. この曲線を**サイクロイド**または**擺線**という（**図 11.4**）.

□□□ [⇨ **11·3**]

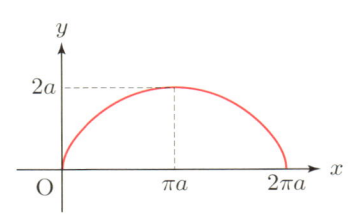

図 11.4　サイクロイド

基本問題

問 11.3 　次の問に答えよ.

(1)　$f(u, v)$ を u と v の多項式の比として表される関数とする[1]. $t = \tan \dfrac{x}{2}$ とおくことにより，等式

$$\int f(\sin x, \cos x)\,dx = \int f\left(\frac{2t}{1 + t^2}, \frac{1 - t^2}{1 + t^2}\right) \frac{2}{1 + t^2}\,dt$$

が成り立つことを示せ. とくに，右辺は 1 変数の有理関数の不定積分である.

(2)　(1) を用いて，不定積分 $\displaystyle\int \frac{1 + \sin x}{1 + \cos x}\,dx$ を求めよ.

□□□ [⇨ **11·2**]

---

[1]　このような $f(u, v)$ を 2 変数の有理関数という.

問 11.4　$a \in \mathbf{R}$, $a \neq 0$ とする. $t = x + \sqrt{x^2 + a}$ とおくことにより, 不定積分 $\displaystyle \int \frac{dx}{\sqrt{x^2 + a}}$ を求めよ[2].　□□□ [⇨ **11・2**]

問 11.5　次の不定積分を部分積分法 (定理 9.6 (3)) を用いることにより求めよ[3].

(1) $\displaystyle \int \sqrt{x^2 + a}\, dx$　$(a \in \mathbf{R},\ a \neq 0)$　　(2) $\displaystyle \int \sqrt{a^2 - x^2}\, dx$　$(a > 0)$

□□□ [⇨ **11・3**]

問 11.6　放物線の一部 $y = \dfrac{1}{2} x^2$ $(x \in [0, 1])$ の長さを求めよ.

□□□ [⇨ **11・4**]

---

[2]　根号を含むような関数でも形によっては, 有理関数の不定積分に帰着できることがある [⇨ [杉浦 1] p 246 [3]].

[3]　これらの不定積分は有理関数の不定積分に帰着できる例でもあるが, 部分積分法を用いる方が計算はやさしい.

§12　広義積分

──── §12 のポイント ────

- 定積分と関数の極限を組みあわせることにより，**広義積分**を考えることができる．
- **ガンマ関数**と**ベータ関数**は広義積分を用いて定められる．

12・1　広義積分の定義

定積分は有界閉区間で定義された関数に対して考えられるものであった ［⇨ **定義 9.2**］．ここでは，有界閉区間以外の閉区間や開区間，あるいは，次の定義 12.1 で定められるような **R** の部分集合で定義された関数に対して，広義積分とよばれるものを考えていこう．

┌─ **定義 12.1** ──────────────────

$a, b \in \mathbf{R}$，$a < b$ とし，$[a, b), (a, b] \subset \mathbf{R}$ を

$$[a, b) = \{x \in \mathbf{R} \mid a \leq x < b\}, \quad (a, b] = \{x \in \mathbf{R} \mid a < x \leq b\} \tag{12.1}$$

により定める．$[a, b)$ を**右半開区間**，$(a, b]$ を**左半開区間**という．

開区間，閉区間，右半開区間，左半開区間を**区間**という．

────────────────────────────

有界閉区間以外の区間で定義された関数に対する広義積分は，定積分と関数の極限を組みあわせることにより定められる．

まず，$f(x)$ を無限閉区間 $[a, +\infty)$ で定義された関数とする．$a < b$ をみたす任意の $b \in \mathbf{R}$ に対して，$f(x)$ が有界閉区間 $[a, b]$ で積分可能であり，

$$\lim_{b \to +\infty} \int_a^b f(x)\,dx \in \mathbf{R} \tag{12.2}$$

が存在するとき，(12.2) の極限を

$$\int_a^{+\infty} f(x)\,dx \tag{12.3}$$

と表し，$f(x)$ の $[a, +\infty)$ における**広義積分**という．このとき，$f(x)$ は $[a, +\infty)$ で**広義積分可能**であるという．

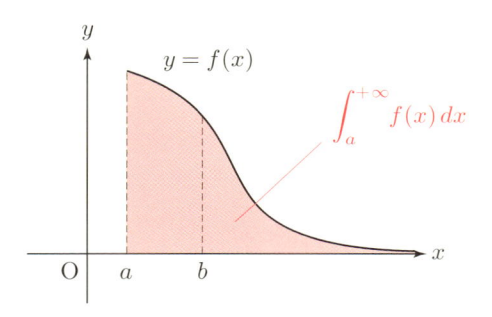

図 12.1 広義積分のイメージ

関数 $f(x)$ の定義域が有界閉区間でも無限閉区間でもない区間の場合についても，同様に広義積分を考えることができる．例えば，右半開区間 $[a, b)$ で定義された関数 $f(x)$ に対しては，極限

$$\lim_{\varepsilon \to +0} \int_a^{b-\varepsilon} f(x)\,dx \in \mathbf{R} \tag{12.4}$$

が存在するとき，(12.4) の極限を

$$\int_a^b f(x)\,dx \tag{12.5}$$

と表す．また，$\mathbf{R}$ で定義された関数 $f(x)$ に対しては，2 種類の極限を独立に考え，極限

$$\lim_{b \to +\infty} \lim_{a \to -\infty} \int_a^b f(x)\,dx = \lim_{a \to -\infty} \lim_{b \to +\infty} \int_a^b f(x)\,dx \in \mathbf{R} \tag{12.6}$$

が存在するとき，(12.6) の極限を

$$\int_{-\infty}^{+\infty} f(x)\,dx \tag{12.7}$$

と表す．

例 12.1　無限閉区間 $[0, +\infty)$ で定義された関数 $\dfrac{1}{1+x^2}$ の広義積分は

$$\int_0^{+\infty} \frac{dx}{1+x^2} = \lim_{b\to+\infty} \int_0^b \frac{dx}{1+x^2} \overset{\odot \text{定理 }9.2\,(11)}{=} \lim_{b\to+\infty} \Big[\tan^{-1} x\Big]_0^b$$

$$= \lim_{b\to+\infty} (\tan^{-1} b - 0) = \frac{\pi}{2} - 0 = \frac{\pi}{2} \tag{12.8}$$

である.　　　　　　　　　　　　　　　　　　　　　　　　　　　　　　　　◆

注意 12.1　広義積分の計算をする際には,

$$\lim_{b\to+\infty} \Big[F(x)\Big]_a^b = \Big[F(x)\Big]_a^{+\infty} \tag{12.9}$$

などと表すことが多い. 例えば, (12.8) の計算は

$$\int_0^{+\infty} \frac{dx}{1+x^2} = \Big[\tan^{-1} x\Big]_0^{+\infty} = \frac{\pi}{2} - 0 = \frac{\pi}{2} \tag{12.10}$$

となる.

例 12.2　$a \in \mathbf{R}$ とする. 定理 9.2 (1), (2) に注意すると, 無限閉区間 $[1, +\infty)$ で定義された関数 x^a が広義積分可能となるのは, $a < -1$ のときに限る. さらに, $a < -1$ のとき,

$$\int_1^{+\infty} x^a \, dx = \left[\frac{1}{a+1} x^{a+1}\right]_1^{+\infty} = 0 - \frac{1}{a+1} = -\frac{1}{a+1} \tag{12.11}$$

である.　　　　　　　　　　　　　　　　　　　　　　　　　　　　　　　　◆

例題 12.1　広義積分 $\displaystyle\int_0^{+\infty} e^{-x} \, dx$ の値を求めよ.　□ □ □ ✎

解　$\displaystyle\int_0^{+\infty} e^{-x} \, dx = \Big[-e^{-x}\Big]_0^{+\infty} = 0 - (-1) = 1$ である.　　　　　◇

関数が広義積分可能であるかどうかは, 次の定理 12.1 を用いて調べることができる [⇨ [杉浦 1] p. 292 命題 11.2].

定理 12.1

$f(x)$, $g(x)$ を無限閉区間 $[a, +\infty)$ で定義された関数とする.

任意の $x \in [a, +\infty)$ に対して, 不等式

$$|f(x)| \leq g(x) \tag{12.12}$$

が成り立ち, $g(x)$ が $[a, +\infty)$ で広義積分可能ならば, $f(x)$ は $[a, +\infty)$ で広義積分可能である.

任意の $x \in [a, +\infty)$ に対して, 不等式

$$0 \leq g(x) \leq f(x) \tag{12.13}$$

が成り立ち, $g(x)$ が $[a, +\infty)$ で広義積分可能でないならば, $f(x)$ は $[a, +\infty)$ で広義積分可能ではない.

$f(x)$, $g(x)$ の定義域がその他の区間の場合も同様である.

12・2 ガンマ関数

広義積分を用いて定義される重要な関数の例として, ガンマ関数を紹介しよう.

まず, $x > 0$ とし, 無限開区間 $(0, +\infty)$ で定義された関数 $f(t)$ を

$$f(t) = e^{-t} t^{x-1} \qquad (t \in (0, +\infty)) \tag{12.14}$$

により定める[1]. ここで,

$$\lim_{t \to +\infty} \frac{f(t)}{e^{-\frac{1}{2}t}} = \lim_{t \to +\infty} \frac{t^{x-1}}{e^{\frac{1}{2}t}} \overset{\text{定理 6.2}}{=} 0, \tag{12.15}$$

すなわち,

$$\lim_{t \to +\infty} \frac{f(t)}{e^{-\frac{1}{2}t}} = 0 \tag{12.16}$$

となる. よって, 十分大きい $c > 0$ をとれば, $t \geq c$ のとき,

$$\frac{f(t)}{e^{-\frac{1}{2}t}} < 1 \tag{12.17}$$

となり, 不等式

---

[1] ここでは, t を変数とし, x は固定された数とみなしている.

$$f(t) < e^{-\frac{1}{2}t} \tag{12.18}$$

が成り立つ．また，例題 12.1 と同様に，$e^{-\frac{1}{2}t}$ は無限閉区間 $[c, +\infty)$ で広義積分可能であることがわかる（✐）．したがって，定理 12.1 より，$f(t)$ は $[c, +\infty)$ で広義積分可能である．一方，$0 < t \leq c$ のとき，$e^{-t} < 1$ なので，不等式

$$f(t) < t^{x-1} \tag{12.19}$$

が成り立つ．また，$x > 0$ より，t^{x-1} は左半開区間 $(0, c]$ で広義積分可能であることがわかる（✐）．したがって，定理 12.1 より，$f(t)$ は $(0, c]$ で広義積分可能である．さらに，積分区間に関する加法性（定理 10.1）を用いると，

$$\int_0^{+\infty} f(t)\, dt = \int_0^c f(t)\, dt + \int_c^{+\infty} f(t)\, dt \tag{12.20}$$

となるので，以上より，$f(t)$ は $(0, +\infty)$ で広義積分可能である．そこで，

$$\Gamma(x) = \int_0^{+\infty} e^{-t} t^{x-1}\, dt \tag{12.21}$$

とおき，$\Gamma(x)$ を **ガンマ関数** という．

次の定理 12.2 (2) より，ガンマ関数は自然数の階乗の一般化とみなすことができる．

定理 12.2

ガンマ関数に関して，次の (1), (2) が成り立つ．

(1) $\Gamma(x+1) = x\Gamma(x)$ 　　　　　　(2) $\Gamma(n) = (n-1)!$ 　$(n \in \mathbf{N})$

証明 (1) まず，

$$\Gamma(x+1) = \int_0^{+\infty} e^{-t} t^{(x+1)-1}\, dt = \int_0^{+\infty} (-e^{-t})' t^x\, dt$$

$$\overset{\odot\, 定理\ 9.6\,(3)}{=} \left[-e^{-t} t^x \right]_0^{+\infty} - \int_0^{+\infty} (-e^{-t}) x t^{x-1}\, dt \tag{12.22}$$

である．ここで，ロピタルの定理（定理 6.2）より，

$$\lim_{t \to +\infty} (-e^{-t} t^x) = 0 \tag{12.23}$$

となる（✐）．(12.22), (12.23) より，(1) が成り立つ．

(2) $\Gamma(n) = \Gamma((n-1) + 1) \overset{\smile (1)}{=} (n-1)\Gamma(n-1) \overset{\smile (1)}{=} (n-1)(n-2)\Gamma(n-2)$

$\quad = (n-1)(n-2)\cdots 1 \cdot \Gamma(1) \overset{\smile \text{例題} 12.1}{=} (n-1)! \cdot 1 = (n-1)!$ \quad (12.24)

である. よって, (2) が成り立つ. \hfill $\diamondsuit$

12・3　ベータ関数

ガンマ関数に加えて, ベータ関数とよばれる関数も広義積分を用いて定義される重要なものである. ただし, ベータ関数は 2 変数の関数である.

まず, $x, y > 0$ とし, 有界開区間 $(0, 1)$ で定義された関数 $f(t)$ を

$$f(t) = t^{x-1}(1-t)^{y-1} \qquad (t \in (0, 1)) \tag{12.25}$$

により定める[2]. このとき, 定理 12.1 より, $f(t)$ は $(0, 1)$ で広義積分可能であることがわかる[3]. そこで,

$$B(x, y) = \int_0^1 t^{x-1}(1-t)^{y-1}\, dt \tag{12.26}$$

とおき, $B(x, y)$ を**ベータ関数**という.

ベータ関数の基本的性質を次の定理 12.3 として述べておこう.

> **定理 12.3**
>
> ベータ関数に関して, 次の (1)〜(3) が成り立つ.
>
> (1) $B(x, y) = B(y, x)$ \qquad (2) $xB(x, y+1) = yB(x+1, y)$
>
> (3) $B(x, y) = 2\displaystyle\int_0^{\frac{\pi}{2}} \sin^{2x-1}\theta \cos^{2y-1}\theta\, d\theta$

---

[2]　ここでは, t を変数とし, x, y は固定された数とみなしている.

[3]　$t = 0$ の近くで, 不等式 $f(t) \le C_1 t^{x-1}$ をみたす $C_1 > 0$ が存在し, $t = 1$ の近くで, 不等式 $f(t) \le C_2(1-t)^{y-1}$ をみたす $C_2 > 0$ が存在することを用いる.

$\boxed{\text{証明}}$ (1) $t = 1 - s$ とおくと，

$$(左辺) \overset{\odot 定理 9.6 (4)}{=} \int_1^0 (1-s)^{x-1} s^{y-1} (-ds) = \int_0^1 s^{y-1} (1-s)^{x-1} \, ds$$

$$= (右辺) \tag{12.27}$$

である．よって，(1) が成り立つ．

(2) $(左辺) = x \int_0^1 t^{x-1} (1-t)^{(y+1)-1} \, dt = \int_0^1 (t^x)' (1-t)^y \, dt$

$$\overset{\odot 定理 9.6 (3)}{=} \left[t^x (1-t)^y \right]_0^1 - \int_0^1 t^x \cdot y (1-t)^{y-1} (-1) \, dt$$

$$= y \int_0^1 t^{(x+1)-1} (1-t)^{y-1} \, dt = (右辺) \tag{12.28}$$

である．よって，(2) が成り立つ．

(3) $t = \sin^2 \theta$ とおくと，

$$(左辺) \overset{\odot 定理 9.6 (4)}{=} \int_0^{\frac{\pi}{2}} (\sin^2 \theta)^{x-1} (1 - \sin^2 \theta)^{y-1} \cdot 2 \sin \theta \cos \theta \, d\theta$$

$$= 2 \int_0^{\frac{\pi}{2}} (\sin^{2x-1} \theta)(\cos^2 \theta)^{y-1} \cos \theta \, d\theta = (右辺) \tag{12.29}$$

である．よって，(3) が成り立つ． $\diamondsuit$

ガンマ関数とベータ関数に関して，次の定理 12.4 で述べる基本関係式が成り立つ．ただし，定理 12.4 を示すには，2 変数関数に対する重積分や広義の重積分とよばれるものを必要とするので，詳しくは $\boxed{\S 23}$ で扱うことにする．

> **定理 12.4（基本関係式）**
>
> ガンマ関数，ベータ関数に関して，等式
> $$B(x, y) = \frac{\Gamma(x) \Gamma(y)}{\Gamma(x + y)} \tag{12.30}$$
> が成り立つ．

定理 12.4 より，次の定理 12.5 が得られる．

> **定理 12.5**
>
> ガンマ関数に関して，次の (1), (2) が成り立つ．

(1) $\Gamma\left(\dfrac{1}{2}\right) = \sqrt{\pi}$

(2) $\Gamma\left(n + \dfrac{1}{2}\right) = \dfrac{(2n-1)!!}{2^n}\sqrt{\pi}$　$(n \in \mathbf{N})$. ただし, $k = -1, 0, 1, 2, \cdots$ に対して,

$$k!! = \begin{cases} k(k-2)(k-4)\cdots 2 & (k \text{ は偶数}), \\ k(k-2)(k-4)\cdots 1 & (k \text{ は奇数}), \end{cases} \qquad 0!! = (-1)!! = 1$$

(12.31)

とおき, $k!!$ を k の **2 重階乗**という.

証明　(1) (12.30) において, $x = y = \frac{1}{2}$ とすると,

$$B\left(\frac{1}{2}, \frac{1}{2}\right) = \frac{\Gamma\left(\frac{1}{2}\right)\Gamma\left(\frac{1}{2}\right)}{\Gamma(1)} \tag{12.32}$$

である. よって,

$$\left(\Gamma\left(\frac{1}{2}\right)\right)^2 = \Gamma(1) B\left(\frac{1}{2}, \frac{1}{2}\right) \overset{\odot \, \text{定理 } 12.2\,(2),\ \text{定理 } 12.3\,(3)}{=\joinrel=} 1 \cdot 2 \int_0^{\frac{\pi}{2}} d\theta$$
$$= 2 \cdot \frac{\pi}{2} = \pi, \tag{12.33}$$

すなわち,

$$\left(\Gamma\left(\frac{1}{2}\right)\right)^2 = \pi \tag{12.34}$$

である. ここで, $\Gamma(x)$ の被積分関数 (12.14) は常に正なので, 定積分の単調性 (定理 10.2) より, $\Gamma(x) > 0$ である. したがって, (1) が成り立つ.

(2) $\Gamma\left(n + \dfrac{1}{2}\right) = \Gamma\left(\left(n - \dfrac{1}{2}\right) + 1\right) \overset{\odot \, \text{定理 } 12.2\,(1)}{=\joinrel=} \left(n - \dfrac{1}{2}\right)\Gamma\left(n - \dfrac{1}{2}\right) = \cdots$

$$= \left(n - \frac{1}{2}\right)\left(n - \frac{3}{2}\right)\cdots\frac{1}{2}\Gamma\left(\frac{1}{2}\right) \overset{\odot \, (1)}{=\joinrel=} \frac{2n-1}{2}\frac{2n-3}{2}\cdots\frac{2n-(2n-1)}{2}\sqrt{\pi}$$

$$= \frac{(2n-1)!!}{2^n}\sqrt{\pi} \tag{12.35}$$

である. よって, (2) が成り立つ.　　　　　$\diamondsuit$

例 12.3（ガウス積分）　ガウスの誤差関数 $\dfrac{2}{\sqrt{\pi}} \displaystyle\int_0^x e^{-t^2}\, dt$ を初等関数を用い

て表すことはできない [⇨ **注意 10.1**]．しかし，広義積分 $\displaystyle\int_{-\infty}^{+\infty} e^{-x^2}\, dx$ の値は

具体的に求めることができる．まず，e^{-x^2} が偶関数 [⇨ p. 26] であることに注

意すると，定理 10.5 より，

$$\int_{-\infty}^{+\infty} e^{-x^2}\, dx = 2 \int_0^{+\infty} e^{-x^2}\, dx \tag{12.36}$$

である．ここで，$x \geq 0$ に対して，$x = \sqrt{t}$ とおくと，

$$\int_0^{+\infty} e^{-x^2}\, dx \overset{\odot\,\text{定理 9.6 (4)}}{=} \int_0^{+\infty} e^{-t} \frac{1}{2\sqrt{t}}\, dt = \frac{1}{2} \int_0^{+\infty} e^{-t} t^{\frac{1}{2}-1}\, dt$$

$$= \frac{1}{2} \Gamma\left(\frac{1}{2}\right) \overset{\odot\,\text{定理 12.5 (1)}}{=} \frac{\sqrt{\pi}}{2}, \tag{12.37}$$

すなわち，

$$\int_0^{+\infty} e^{-x^2}\, dx = \frac{\sqrt{\pi}}{2} \tag{12.38}$$

である．(12.36), (12.38) より，等式

$$\int_{-\infty}^{+\infty} e^{-x^2}\, dx = \sqrt{\pi} \tag{12.39}$$

が成り立つ．これを**ガウス積分**という．　　　　　　　　　　　　　　　　◆

例題 12.2　定積分 $\displaystyle\int_0^{\frac{\pi}{2}} \sin^3\theta \cos^4\theta\, d\theta$ の値を求めよ．□□□ ✎

解　$\displaystyle\int_0^{\frac{\pi}{2}} \sin^3\theta \cos^4\theta\, d\theta = \int_0^{\frac{\pi}{2}} \sin^{2\cdot2-1}\theta \cos^{2\cdot\frac{5}{2}-1}\theta\, d\theta$

$\overset{\odot\,\text{定理 12.3 (3)}}{=} \dfrac{1}{2}\mathrm{B}\left(2, \dfrac{5}{2}\right) \overset{\odot\,(12.30)}{=} \dfrac{1}{2}\dfrac{\Gamma(2)\Gamma\left(\frac{5}{2}\right)}{\Gamma\left(\frac{9}{2}\right)} = \dfrac{1}{2}\dfrac{\Gamma(2)\Gamma\left(2+\frac{1}{2}\right)}{\Gamma\left(4+\frac{1}{2}\right)}$

$\overset{\odot\,\text{定理 12.2 (2), 定理 12.5 (2)}}{=} \dfrac{1}{2} \cdot \dfrac{1 \cdot \frac{3\cdot1}{2^2}\sqrt{\pi}}{\frac{7\cdot5\cdot3\cdot1}{2^4}\sqrt{\pi}} = \dfrac{2}{35} \tag{12.40}$

である．　　　　　　　　　　　　　　　　　　　　　　　　　　　　　　◇

§ 12 の問題

確認問題

問 12.1　次の広義積分の値を求めよ.

$$(1)\ \int_0^{+\infty} x e^{-x^2}\, dx \qquad (2)\ \int_0^1 \frac{dx}{\sqrt{1-x^2}} \qquad (3)\ \int_{-\infty}^{+\infty} \frac{dx}{\cosh^2 x}$$

□□□ [⇨ **12・1**]

問 12.2　ガンマ関数の定義を書け.　□□□ [⇨ **12・2**]

問 12.3　定積分 $\int_0^{\frac{\pi}{2}} \sin^5\theta \cos^4\theta\, d\theta$ の値を求めよ.　□□□ [⇨ **12・3**]

基本問題

問 12.4　次の広義積分の値を求めよ.

$$(1)\ \int_0^1 \log x\, dx \qquad (2)\ \int_{-\infty}^{+\infty} \frac{dx}{\cosh x} \qquad (3)\ \int_1^{+\infty} \frac{dx}{x^2(x^2+1)}$$

□□□ [⇨ **12・1**]

問 12.5　$x, z > 0,\ y > \frac{x}{z}$ とする. 次の $\boxed{}$ をうめることにより，等式

$$\int_0^{+\infty} \frac{t^{x-1}}{(1+t^z)^y}\, dt = \frac{1}{z}\mathrm{B}\left(y - \frac{x}{z}, \frac{x}{z}\right) = \frac{\Gamma\left(y - \frac{x}{z}\right)\Gamma\left(\frac{x}{z}\right)}{z\Gamma(y)}$$

が成り立つことを示せ.

$$s = \frac{1}{1+t^z}\ \text{とおくと},\ t = \left(\frac{1-s}{s}\right)^{\boxed{①}},\ dt = \boxed{②}\left(\frac{1-s}{s}\right)^{\boxed{①}\ -1} ds$$

$$\text{である. よって,}\ \int_0^{+\infty} \frac{t^{x-1}}{(1+t^z)^y}\, dt = \int_{\boxed{③}}^{\boxed{④}} \left(-\frac{1}{z}\right) s^{\boxed{⑤}} (1-s)^{\boxed{⑥}} ds$$

$$= \frac{1}{z} \int_{\boxed{④}}^{\boxed{③}} s^{\boxed{⑤}} (1-s)^{\boxed{⑥}} ds \overset{\odot (12.26)}{=} \frac{1}{z} \mathrm{B}\left(y - \frac{x}{z}, \frac{x}{z}\right)$$

$$\overset{\odot (12.30)}{=} \frac{\Gamma\left(y - \frac{x}{z}\right) \Gamma\left(\frac{x}{z}\right)}{z\Gamma(y)}$$ である．よって，あたえられた等式が成り立つ．

□□□ [⇨ **12・3**]

第 3 章のまとめ

基本的な関数の不定積分

○ $\displaystyle\int x^a\,dx = \frac{1}{a+1}x^{a+1}\quad (a \in \mathbf{R},\ a \neq -1)$　○ $\displaystyle\int \frac{dx}{x} = \log|x|$

○ $\displaystyle\int \sin x\,dx = -\cos x$　○ $\displaystyle\int \cos x\,dx = \sin x$　○ $\displaystyle\int \frac{dx}{\cos^2 x} = \tan x$

○ $\displaystyle\int a^x\,dx = \frac{1}{\log a}a^x\quad (a > 0,\ a \neq 1)$　○ $\displaystyle\int \sinh x\,dx = \cosh x$

○ $\displaystyle\int \cosh x\,dx = \sinh x$　○ $\displaystyle\int \frac{dx}{\cosh^2 x} = \tanh x$

○ $\displaystyle\int \frac{dx}{\sqrt{1-x^2}} = \sin^{-1} x$ または $-\cos^{-1} x$　○ $\displaystyle\int \frac{dx}{1+x^2} = \tan^{-1} x$

微分積分学の基本定理

$$\frac{d}{dx}\int_a^x f(t)\,dt = f(x)$$

積分の基本的性質

○ 線形性：$\displaystyle\int (f(x) \pm g(x))\,dx = \int f(x)\,dx \pm \int g(x)\,dx$　（複号同順）

$$\int cf(x)\,dx = c\int f(x)\,dx\quad (c \in \mathbf{R})$$

○ 部分積分法：$\displaystyle\int f'(x)g(x)\,dx = f(x)g(x) - \int f(x)g'(x)\,dx$

○ 置換積分法：$\displaystyle\int f(x)\,dx = \int f(x(t))x'(t)\,dt$

有理関数の不定積分

○ 部分分数分解を行うことにより求められる

広義積分

○ 定積分と関数の極限の組みあわせで定められる

○ 重要な例：**ガンマ関数，ベータ関数**

4 多変数関数の極限

§13　関数の極限（その2）

― §13のポイント ―

- n 個の実数を並べたもの全体の集合を $\mathbf{R}^n$ と表し，**n 次元ユークリッド空間**という．
- $\mathbf{R}^n$ の部分集合で定義され，$\mathbf{R}$ に値をとる関数を **n 変数関数**という．
- n 変数関数に対して，極限の概念を定めることができる．

13・1　ユークリッド空間

　第4章からは多変数関数，すなわち，変数が2つ以上の関数の微分や積分について述べていこう．

　まず，$\mathbf{R}$ を一般化したユークリッド空間とよばれる集合を定めておこう．n 個の実数 $x_1, x_2, \cdots, x_n$ に対して，組 $(x_1, x_2, \cdots, x_n)$ を考える．ただし，$y_1, y_2, \cdots, y_n$ も n 個の実数としたとき，2つの組 $(x_1, x_2, \cdots, x_n)$ と $(y_1, y_2, \cdots, y_n)$ が等しいのは $x_1 = y_1$, $x_2 = y_2$, $\cdots$, $x_n = y_n$ が成り立つときであると定める．このような組 $(x_1, x_2, \cdots, x_n)$ 全体の集合を $\mathbf{R}^n$ と表す．すなわち，

$$\mathbf{R}^n = \{(x_1, x_2, \cdots, x_n) \mid x_1, x_2, \cdots, x_n \in \mathbf{R}\} \tag{13.1}$$

である[1]．$\mathbf{R}^n$ を **n 次元ユークリッド空間** という．

$\mathbf{R}^1$ は $\mathbf{R}$ に他ならない．すなわち，

$$\mathbf{R}^1 = \mathbf{R} = \{x \mid x \in \mathbf{R}\} \tag{13.2}$$

である．$\mathbf{R}^2$ や $\mathbf{R}^3$ の元はそれぞれ (x_1, x_2), (x_1, x_2, x_3) の代わりに (x, y), (x, y, z) のように表すこともある．

13・2　多変数関数

$\mathbf{R}^n$ の部分集合で定義され，$\mathbf{R}$ に値をとる関数を **n 変数関数** という．1 変数の場合のように，$x_1, x_2, \cdots, x_n$ を変数とする n 変数関数を $f(x_1, x_2, \cdots, x_n)$ などと表す．また，$\boldsymbol{x} = (x_1, x_2, \cdots, x_n)$ とおいて，$f(x_1, x_2, \cdots, x_n)$ を簡単に $f(\boldsymbol{x})$ と表すこともある．

例 13.1（多項式関数）　実数を係数とする n 変数の多項式は $\mathbf{R}^n$ で定義された n 変数関数を定める．これを **多項式関数** という．

例えば，$a_1, a_2, \cdots, a_n, b \in \mathbf{R}$ とし，

$$f(\boldsymbol{x}) = \sum_{i=1}^{n} a_i x_i + b \qquad (\boldsymbol{x} = (x_1, x_2, \cdots, x_n) \in \mathbf{R}^n) \tag{13.3}$$

とおくと，$f(\boldsymbol{x})$ は多項式関数である．とくに，$a_1, a_2, \cdots, a_n$ のうちの少なくとも 1 つは 0 でないとき，(13.3) を **1 次関数** という．また，$a_1 = a_2 = \cdots = a_n = 0$ のとき，(13.3) を **定数関数** という．　　　　　　　　　　　◆

---

[1]　線形代数では，$\mathbf{R}^n$ の元に左から m 行 n 列の行列を掛けるために $x_1, x_2, \cdots, x_n \in \mathbf{R}$ を縦に並べ，$\mathbf{R}^n = \left\{ \begin{pmatrix} x_1 \\ x_2 \\ \vdots \\ x_n \end{pmatrix} \middle| x_1, x_2, \cdots, x_n \in \mathbf{R} \right\}$ と表すことが多い．

例 13.2（ベータ関数）　 **12・3** で述べたように，ベータ関数

$$B(x, y) = \int_0^1 t^{x-1}(1-t)^{y-1}\, dt \qquad (x > 0,\ y > 0) \tag{13.4}$$

は 2 変数関数である．　　　　　　　　　　　　　　　　　　　　◆

　1 変数の場合と同様に，2 変数関数 $f(x, y)$ は xyz 空間内に点 $(x, y, f(x, y))$ をプロットして得られるグラフとよばれる曲面を考えることにより，視覚的に捉えることができる．さらに，$\mathbf{R}^n$ の部分集合 D で定義された n 変数関数 $f(\boldsymbol{x})$ に対して，$\mathbf{R}^{n+1}$ の部分集合

$$\{(\boldsymbol{x}, f(\boldsymbol{x})) \mid \boldsymbol{x} \in D\} \tag{13.5}$$

を考えることができる．(13.5) を $f(\boldsymbol{x})$ の**グラフ**という．また，ユークリッド空間の元を幾何学的なイメージを込めて**点**ともいう．

例 13.3（超平面）　 1 次関数 (13.3) のグラフを**超平面**という．

　例えば，1 変数の 1 次関数のグラフは直線を表す．また，2 変数の 1 次関数 $f(x, y)$ は

$$f(x, y) = ax + by + c \qquad ((x, y) \in \mathbf{R}^2) \tag{13.6}$$

と表すことができる．ただし，$a, b, c \in \mathbf{R}$ であり，$a \neq 0$ または $b \neq 0$ である．空間ベクトルの計算を行うと，

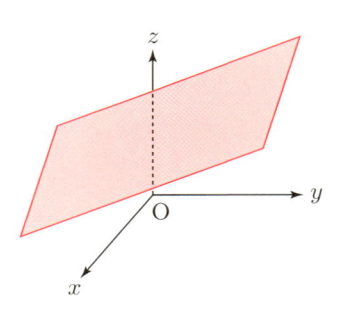

図 13.1　平面

$$(x, y, ax + by + c) = x(1, 0, a) + y(0, 1, b) + (0, 0, c) \tag{13.7}$$

となり，$f(x, y)$ のグラフは平面を表す（**図 13.1**）．　　　　　　◆

例 13.4（楕円放物面）　 $a, b > 0$ とし，$\mathbf{R}^2$ で定義された 2 変数関数 $f(x, y)$ を

$$f(x, y) = \frac{x^2}{a^2} + \frac{y^2}{b^2} \qquad ((x, y) \in \mathbf{R}^2) \tag{13.8}$$

により定める．$f(x,y)$ のグラフを**楕円放物面**という（**図 13.2**）． ◆

例 13.5（双曲放物面） $a, b > 0$ とし，$\mathbf{R}^2$ で定義された2変数関数 $f(x,y)$ を

$$f(x,y) = \frac{x^2}{a^2} - \frac{y^2}{b^2} \qquad ((x,y) \in \mathbf{R}^2) \tag{13.9}$$

により定める．$f(x,y)$ のグラフを**双曲放物面**という（**図 13.3**）． ◆

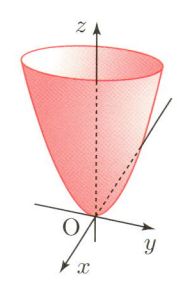
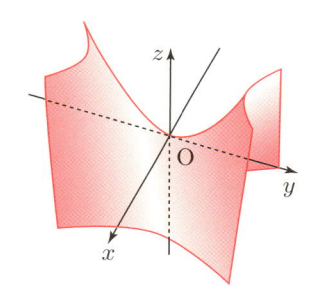

図 13.2 楕円放物面　　　　　　**図 13.3** 双曲放物面

13・3　多変数関数の極限

1変数の場合と同様に，多変数関数に対しても極限を考えることができる．ただし，$n \geq 2$ のときの $\mathbf{R}^n$ に対しては大小関係の概念はないため，**右極限や左極限，また，$x \to +\infty$ や $x \to -\infty$ のときの極限は考えられない．**以下では，とくに混乱の恐れがない限り，多変数関数を単に関数ということにする．

定義 13.1

$a \in \mathbf{R}^n$ とし，$f(x)$ を $x = a$ の近くで定義された関数とする[2]．<u>$x \neq a$ をみたしながら x を a に十分近づければ</u>，$f(x)$ をある $l \in \mathbf{R}$ に限りなく近づけることができるとき，

$$\lim_{x \to a} f(x) = l \tag{13.10}$$

---

[2]　$f(x)$ は $x = a$ で定義されている必要はない．

または

$$f(\boldsymbol{x}) \to l \qquad (\boldsymbol{x} \to \boldsymbol{a}) \tag{13.11}$$

と表し，$f(\boldsymbol{x})$ は $\boldsymbol{x} \to \boldsymbol{a}$ のとき極限 *l* に収束するという．

例題 13.1 関数の極限 $\displaystyle \lim_{(x,y) \to (0,0)} \frac{x^2 - y^2}{x^2 + y^2}$ は存在しないことを示せ．

解 $y = 0$ をみたしながら (x, y) が $(0, 0)$ に近づくときの極限は

$$\lim_{\substack{(x,y) \to (0,0) \\ y=0}} \frac{x^2 - y^2}{x^2 + y^2} = \lim_{x \to 0} \frac{x^2 - 0^2}{x^2 + 0^2} = \lim_{x \to 0} 1 = 1 \tag{13.12}$$

である．また，$x = 0$ をみたしながら (x, y) が $(0, 0)$ に近づくときの極限は

$$\lim_{\substack{(x,y) \to (0,0) \\ x=0}} \frac{x^2 - y^2}{x^2 + y^2} = \lim_{y \to 0} \frac{0^2 - y^2}{0^2 + y^2} = \lim_{y \to 0} (-1) = -1 \tag{13.13}$$

である．(13.12) と (13.13) で極限の値が異なるので，あたえられた関数の極限は存在しない． $\diamondsuit$

定義 13.1 は 1 変数の場合の定義 2.1 の前半部分と大きな違いはない．しかし，1 変数の場合は $a \in \mathbf{R}$ に近づくのは右もしくは左からの二通りしかないのに対して，$n \geq 2$ のときの n 変数の場合，$\boldsymbol{a} \in \mathbf{R}^n$ にはありとあらゆる方向から近づくことが可能であるため，実際の極限の計算は 1 変数の場合よりも難しくなってしまう．このような問題を克服するには，2 変数の場合であれば，次に述べる極座標を用いるとよい[3]．

---

3) 極座標は $\mathbf{R}^3$ や一般の $\mathbf{R}^n$ についても考えることができる〔⇨〔杉浦 1〕p. 287〕．

まず，$\mathbf{R}^2$ を O$(0,0)$ を原点とする xy 平
面とみなしておき，P$(x,y) \in \mathbf{R}^2$ とする[4]．
そこで，線分 OP の長さを r とおく．こ
のとき，$r \geq 0$ であり，三平方の定理より，

$$r = \sqrt{x^2 + y^2} \qquad (13.14)$$

である．また，x 軸とベクトル $\overrightarrow{\mathrm{OP}}$ のなす
角を θ とおく．ただし，θ は $0 \leq \theta < 2\pi$
の範囲に選んでおく．このとき，

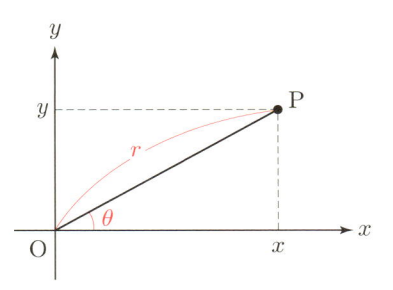

図 13.4 極座標

$$x = r\cos\theta, \qquad y = r\sin\theta \qquad (13.15)$$

である（**図 13.4**）．(r,θ) を P の **極座標** という[5]．

極座標 (r,θ) を用いると，$(x,y) \in \mathbf{R}^2$ が $(0,0)$ に近づくということは，θ の
値についてはありとあらゆる可能性があるものの，r は 0 に近づくということ，
すなわち，

$$(x,y) \to (0,0) \iff r \to +0 \qquad (13.16)$$

である．

例題 13.2　関数の極限 $\displaystyle \lim_{(x,y)\to(0,0)} \frac{x^2 y}{x^2 + y^2}$ を求めよ．□□□ ✍

解　$f(x,y) = \dfrac{x^2 y}{x^2 + y^2}$ とおく．極座標 (r,θ) を用いると，

$$f(x,y) \overset{\smile (13.15)}{=} \frac{(r\cos\theta)^2 r\sin\theta}{(r\cos\theta)^2 + (r\sin\theta)^2} = r\cos^2\theta\sin\theta, \qquad (13.17)$$

すなわち，

$$f(x,y) = r\cos^2\theta\sin\theta \qquad (13.18)$$

---

[4]　座標が (x,y) である xy 平面上の点 P を P(x,y) と表す．

[5]　極座標 (r,θ) に対して，(x,y) を **直交座標** または **デカルト座標** という．

である．ここで，$-1 \leq \sin\theta \leq 1, \ -1 \leq \cos\theta \leq 1$ なので，

$$0 \leq |f(x,y)| = |r\cos^2\theta\sin\theta| \leq r \cdot 1^2 \cdot 1 = r \tag{13.19}$$

である．すなわち，

$$0 \leq |f(x,y)| \leq r \tag{13.20}$$

である．はさみうちの原理（定理 2.4），(13.16), (13.20) より，

$$\lim_{(x,y)\to(0,0)} |f(x,y)| = 0 \tag{13.21}$$

なので，極限は

$$\lim_{(x,y)\to(0,0)} f(x,y) = 0 \tag{13.22}$$

である．　　　　　　　　　　　　　　　　　　　　　　　　　　　　　◇

定理 2.1 とほとんど同様に，次の定理 13.1 が成り立つ．

定理 13.1

$\boldsymbol{a} \in \mathbf{R}^n$ とし，$f(\boldsymbol{x}), g(\boldsymbol{x})$ を $\boldsymbol{x} = \boldsymbol{a}$ の近くで定義された関数とする．$l, m \in \mathbf{R}$ をそれぞれ $f(\boldsymbol{x}), g(\boldsymbol{x})$ の $\boldsymbol{x} \to \boldsymbol{a}$ のときの極限とすると，次の (1)〜(4) が成り立つ．

(1) $\displaystyle\lim_{\boldsymbol{x}\to\boldsymbol{a}} (f(\boldsymbol{x}) \pm g(\boldsymbol{x})) = l \pm m$. （複号同順）

(2) $\displaystyle\lim_{\boldsymbol{x}\to\boldsymbol{a}} cf(\boldsymbol{x}) = cl$. $(c \in \mathbf{R})$

(3) $\displaystyle\lim_{\boldsymbol{x}\to\boldsymbol{a}} f(\boldsymbol{x})g(\boldsymbol{x}) = lm$.

(4) $\displaystyle\lim_{\boldsymbol{x}\to\boldsymbol{a}} \frac{f(\boldsymbol{x})}{g(\boldsymbol{x})} = \frac{l}{m}$. $(m \neq 0)$

§13 の問題

確認問題

問 13.1　次の □ をうめよ.

n 変数の 1 次関数のグラフを ① 平面という. また, $a, b > 0$ とし, $\mathbf{R}^2$ で定義された 2 変数関数 $f(x, y), g(x, y)$ を

$$f(x, y) = \frac{x^2}{a^2} + \frac{y^2}{b^2}, \quad g(x, y) = \frac{x^2}{a^2} - \frac{y^2}{b^2} \quad ((x, y) \in \mathbf{R}^2)$$

により定める. $f(x, y)$ のグラフを ② 放物 ③ , $g(x, y)$ のグラフを ④ 放物 ③ という. □□□ [⇨ **13 · 2**]

問 13.2　次の関数の極限は存在しないことを示せ.

(1) $\displaystyle \lim_{(x,y) \to (0,0)} \frac{x^2 - y^2}{x^2 + 2y^2}$ 　　(2) $\displaystyle \lim_{(x,y) \to (0,0)} \frac{xy}{x^2 + y^2}$

□□□ [⇨ **13 · 3**]

問 13.3　次の関数の極限を求めよ.

(1) $\displaystyle \lim_{(x,y) \to (0,0)} \frac{x^3 - xy^2}{x^2 + y^2}$ 　　(2) $\displaystyle \lim_{(x,y) \to (0,0)} \frac{xy^2}{2x^2 + y^2}$

□□□ [⇨ **13 · 3**]

基本問題

問 13.4　次の問に答えよ.

(1)　$x, y \in \mathbf{R}$ とすると, 三角不等式

$$|x + y| \leq |x| + |y|$$

が成り立つことを示せ[6].

(2)　関数の極限　$\displaystyle\lim_{(x,y)\to(0,0)}\frac{x^3+y^3}{x^2+y^2}$　を求めよ.

(3)　$x, y, z \in \mathbf{R}$ とすると，不等式

$$|x-z| \leq |x-y| + |y-z|$$

が成り立つことを示せ.

$\boxed{\ }\boxed{\ }\boxed{\ }\ [\Rightarrow \mathbf{13 \cdot 3}]$

---

[6]　一般に，三角形 ABC の辺の長さについて，不等式 BC < AB + AC が成り立つ．これが「三角」不等式という言葉の由来である.

§14 関数の連続性（その2）

§14のポイント

- 連続な多変数関数について，1変数の場合と同様の事実が成り立つ．
- **ノルム**を用いることにより，$\mathbf{R}^n$ の**有界**集合を定めることができる．
- **点列**の収束を用いることにより，$\mathbf{R}^n$ の**閉集合**を定めることができる．
- $\mathbf{R}^n$ の有界閉集合で連続な関数は最大値および最小値をもつ．

14・1 多変数関数の連続性

1変数の場合の関数の連続性の定義（定義 3.1）とほとんど同様に，多変数関数の連続性を定めることができる．

定義 14.1（関数の連続性）

- $a \in \mathbf{R}^n$ とし，$f(x)$ を $x = a$ とその近くで定義された関数とする．等式

$$\lim_{x \to a} f(x) = f(a) \tag{14.1}$$

が成り立つとき，$f(x)$ は $x = a$ で**連続**であるという．
- $f(x)$ を n 変数関数とする．$f(x)$ の定義域の任意の点 a に対して，$f(x)$ が $x = a$ で連続であるとき，$f(x)$ は**連続**であるという．

定理 13.1，定義 14.1 より，次の定理 14.1 が成り立つ．

定理 14.1

$a \in \mathbf{R}^n$ とし，$f(x), g(x)$ を $x = a$ で連続な関数とする．このとき，次の (1)〜(4) が成り立つ．

(1) $\displaystyle\lim_{x \to a} (f(x) \pm g(x)) = f(a) \pm g(a)$. （複号同順）

(2) $\displaystyle\lim_{x \to a} cf(x) = cf(a)$. $(c \in \mathbf{R})$

(3) $\displaystyle\lim_{x \to a} f(x)g(x) = f(a)g(a)$.

(4) $\displaystyle\lim_{\boldsymbol{x}\to\boldsymbol{a}}\frac{f(\boldsymbol{x})}{g(\boldsymbol{x})}=\frac{f(\boldsymbol{a})}{g(\boldsymbol{a})}.\quad(g(\boldsymbol{a})\neq0)$

すなわち，関数 $f(\boldsymbol{x})\pm g(\boldsymbol{x})$，$cf(\boldsymbol{x})$，$f(\boldsymbol{x})g(\boldsymbol{x})$，$\dfrac{f(\boldsymbol{x})}{g(\boldsymbol{x})}$ は $\boldsymbol{x}=\boldsymbol{a}$ で連続である．

例 14.1 $\mathbf{R}^n$ で定義された関数 $f(\boldsymbol{x})$, $f_1(\boldsymbol{x})$, $f_2(\boldsymbol{x})$, $\cdots$, $f_n(\boldsymbol{x})$ を

$$f(\boldsymbol{x})=1,\quad f_i(\boldsymbol{x})=x_i\quad(\boldsymbol{x}=(x_1,x_2,\cdots,x_n)\in\mathbf{R}^n,\ i=1,2,\cdots,n)$$

(14.2)

により定める．このとき，$f(\boldsymbol{x})$ および $f_i(\boldsymbol{x})$ は連続となる．ここで，n 変数の多項式関数 ［⇨ **例 13.1**］ は $f(\boldsymbol{x})$, $f_1(\boldsymbol{x})$, $f_2(\boldsymbol{x})$, $\cdots$, $f_n(\boldsymbol{x})$ に対して，和や積をとる，あるいは，定数を掛ける，という操作を有限回行うことにより得られる．よって，定理 14.1 (1)〜(3) より，**n 変数の多項式関数は連続である**．　◆

例題 14.1 $c\in\mathbf{R}$ とし，$\mathbf{R}^2$ で定義された関数 $f(x,y)$ を

$$f(x,y)=\begin{cases}\dfrac{\sin(x^2+y^2)}{x^2+y^2}&((x,y)\in\mathbf{R}^2,\ (x,y)\neq(0,0)),\\c&((x,y)=(0,0))\end{cases}$$

(14.3)

により定める．$f(x,y)$ が $(x,y)=(0,0)$ で連続となるときの c の値を求めよ．　□□□ ✍

解 $(x,y)\in\mathbf{R}^2$, $(x,y)\neq(0,0)$ のとき，極座標 (r,θ) を用いると，

$$f(x,y)\overset{\smile(13.15)}{=}\frac{\sin\{(r\cos\theta)^2+(r\sin\theta)^2\}}{(r\cos\theta)^2+(r\sin\theta)^2}=\frac{\sin r^2}{r^2}$$

(14.4)

である．すなわち，

$$f(x,y)=\frac{\sin r^2}{r^2}$$

(14.5)

である．ここで，$t=r^2$ とおくと，

$$r \to +0 \quad \Longleftrightarrow \quad t \to +0 \tag{14.6}$$

である. よって,

$$\lim_{(x,y)\to(0,0)} f(x,y) \overset{\odot (13.16),(14.5),(14.6)}{=} \lim_{t\to+0} \frac{\sin t}{t} \overset{\odot (3.17)}{=} 1 \tag{14.7}$$

である. すなわち,

$$\lim_{(x,y)\to(0,0)} f(x,y) = 1 \tag{14.8}$$

である. したがって, $f(0,0) = c$ とあわせると, $c = 1$ である. $\diamondsuit$

1変数関数どうしの合成 [⇨ p.25] と同様に, n 変数関数と1変数関数の合成を考えることができる. $f(\boldsymbol{x})$ を n 変数関数とし, $y = f(\boldsymbol{x})$ とおく. さらに, $g(y)$ を1変数関数とする. このとき, $y = f(\boldsymbol{x})$ を $g(y)$ に代入することにより, 関数 $g(f(\boldsymbol{x}))$ を考えることができる. ただし, $f(\boldsymbol{x})$ の定義域の任意の点 $\boldsymbol{x}$ に対して, $g(y)$ が $y = f(\boldsymbol{x})$ で定義されているとする. 関数 $g(f(\boldsymbol{x}))$ を $(g \circ f)(\boldsymbol{x})$ と表し, $f(\boldsymbol{x})$ と $g(y)$ の**合成関数**または**合成**という.

定理3.2 と同様に, 次の定理14.2 が成り立つ.

> **定理14.2**
>
> $\boldsymbol{a} \in \mathbf{R}^n$ とし, $f(\boldsymbol{x})$ を $\boldsymbol{x} = \boldsymbol{a}$ で連続な関数, $g(y)$ を $y = f(\boldsymbol{a})$ で連続な関数とする. このとき, 等式
>
> $$\lim_{\boldsymbol{x}\to\boldsymbol{a}} (g \circ f)(\boldsymbol{x}) = (g \circ f)(\boldsymbol{a}) \tag{14.9}$$
>
> が成り立つ. すなわち, $(g \circ f)(\boldsymbol{x})$ は $\boldsymbol{x} = \boldsymbol{a}$ で連続である.

例14.2 $(a,b) \in \mathbf{R}^2$, $(a,b) \neq (0,0)$ のとき, (14.3) の関数 $f(x,y)$ の $(x,y) = (a,b)$ における連続性について考えてみよう. まず, 例14.1 より, $x^2 + y^2$ は $(x,y) = (a,b)$ で連続である. また, $\sin z$ は $z = a^2 + b^2$ で連続である. よって, 定理14.2 より, $\sin(x^2 + y^2)$ は $(x,y) = (a,b)$ で連続である. さらに, $a^2 + b^2 \neq 0$ なので, 定理14.1 (4) より, $f(x,y)$ は $(x,y) = (a,b)$ で連続である. ◆

14・2 有界集合

有界閉区間で連続な関数は最大値および最小値をもつのであった [⇨**ワイエルシュトラスの定理（定理 3.4)**]．この事実を多変数の場合へ一般化するための準備をしていこう．

xy 平面の原点 $O(0,0)$ と点 $P(x,y)$ に対して，ベクトル $\overrightarrow{OP}$ の大きさ $|\overrightarrow{OP}|$ は

$$|\overrightarrow{OP}| = \sqrt{x^2 + y^2} \tag{14.10}$$

により定められる．そこで，$\mathbf{R}^n$ の点に対して，ノルムとよばれる 0 以上の実数を次の定義 14.2 のように定める．

定義 14.2

点 $\boldsymbol{x} = (x_1, x_2, \cdots, x_n) \in \mathbf{R}^n$ に対して，

$$\|\boldsymbol{x}\| = \sqrt{\sum_{i=1}^{n} x_i^2} \tag{14.11}$$

とおき，これを $\boldsymbol{x}$ の**ノルム**，**大きさ**，または，**長さ**という．

ノルムを用いて，$\mathbf{R}^n$ の部分集合 D について，次の定義 14.3 のように定める．

定義 14.3

$D \subset \mathbf{R}^n$ とする．ある $r > 0$ が存在し，任意の $\boldsymbol{x} \in D$ に対して，$\|\boldsymbol{x}\| \leq r$ となるとき，D は**有界**であるという（**図 14.1**）．

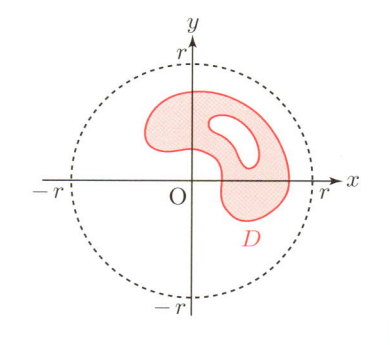

図 14.1 有界集合

例 14.3 有界開区間は有界である．実際，有界開区間を (a, b) と表しておくと，任意の $x \in (a, b)$ に対して，

$$|x| \leq |a| + |b| \tag{14.12}$$

となるので[1]，定義 14.3 において，$r = |a| + |b|$ とおけばよい[2]．同様に，有界閉区間，右半開区間，左半開区間も有界である． ◆

例 14.4 無限開区間，無限閉区間，$\mathbf{R}$ はいずれも有界ではない．例えば，無限開区間 $(a, +\infty)$ が有界ではないことを背理法により示そう[3]．$(a, +\infty)$ が有界であると仮定する．このとき，定義 14.3 より，ある $r > 0$ が存在し，

$$\text{任意の } x \in (a, +\infty) \text{ に対して，} |x| \leq r \tag{14.13}$$

である．ここで，

$$|a| + r + 1 \overset{\overset{\smile}{}\ |a| \geq a,\, r > 0}{>} a + 0 + 1 > a \tag{14.14}$$

なので，$|a| + r + 1 \in (a, +\infty)$ である．しかし，

$$||a| + r + 1| = |a| + r + 1 > r \tag{14.15}$$

となり，これは (14.13) に矛盾する．よって，$(a, +\infty)$ は有界ではない．

無限開区間 $(-\infty, a)$ や無限閉区間および $\mathbf{R}$ が有界ではないことも，同様に示すことができる（✐）． ◆

例題 14.2 $\mathbf{R}^2$ の部分集合

$$\{(x, y) \in \mathbf{R}^2 \mid x^2 + 2y^2 < 3\} \tag{14.16}$$

は有界であることを示せ（図 14.2）．

---

[1] 定義 14.2 において，$n = 1$ の場合，ノルムは絶対値に他ならない．

[2] a, b の符号などで場合分けを行えば，より精密な不等式で評価することが可能ではあるが，有界性を示すにはそこまでする必要はない．

[3] 命題 P, Q に対して，Q でないことを仮定して，P と矛盾することが導かれると，命題 $P \Rightarrow Q$ は真であると結論付けられる．このような論法を**背理法**という．

解　(14.16) の集合を D とおく. $(x, y) \in D$ とすると,

$$\|(x, y)\| \overset{\odot (14.11)}{=} \sqrt{x^2 + y^2} \leq \sqrt{x^2 + 2y^2} \overset{\odot (14.16)}{<} \sqrt{3} \tag{14.17}$$

である. よって, $r = \sqrt{3}$ とおくと, 任意の $(x, y) \in D$ に対して, $\|(x, y)\| \leq r$ である. したがって, 定義 14.3 より, D は有界である.　　　　　　　　$\diamondsuit$

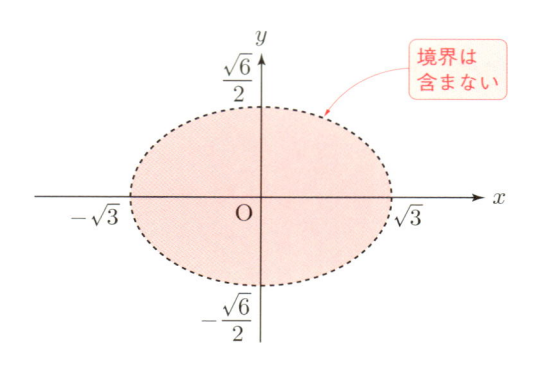

図 14.2　集合 $\{(x, y) \in \mathbf{R}^2 \mid x^2 + 2y^2 < 3\}$

14·3　閉集合

　次に, 閉集合とよばれる $\mathbf{R}^n$ の部分集合について述べよう. まず, 数列の一般化である $\mathbf{R}^n$ の点列を次の定義 14.4 のように定める.

定義 14.4

各 $k \in \mathbf{N}$ に対して, $a_k \in \mathbf{R}^n$ が対応しているとき, これを $\{a_k\}_{k=1}^{\infty}$ または $\{a_k\}$ と表し, $\mathbf{R}^n$ の**点列**という.

　$D \subset \mathbf{R}^n$ とし, $\{a_k\}$ を $\mathbf{R}^n$ の点列とする. 任意の $k \in \mathbf{N}$ に対して, $a_k \in D$ となるとき, $\{a_k\}$ を D の点列という.

　$\mathbf{R}^n$ の点列の極限を次の定義 14.5 のように定めることができる.

定義 14.5

$\{a_k\}$ を $\mathbf{R}^n$ の点列とする．k を十分大きく選べば，a_k をある $\alpha \in \mathbf{R}^n$ に限りなく近づけることができるとき，

$$\lim_{k \to \infty} a_k = \alpha \tag{14.18}$$

または

$$a_k \to \alpha \qquad (k \to \infty) \tag{14.19}$$

と表し，$\{a_k\}$ は**極限 α に収束する**という．

そこで，閉集合を次の定義 14.6 のように定める．

定義 14.6

$D \subset \mathbf{R}^n$ とする．D の点列 $\{a_k\}$ が $\alpha \in \mathbf{R}^n$ に収束するならば，$\alpha \in D$ となるとき，D を**閉集合**という．

例 14.5 $\mathbf{R}^n$ の点列が収束するならば，極限はもちろん $\mathbf{R}^n$ の点である．よって，定義 14.6 より，$\mathbf{R}^n$ は閉集合である． ◆

例題 14.3 **有界閉区間は閉集合である**ことを示せ．

解 $\{a_n\}$ を $\alpha \in \mathbf{R}$ に収束する有界閉区間 $[a, b]$ の数列とする．このとき，定義 14.4 より，任意の $n \in \mathbf{N}$ に対して，$a_n \in [a, b]$，すなわち，$a \leq a_n \leq b$ である．よって，定理 1.2 より，$a \leq \alpha \leq b$，すなわち，$\alpha \in [a, b]$ である．したがって，定義 14.6 より，$[a, b]$ は閉集合である．すなわち，有界閉区間は閉集合である． ◇

例 14.6 有界開区間 (a, b) に対して，数列 $\{a_n\}$ を

$$a_n = a + \frac{b - a}{n + 1} \qquad (n \in \mathbf{N}) \tag{14.20}$$

により定める．このとき，任意の $n \in \mathbf{N}$ に対して，$a_n \in (a, b)$ となる．よって，$\{a_n\}$ は (a, b) の数列である．また，$\{a_n\}$ は a に収束する．しかし，$a \notin (a, b)$ なので，(a, b) は定義 14.6 の条件をみたさず，閉集合とはならない．すなわち，有界開区間は閉集合ではない[4]．

同様に，無限開区間，右半開区間，左半開区間は閉集合ではないことがわかる（✐）．◆

例 14.7 $D \subset \mathbf{R}^2$ を

$$\{(x, y) \in \mathbf{R}^2 \mid x^2 + 2y^2 \leq 3\} \tag{14.21}$$

により定める（図 14.3）．また，$\{(a_n, b_n)\}$ を $(\alpha, \beta) \in \mathbf{R}^2$ に収束する D の点列とする．このとき，

$$\lim_{n \to \infty} a_n = \alpha, \qquad \lim_{n \to \infty} b_n = \beta \tag{14.22}$$

であり，任意の $n \in \mathbf{N}$ に対して，

$$a_n^2 + 2b_n^2 \leq 3 \tag{14.23}$$

である．よって，

$$\alpha^2 + 2\beta^2 \overset{\odot (14.22)}{=} \lim_{n \to \infty} (a_n^2 + 2b_n^2) \overset{\odot \text{定理 1.2}}{\leq} 3 \tag{14.24}$$

なので，$(\alpha, \beta) \in D$ である．したがって，定義 14.6 より，D は閉集合である．

一方，例 14.6 と同様の議論により，(14.16) の集合は閉集合ではないことがわかる（✐）．◆

---

[4] 有界開区間は**開集合**とよばれる $\mathbf{R}$ の部分集合である［⇒ 問 14.4 ］．

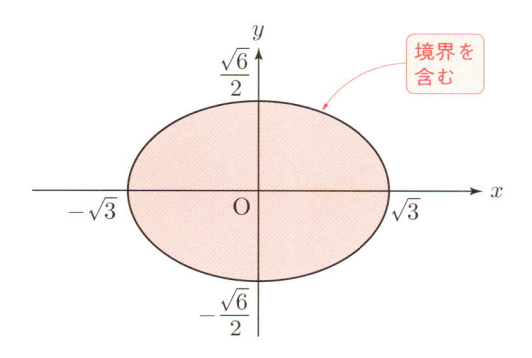

図 14.3　集合 $\{(x,y) \in \mathbf{R}^2 \mid x^2 + 2y^2 \leq 3\}$

　それでは準備が整ったので，ワイエルシュトラスの定理（定理 3.4）の一般化を次の定理 14.3 として述べよう [⇨ [杉浦 1] p.68 定理 7.3].

定理 14.3（ワイエルシュトラスの定理）

　$\mathbf{R}^n$ の有界閉集合で連続な関数は最大値および最小値をもつ．

---

§14 の問題

確認問題

問 14.1　$c \in \mathbf{R}$ とし，$\mathbf{R}^2$ で定義された関数 $f(x,y)$ を

$$f(x,y) = \begin{cases} \dfrac{\log(1 + x^2 + y^2)}{x^2 + y^2} & ((x,y) \in \mathbf{R}^2,\ (x,y) \neq (0,0)), \\ c & ((x,y) = (0,0)) \end{cases}$$

により定める．$f(x,y)$ が $(x,y) = (0,0)$ で連続となるときの c の値を求めよ．

[⇨ **14·1**]

問 14.2　$\mathbf{R}^2$ の部分集合

$$\{(x, y) \in \mathbf{R}^2 \mid 2x^2 + 3y^2 \leq 1\}$$

は有界であることを示せ.　□□□ [⇨ **14·2**]

問 14.3　無限閉区間は閉集合であることを示せ.　□□□ [⇨ **14·3**]

基本問題

問 14.4　$D \subset \mathbf{R}^n$ とする. このとき, $D^c \subset \mathbf{R}^n$ を

$$D^c = \{\boldsymbol{x} \in \mathbf{R}^n \mid \boldsymbol{x} \notin D\}$$

により定め, これを D の**補集合**という[5]. また, D^c が閉集合となるとき, D を**開集合**という. 次の □ をうめることにより, **有界開区間は開集合であ**ることを示せ.

　有界開区間 (a, b) に対して, $(a, b)^c = (-\infty, a] \cup \boxed{①}$ である. ここで, $\{a_n\}$ を $\alpha \in \mathbf{R}$ に収束する $(a, b)^c$ の数列とする. $\alpha \in (a, b)^c$ であることを背理法により示す. $\alpha \boxed{②} (a, b)^c$ であると仮定する. このとき, $\alpha \in (a, b)$, すなわち, $a < \alpha < b$ である. $\{a_n\}$ は α に収束するので, 十分大きい $n \in \mathbf{N}$ に対して, $a < \boxed{③} < b$ となる. 一方, $\{a_n\}$ は $(a, b)^c$ の数列なので, $a_n \leq a$ または $\boxed{④}$ であり, これは矛盾である. よって, $\alpha \in (a, b)^c$ となるので, $(a, b)^c$ は $\boxed{⑤}$ である. したがって, 開集合の定義より, (a, b) は開集合である.

　□□□ [⇨ **14·3**]

---

5)　記号「^{c}」は「補集合」を意味する英単語 "complement" (コンプリメント) の頭文字である.

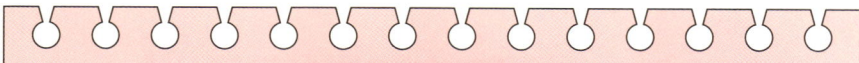

第 4 章のまとめ

n 次元ユークリッド空間

- $\mathbf{R}^n = \{(x_1, x_2, \cdots, x_n) \mid x_1, x_2, \cdots, x_n \in \mathbf{R}\}$

- $\mathbf{R}^n$ の部分集合で定義され，$\mathbf{R}$ に値をとる関数を **n 変数関数** という

- 1 変数の場合とほとんど同様に，多変数関数の極限や連続性を定めることができる

- $\mathbf{R}^2$ の **極座標**：$x = r\cos\theta,\ \ y = r\sin\theta$

  2 変数関数の極限の計算に用いることができる

- **ノルム**：$\|\boldsymbol{x}\| = \sqrt{\displaystyle\sum_{i=1}^{n} x_i^2}\ \ \ (\boldsymbol{x} = (x_1, x_2, \cdots, x_n) \in \mathbf{R}^n)$

- 特別な部分集合：**有界集合，閉集合**

- **ワイエルシュトラスの定理**：$\mathbf{R}^n$ の有界閉集合で連続な関数は最大値および最小値をもつ

多変数関数の微分

---

§15 のポイント

- 1つの変数以外をすべて定数とみなして微分することにより，多変数関数の**偏微分可能性**を定めることができる．
- **偏導関数**の微分可能性を考えることにより，高次の偏導関数などについて定めることができる．

15・1 偏微分可能性

多変数関数は1つの変数以外をすべて定数とみなして微分を考えることができる．まず，比較的簡単な2変数の場合から始めよう．

定義 15.1

$(a, b) \in \mathbf{R}^2$ とし，$f(x, y)$ を $(x, y) = (a, b)$ とその近くで定義された関数とする．変数 y を定数 b とし，x のみを変数とする関数 $f(x, b)$ が $x = a$ で微分可能なとき，すなわち，極限

$$\lim_{h \to 0} \frac{f(a+h, b) - f(a, b)}{h} \in \mathbf{R} \tag{15.1}$$

が存在するとき，$f(x, y)$ は $(x, y) = (a, b)$ で x に関して**偏微分可能**である
という．このとき，極限 (15.1) を $f_x(a, b)$, $\dfrac{\partial f}{\partial x}(a, b)$ などと表し[1]，$f(x, y)$
の $(x, y) = (a, b)$ における x に関する**偏微分係数**という．

y に関する偏微分についても同様に定める．

定義 15.2

$f(x, y)$ を 2 変数関数とする．$f(x, y)$ の定義域の任意の点 (a, b) に対して，
$f(x, y)$ が $(x, y) = (a, b)$ で x に関して偏微分可能なとき，$f(x, y)$ は x に
関して**偏微分可能**であるという．このとき，関数 $f_x(x, y)$ または $\dfrac{\partial f}{\partial x}(x, y)$
を $f(x, y)$ の x に関する**偏導関数**という．偏導関数を求めることを**偏微分
する**という．

変数 y に関する偏微分についても同様に定める．

例題 15.1 関数

$$f(x, y) = x^2 y^3 + 4x - 5y + 6 \tag{15.2}$$

の偏導関数をすべて求めよ． ☐ ☐ ☐ ✎

解 まず，x を変数，y を定数とみなして微分すると，

$$f_x(x, y) = \frac{\partial}{\partial x}(x^2 y^3 + 4x - 5y + 6) = \frac{\partial}{\partial x}(x^2 y^3) + \frac{\partial}{\partial x}(4x) + \frac{\partial}{\partial x}(-5y + 6)$$

$$= y^3 \frac{\partial x^2}{\partial x} + 4 \frac{\partial x}{\partial x} + 0 = y^3 \cdot 2x + 4 \cdot 1 = 2xy^3 + 4 \tag{15.3}$$

である．また，x を定数，y を変数とみなして微分すると，上と同様に，

---

[1] 記号「∂」は「d」の変形であり，「ディー」，「デル」，「ラウンド ディー」などと読む．

$$f_y(x, y) = x^2 \cdot 3y^2 - 5 = 3x^2 y^2 - 5 \tag{15.4}$$

である。   ◇

定義 15.1，定義 15.2 は次の定義 15.3，定義 15.4 のように一般化することができる。

定義 15.3

$a \in \mathbf{R}^n$ とし，$f(x)$ を $x = a$ とその近くで定義された関数とする。また，

$$a = (a_1, a_2, \cdots, a_n), \qquad x = (x_1, x_2, \cdots, x_n) \tag{15.5}$$

と表しておく。x_1 以外の変数 $x_2, x_3, \cdots, x_n$ をそれぞれ定数 $a_2, a_3, \cdots,$ a_n とし，x_1 のみを変数とする関数 $f(x_1, a_2, a_3, \cdots, a_n)$ が $x_1 = a_1$ で微分可能なとき，すなわち，極限

$$\lim_{h \to 0} \frac{f(a_1 + h, a_2, a_3, \cdots, a_n) - f(a)}{h} \in \mathbf{R} \tag{15.6}$$

が存在するとき，$f(x)$ は $x = a$ で x_1 に関して**偏微分可能**であるという。このとき，極限 (15.6) を $f_{x_1}(a)$, $\dfrac{\partial f}{\partial x_1}(a)$ などと表し，$f(x)$ の $x = a$ における x_1 に関する**偏微分係数**という。

その他の変数 $x_2, x_3, \cdots, x_n$ に関する偏微分についても同様に定める。

定義 15.4

$f(x)$ を n 変数関数とする。$f(x)$ の定義域の任意の点 a に対して，$f(x)$ が $x = a$ で x_1 に関して偏微分可能なとき，$f(x)$ は x_1 に関して**偏微分可能**であるという。このとき，関数 $f_{x_1}(x)$ または $\dfrac{\partial f}{\partial x_1}(x)$ を $f(x)$ の x_1 に関する**偏導関数**という。偏導関数を求めることを**偏微分する**という。

その他の変数 $x_2, x_3, \cdots, x_n$ に関する偏微分についても同様に定める。

さらに，次の定義 15.5 のように定める。

定義 15.5

- $a \in \mathbf{R}^n$ とし，$f(\boldsymbol{x})$ を $\boldsymbol{x} = \boldsymbol{a}$ とその近くで定義された関数とする．$f(\boldsymbol{x})$ が $\boldsymbol{x} = \boldsymbol{a}$ ですべての変数 $x_1, x_2, \cdots, x_n$ に関して偏微分可能なとき，$f(\boldsymbol{x})$ は $\boldsymbol{x} = \boldsymbol{a}$ で**偏微分可能**であるという．
- $f(\boldsymbol{x})$ を n 変数関数とする．$f(\boldsymbol{x})$ の定義域の任意の点 $\boldsymbol{a}$ に対して，$f(\boldsymbol{x})$ が $\boldsymbol{x} = \boldsymbol{a}$ で偏微分可能なとき，$f(\boldsymbol{x})$ は**偏微分可能**であるという．

微分可能な 1 変数関数は連続であった [⇨**定理 4.1**]．しかし，次の例 15.1 が示すように，**偏微分可能な多変数関数は必ずしも連続ではない**．

例 15.1 $\mathbf{R}^2$ で定義された関数 $f(x, y)$ を

$$f(x, y) = \begin{cases} \dfrac{xy}{x^2 + y^2} & ((x, y) \in \mathbf{R}^2, \ (x, y) \neq (0, 0)), \\ 0 & ((x, y) = (0, 0)) \end{cases} \tag{15.7}$$

により定める（**図 15.1**）．

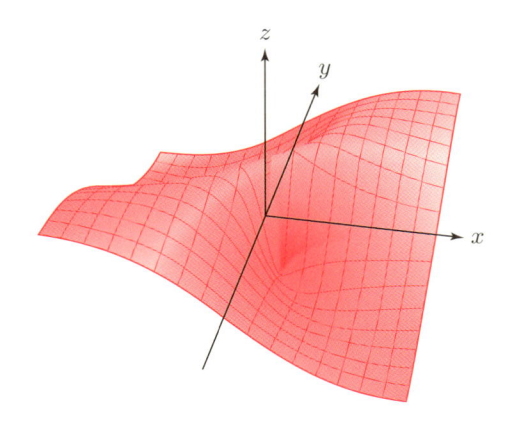

図 15.1 (15.7) の関数 $f(x, y)$ のグラフ．$(x, y) = (0, 0)$ で連続ではないが，$f_x(0,0) = f_y(0,0) = 0$ となる．

まず，問 13.2 (2) より，極限 $\displaystyle\lim_{(x,y)\to(0,0)} f(x,y)$ は存在しないので，$f(x,y)$ は $(x,y)=(0,0)$ で連続ではない．

一方，

$$f_x(0,0) \overset{\text{☺ 定義 15.1}}{=\!=\!=} \lim_{h\to 0} \frac{f(0+h,0)-f(0,0)}{h} = \lim_{h\to 0}\frac{0-0}{h} = 0, \quad (15.8)$$

$$f_y(0,0) \overset{\text{☺ 定義 15.1}}{=\!=\!=} \lim_{h\to 0} \frac{f(0,0+h)-f(0,0)}{h} = \lim_{h\to 0}\frac{0-0}{h} = 0 \quad (15.9)$$

なので，$f(x,y)$ は $(x,y)=(0,0)$ で偏微分可能である．

なお，$h\to 0$ とは h を「$h\neq 0$ をみたしながら」0 に十分近づけることであったので，(15.8) において，$f(0+h,0)=0$ と計算する部分は $\dfrac{xy}{x^2+y^2}$ に $(x,y)=(h,0)\neq(0,0)$ を代入していることを念のため注意しておこう．(15.9) の計算についても同様である． ◆

15・2　高次の偏導関数

1 変数の場合 ［⇨ 6・2 ］ と同様に，多変数関数について，高次の偏導関数を考えることができる．

まず，2 変数の場合から始めよう．$f(x,y)$ を偏微分可能な 2 変数関数とすると，2 個の偏導関数 $f_x(x,y)$, $f_y(x,y)$ が存在する．ここで，これらの偏導関数がすべて再び偏微分可能であるとしよう．すると，$f_x(x,y)$, $f_y(x,y)$ の偏導関数を 4 個考えることができる．このとき，$f(x,y)$ は **2 回偏微分可能**であるという．また，$f_x(x,y)$ の x に関する偏導関数を

$$f_{xx}(x,y) = \frac{\partial^2 f}{\partial x^2}(x,y) = \frac{\partial^2 f}{\partial x \partial x}(x,y) = \frac{\partial}{\partial x}\frac{\partial f}{\partial x}, \quad (15.10)$$

$f_x(x,y)$ の y に関する偏導関数を

$$f_{xy}(x,y) = \frac{\partial^2 f}{\partial y \partial x}(x,y) = \frac{\partial}{\partial y}\frac{\partial f}{\partial x}, \quad (15.11)$$

$f_y(x,y)$ の x に関する偏導関数を

$$f_{yx}(x, y) = \frac{\partial^2 f}{\partial x \partial y}(x, y) = \frac{\partial}{\partial x}\frac{\partial f}{\partial y}, \tag{15.12}$$

$f_y(x, y)$ の y に関する偏導関数を

$$f_{yy}(x, y) = \frac{\partial^2 f}{\partial y^2}(x, y) = \frac{\partial^2 f}{\partial y \partial y}(x, y) = \frac{\partial}{\partial y}\frac{\partial f}{\partial y} \tag{15.13}$$

などと表し，$f(x)$ の **2次** または **2階** の偏導関数という．同様に，2変数関数が **k 回偏微分可能** であるといった概念や **k 次** または **k 階** の偏導関数を定めることができる．例えば，3回偏微分可能な2変数関数の3次の偏導関数は

$$f_{xxx}(x, y) = \frac{\partial^3 f}{\partial x^3}(x, y), \qquad f_{xxy}(x, y) = \frac{\partial^3 f}{\partial y \partial x^2}(x, y),$$

$$f_{xyx}(x, y) = \frac{\partial^3 f}{\partial x \partial y \partial x}(x, y), \quad f_{xyy}(x, y) = \frac{\partial^3 f}{\partial y^2 \partial x}(x, y),$$

$$f_{yxx}(x, y) = \frac{\partial^3 f}{\partial x^2 \partial y}(x, y), \qquad f_{yxy}(x, y) = \frac{\partial^3 f}{\partial y \partial x \partial y}(x, y),$$

$$f_{yyx}(x, y) = \frac{\partial^3 f}{\partial x \partial y^2}(x, y), \qquad f_{yyy}(x, y) = \frac{\partial^3 f}{\partial y^3}(x, y) \tag{15.14}$$

の8個考えることができる．さらに，k 回偏微分可能な2変数関数の k 次の偏導関数は 2^k 個考えることができる．

例題 15.2 関数

$$f(x, y) = xy^2 + \sin x + \cos y \tag{15.15}$$

の2次の偏導関数をすべて求めよ．

解 まず，

$$f_x(x, y) = y^2 + \cos x \tag{15.16}$$

である．よって，

$$f_{xx}(x, y) = -\sin x, \qquad f_{xy}(x, y) = 2y \tag{15.17}$$

である．

また，

$$f_y(x,y) = 2xy - \sin y \tag{15.18}$$

である．よって，

$$f_{yx}(x,y) = 2y, \qquad f_{yy}(x,y) = 2x - \cos y \tag{15.19}$$

である．

(15.17), (15.19) が求める 2 次の偏導関数である．　　　　　　　　　　◇

　次に，一般の多変数関数の場合について述べよう．$f(\boldsymbol{x})$ を偏微分可能な n 変数関数とすると，n 個の偏導関数 $f_{x_1}(\boldsymbol{x}), f_{x_2}(\boldsymbol{x}), \cdots, f_{x_n}(\boldsymbol{x})$ が存在する．ここで，これらの偏導関数がすべて再び偏微分可能であるとしよう．すると，$f_{x_1}(\boldsymbol{x})$, $f_{x_2}(\boldsymbol{x}), \cdots, f_{x_n}(\boldsymbol{x})$ の偏導関数を n^2 個考えることができる．このとき，$f(\boldsymbol{x})$ は **2 回偏微分可能**であるという．また，$i,j = 1,2,\cdots,n$ のとき，$f_{x_i}(\boldsymbol{x})$ の x_j に関する偏導関数を

$$f_{x_i x_j}(\boldsymbol{x}) = \frac{\partial^2 f}{\partial x_j \partial x_i}(\boldsymbol{x}) = \frac{\partial}{\partial x_j}\frac{\partial f}{\partial x_i} \tag{15.20}$$

などと表し，$f(\boldsymbol{x})$ の **2 次**または **2 階**の偏導関数という．なお，(15.20) において，$i = j$ のときは

$$f_{x_i x_i}(\boldsymbol{x}) = \frac{\partial^2 f}{\partial x_j^2}(\boldsymbol{x}) \tag{15.21}$$

とも表す．同様に，多変数関数が **k 回偏微分可能**であるといった概念や **k 次**または **k 階**の偏導関数を定めることができる．k 回偏微分可能な n 変数関数の k 次の偏導関数は n^k 個考えることができる．

　例題 15.2 では，(15.17) 第 2 式，(15.19) 第 1 式より，等式

$$f_{xy}(x,y) = f_{yx}(x,y) \tag{15.22}$$

が成り立っている．実は，次の定理 15.1 が成り立つ [⇨ [杉浦 1] p.109 定理 3.2]．

定理 15.1

$a \in \mathbf{R}^n$ とし，$f(x)$ を $x = a$ とその近くで定義された関数とする．また，$i, j = 1, 2, \cdots, n$ とする．$x = a$ とその近くで $f_{x_i x_j}(x)$ および $f_{x_j x_i}(x)$ が存在し，これらが $x = a$ で連続ならば，等式

$$f_{x_i x_j}(a) = f_{x_j x_i}(a) \tag{15.23}$$

が成り立つ．

定理 15.1 に関して，(15.23) が成り立たない例を挙げておこう．

例 15.2 $\mathbf{R}^2$ で定義された関数 $f(x, y)$ を

$$f(x, y) = \begin{cases} \dfrac{x^3 y}{x^2 + y^2} & ((x, y) \in \mathbf{R}^2,\ (x, y) \neq (0, 0)), \\ 0 & ((x, y) = (0, 0)) \end{cases} \tag{15.24}$$

により定める．このとき，

$$f_x(x, y) = \begin{cases} \dfrac{3x^2 y}{x^2 + y^2} - \dfrac{2x^4 y}{(x^2 + y^2)^2} & ((x, y) \in \mathbf{R}^2,\ (x, y) \neq (0, 0)), \\ 0 & ((x, y) = (0, 0)) \end{cases} \tag{15.25}$$

である $(\mathscr{L})^{2)}$．よって，

$$f_{xy}(0, 0) = \lim_{h \to 0} \frac{f_x(0, 0 + h) - f_x(0, 0)}{h} = \lim_{h \to 0} \frac{0 - 0}{h} = 0, \tag{15.26}$$

すなわち，

$$f_{xy}(0, 0) = 0 \tag{15.27}$$

である．一方，

$$f_y(x, y) = \begin{cases} \dfrac{x^3}{x^2 + y^2} - \dfrac{2x^3 y^2}{(x^2 + y^2)^2} & ((x, y) \in \mathbf{R}^2,\ (x, y) \neq (0, 0)), \\ 0 & ((x, y) = (0, 0)) \end{cases} \tag{15.28}$$

---

2) 慣れてくると，これくらいの偏微分であれば，直ちに (15.25) の式が書けるようになるであろう．

である（✍）．よって，

$$f_{yx}(0,0) = \lim_{h \to 0} \frac{f_y(0+h,0) - f_y(0,0)}{h} = \lim_{h \to 0} \frac{h-0}{h} = 1, \qquad (15.29)$$

すなわち，

$$f_{yx}(0,0) = 1 \qquad (15.30)$$

である．(15.27), (15.30) より，$f_{xy}(0,0) \neq f_{yx}(0,0)$ である． ◆

15・3 　連続微分可能性

1変数の場合 [⇨ **定義 6.1**] と同様に，C^k 級の多変数関数を考えることができる．

> ― **定義 15.6** ―――――――――――――――――――――――――
>
> $f(\boldsymbol{x})$ を多変数関数とする．$f(\boldsymbol{x})$ が k 回偏微分可能であり，k 次までのすべての偏導関数が連続であるとき，$f(\boldsymbol{x})$ は **k 回連続微分可能** または **C^k 級**であるという．任意の $k \in \mathbf{N}$ に対して，$f(\boldsymbol{x})$ が C^k 級であるとき，$f(\boldsymbol{x})$ は**無限回連続微分可能**，**無限回微分可能** または **C^∞ 級**であるという．

注意 15.1 　定義 15.6 の C^k 級関数の定義では，$f(\boldsymbol{x})$ の連続性を仮定していないが，実は，C^k 級関数は連続であることがわかる [⇨ **定理 16.1**，**定理 16.3**]．よって，始めから $f(\boldsymbol{x})$ 自身の連続性を仮定して，C^k 級関数を定めても同じことになる．

例 15.3 　(15.7) の関数 $f(x,y)$ を考えよう．このとき，$f(x,y)$ は $(x,y) = (0,0)$ で連続ではない．よって，注意 15.1 より，$f(x,y)$ は C^1 級とはならないが，改めて計算してみよう．

まず，

$$f_x(x,y) = \begin{cases} \dfrac{y}{x^2+y^2} - \dfrac{2x^2 y}{(x^2+y^2)^2} & ((x,y) \in \mathbf{R}^2, \ (x,y) \neq (0,0)), \\ 0 & ((x,y) = (0,0)) \end{cases} \qquad (15.31)$$

である（）．よって，$f(x, y)$ は x に関して偏微分可能である．しかし，$f_x(x, y)$ は $(x, y) = (0, 0)$ で連続ではない（）．したがって，$f(x, y)$ は C^1 級ではない．同様に，$f(x, y)$ は y に関して偏微分可能であるが，$f_y(x, y)$ は $(x, y) = (0, 0)$ で連続ではない（）．　◆

定理 15.1 はさらに一般化することができて，C^k 級関数の k 次までの偏導関数に関して，次の定理 15.2 が成り立つ [⇨ ［杉浦 1］ p.111 定理 3.3]．

> **定理 15.2**
>
> $f(\boldsymbol{x})$ を C^k 級の関数とする．このとき，$f(\boldsymbol{x})$ の k 次までのすべての偏導関数は偏微分の順序によらずに定まる．

例 15.4 $f(x, y)$ を C^3 級の 2 変数関数とする．このとき，定理 15.2 より，
$$f_{xxy}(x, y) = f_{xyx}(x, y) = f_{yxx}(x, y) \tag{15.32}$$
である．　◆

注意 15.2 実際の計算に現れる多変数関数は C^∞ 級であることが多いので，偏微分の順序についてそれほど神経質になる必要はないであろう．

§15 の問題

確認問題

問 15.1 次の関数の偏導関数をすべて求めよ．

(1) $2e^{3x-4y}$ (2) $\cosh x \sinh^2 y$ (3) $\sin^{-1} x + \cos^{-1} y$

問 15.2 関数

$$f(x, y) = \log(x^4 + 3y^2 + 1)$$

の 2 次の偏導関数をすべて求めよ. □□□ [⇨ 15・2]

基本問題

問 15.3 次の □ をうめよ.

例題 13.2，例 14.1 より，

$$f(x, y) = \begin{cases} \dfrac{x^2 y}{x^2 + y^2} & ((x, y) \in \mathbf{R}^2, \ (x, y) \neq (0, 0)), \\ \boxed{①} & ((x, y) = (0, 0)) \end{cases}$$

とおくと，$f(x, y)$ は $\mathbf{R}^2$ で連続な関数を定める．ここで，

$$f_x(x, y) = \begin{cases} \dfrac{\boxed{②}}{(x^2 + y^2)^2} & ((x, y) \in \mathbf{R}^2, \ (x, y) \neq (0, 0)), \\ \boxed{③} & ((x, y) = (0, 0)) \end{cases}$$

である．よって，$f(x, y)$ は x に関して偏微分可能である．しかし，$f_x(x, y)$ は $(x, y) = (0, 0)$ で連続ではないことがわかる [⇨ 例題 13.1，例 15.1]．したがって，$f(x, y)$ は □④ 級ではない．また，

$$f_y(x, y) = \begin{cases} \dfrac{\boxed{⑤}}{(x^2 + y^2)^2} & ((x, y) \in \mathbf{R}^2, \ (x, y) \neq (0, 0)), \\ \boxed{⑥} & ((x, y) = (0, 0)) \end{cases}$$

である．よって，$f(x, y)$ は y に関して偏微分可能であるが，$f_y(x, y)$ は $(x, y) = (0, 0)$ で連続ではないことがわかる． □□□ [⇨ 15・3]

§16 全微分

§16のポイント

- ランダウの記号を用いることにより，多変数関数の**全微分可能性**を定めることができる．
- 全微分可能な関数は連続であり，偏微分可能である．
- C^1 級の多変数関数は全微分可能である．
- 全微分可能な関数どうしの合成は全微分可能であり，**合成関数の微分法**が成り立つ．

16・1 ランダウの記号

偏微分は 1 変数関数の微分を用いて簡単に定義することはできるが，極限のとり方が限られているため，不都合なことが多い．そこで，1 変数関数の微分を以下に述べるように，多変数関数の全微分とよばれるものへと一般化しよう．

まず，$a \in \mathbf{R}$ とし，$f(x)$ を $x = a$ で微分可能な関数とする．このとき，$f(x)$ の $x = a$ における微分係数 $f'(a)$ は

$$f'(a) = \lim_{h \to 0} \frac{f(a+h) - f(a)}{h} \tag{16.1}$$

により定められるのであった ［⇨ **微分の定義（定義 4.1）**］．(16.1) を多変数関数の場合に一般化したいのであるが，(16.1) 右辺は「$h \in \mathbf{R}$ で割る」という操作を行っており，これを「$\boldsymbol{h} \in \mathbf{R}^n$ で割る」という具合に一般化することはできない．しかし，問 7.4 (2) より，ランダウの記号「o」［⇨ **定義 7.1**］を用いると，(16.1) は

$$f(a+h) - f(a) = f'(a)h + o(h) \qquad (h \to 0), \tag{16.2}$$

さらに，

$$f(a+h) - f(a) = hf'(a) + o(|h|) \qquad (h \to 0) \tag{16.3}$$

と書き換えることができる．(16.3) 右辺の $|h|$ の部分は，ノルム [⇨**定義 14.2**] を用いて，$h \in \mathbf{R}^n$ に対しては $\|h\|$ と一般化することができる．そして，ランダウの記号は次の定義 16.1 のように，多変数関数の極限についても考えることができる．

定義 16.1

$a \in \mathbf{R}^n$ とし，$f(x), g(x)$ を $x = a$ の近くで定義された関数とする．等式

$$\lim_{x \to a} \frac{f(x)}{g(x)} = 0 \tag{16.4}$$

が成り立つとき，

$$f(x) = o(g(x)) \qquad (x \to a) \tag{16.5}$$

と表す．

例 16.1　例題 13.2 より，

$$\lim_{(x,y) \to (0,0)} \frac{x^2 y}{x^2 + y^2} = 0 \tag{16.6}$$

である．よって，

$$x^2 y = o(x^2 + y^2) \qquad ((x,y) \to (0,0)) \tag{16.7}$$

である． ◆

16・2　全微分可能性

それでは，多変数関数の全微分可能性を定めよう．

定義 16.2

- $a \in \mathbf{R}^n$ とし，$f(x)$ を $x = a$ とその近くで定義された関数とする．ある $c_1, c_2, \cdots, c_n \in \mathbf{R}$ が存在し，

$$f(\boldsymbol{a} + \boldsymbol{h}) - f(\boldsymbol{a}) = \sum_{i=1}^{n} h_i c_i + o(\|\boldsymbol{h}\|) \qquad (\boldsymbol{h} \to \boldsymbol{0}) \qquad (16.8)$$

となるとき，$f(\boldsymbol{x})$ は $\boldsymbol{x} = \boldsymbol{a}$ で**全微分可能**または**微分可能**であるという[1]．ただし，

$$\boldsymbol{h} = (h_1, h_2, \cdots, h_n), \boldsymbol{0} = (0, 0, \cdots, 0) \in \mathbf{R}^n \qquad (16.9)$$

である．

- $f(\boldsymbol{x})$ を多変数関数とする．$f(\boldsymbol{x})$ の定義域の任意の点 $\boldsymbol{a}$ に対して，$f(\boldsymbol{x})$ が $\boldsymbol{x} = \boldsymbol{a}$ で全微分可能なとき，$f(\boldsymbol{x})$ は**全微分可能**または**微分可能**であるという．

注意 16.1 　定義 16.2 に関して，線形代数で扱う列ベクトルや行列の積を用いて，少し補足をしておこう．まず，定義 16.2 において，n 次の列ベクトル $f'(\boldsymbol{a})$

を $f'(\boldsymbol{a}) = \begin{pmatrix} c_1 \\ c_2 \\ \vdots \\ c_n \end{pmatrix}$ により定め，これを $f(\boldsymbol{x})$ の $\boldsymbol{x} = \boldsymbol{a}$ における**微分係数**とい

う．このとき，行列の積を用いることにより，(16.8) 右辺第 1 項の $\displaystyle\sum_{i=1}^{n} h_i c_i$ は

$\boldsymbol{h} f'(\boldsymbol{a})$ と表される．また，$f(\boldsymbol{x})$ が全微分可能なとき，n 次の列ベクトル全体の集合に値をとる関数 $f'(\boldsymbol{x})$ を $f(\boldsymbol{x})$ の**導関数**という．

　偏微分可能な多変数関数は必ずしも連続ではなかった．　[⇨ **例 15.1**]．しかし，1 変数の場合 [⇨ **定理 4.1**] と同様に，全微分可能性は連続性よりも強い概念であり，次の定理 16.1 が成り立つ．

┌─ **定理 16.1** ─────────────────

　$\boldsymbol{a} \in \mathbf{R}^n$ とし，$f(\boldsymbol{x})$ を $\boldsymbol{x} = \boldsymbol{a}$ で全微分可能な関数とする．このとき，$f(\boldsymbol{x})$

---

[1] 多変数関数について考える際には，「微分」という言葉は全微分を意味することが多い．

は $x = a$ で連続である.

証明 $h = x - a$ とおくと,

$$x \to a \quad \Longleftrightarrow \quad h \to 0 \tag{16.10}$$

である.また,定義 16.2 の記号を用いると,

$$f(x) - f(a) \overset{\smile (16.8)}{=} \sum_{i=1}^{n} h_i c_i + o(\|h\|) = \sum_{i=1}^{n} h_i c_i + \frac{o(\|h\|)}{\|h\|} \cdot \|h\|$$

$$\overset{\smile 定義 16.1}{\to} 0 + 0 \cdot 0 = 0 \quad (h \to 0) \tag{16.11}$$

である.すなわち,

$$\lim_{h \to 0} (f(x) - f(a)) = 0 \tag{16.12}$$

である.よって,(16.10), (16.12) より,

$$\lim_{x \to a} (f(x) - f(a)) = 0, \tag{16.13}$$

すなわち,

$$\lim_{x \to a} f(x) = f(a) \tag{16.14}$$

である.したがって,$f(x)$ は $x = a$ で連続である.   ◇

また,全微分可能性は偏微分可能性よりも強い概念であり,次の定理 16.2 が成り立つ.

定理 16.2

$a \in \mathbf{R}^n$ とし,$f(x)$ を $x = a$ で全微分可能な関数とする.このとき,$f(x)$ は $x = a$ で偏微分可能であり,定義 16.2 の $c_1, c_2, \cdots, c_n \in \mathbf{R}$ は

$$c_i = f_{x_i}(a) \qquad (i = 1, 2, \cdots, n) \tag{16.15}$$

によりあたえられる.

証明 (16.8) は

$$h_2 = h_3 = \cdots = h_n = 0, \qquad h_1 \to 0 \tag{16.16}$$

としても成り立つので，$\boldsymbol{a} = (a_1, a_2, \cdots, a_n)$ とおくと，

$$f(a_1 + h_1, a_2, a_3, \cdots, a_n) - f(\boldsymbol{a}) = h_1 c_1 + o(|h_1|) \qquad (h_1 \to 0) \qquad (16.17)$$

である．よって，

$$c_1 = \frac{f(a_1 + h_1, a_2, a_3, \cdots, a_n) - f(\boldsymbol{a})}{h_1} - \frac{o(|h_1|)}{h_1}$$

$$\overset{\text{☺ 定義 16.1}}{\longrightarrow} f_{x_1}(\boldsymbol{a}) - 0 = f_{x_1}(\boldsymbol{a}) \qquad (h_1 \to 0) \qquad (16.18)$$

となる．したがって，$f(\boldsymbol{x})$ は $\boldsymbol{x} = \boldsymbol{a}$ で x_1 に関して偏微分可能であり，$c_1 = f_{x_1}(\boldsymbol{a})$ である．その他の変数に関する偏微分についても同様に計算すると，$f(\boldsymbol{x})$ は $\boldsymbol{x} = \boldsymbol{a}$ で偏微分可能となり，(16.15) が得られる． ◇

次の例 16.2 が示すように，定理 16.2 の逆は正しくない[2]．

例 16.2　$\mathbf{R}^2$ で定義された関数 $f(x, y)$ を

$$f(x, y) = \begin{cases} \dfrac{x^2 y}{x^2 + y^2} & ((x, y) \in \mathbf{R}^2, \ (x, y) \neq (0, 0)), \\ 0 & ((x, y) = (0, 0)) \end{cases} \qquad (16.19)$$

により定める．このとき，問 15.3 より，$f(x, y)$ は $(x, y) = (0, 0)$ で偏微分可能である．$f(x, y)$ は $(x, y) = (0, 0)$ で全微分可能ではないことを背理法により示そう．

$f(x, y)$ が $(x, y) = (0, 0)$ で全微分可能であると仮定する．このとき，定義 16.2，定理 16.2 より，

$$f(0 + h, 0 + k)$$
$$= f(0, 0) + f_x(0, 0)h + f_y(0, 0)k + o\left(\sqrt{h^2 + k^2}\right) \qquad ((h, k) \to (0, 0))$$
$$(16.20)$$

となる．ここで，(16.19) および問 15.3 より，

$$f(0, 0) = f_x(0, 0) = f_y(0, 0) = 0 \qquad (16.21)$$

---

[2]　定理 16.1 の逆が正しくない例にもなっているが，そのような例であれば，例 4.2 の関数 $|x|$ の方が簡単であろう．

である. (16.21) を (16.20) に代入し, (16.19) を用いると,

$$\frac{h^2 k}{h^2 + k^2} = o\left(\sqrt{h^2 + k^2}\right) \qquad ((h, k) \to (0, 0)) \tag{16.22}$$

である. しかし, 極限

$$\lim_{(h,k)\to(0,0)} \frac{\frac{h^2 k}{h^2+k^2}}{\sqrt{h^2+k^2}} = \lim_{(h,k)\to(0,0)} \frac{h^2 k}{(\sqrt{h^2+k^2})^3} \tag{16.23}$$

は存在しない (✎). これは (16.22) に矛盾する. よって, $f(x, y)$ は $(x, y) = (0, 0)$ で全微分可能ではない. ◆

偏微分可能な関数が全微分可能となるための十分条件に関して, 次の定理 16.3 が成り立つ [⇨ [杉浦 1] p. 123 定理 5.3].

定理 16.3

C^1 級の多変数関数は全微分可能である.

実際の計算に現れる多変数関数は C^1 級どころか C^∞ 級であることが多く, そのような関数は定理 16.3 より, 全微分可能である (**図 16.1**).

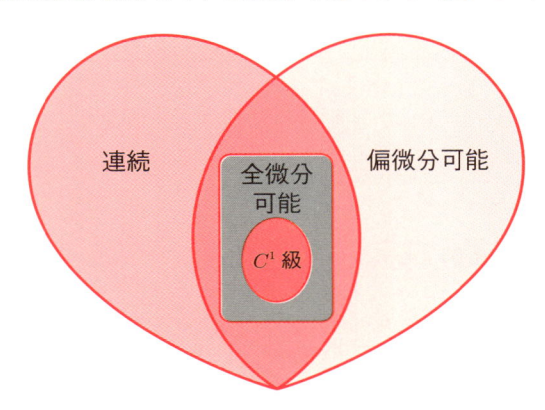

図 16.1　定理 16.1～定理 16.3 のまとめ

16・3 合成関数の微分法

3・1, **14・1** で述べた 1 変数関数どうし，あるいは，n 変数関数と 1 変数関数の合成はさらに一般化することができる．

まず，$f_1(\boldsymbol{x}), f_2(\boldsymbol{x}), \cdots, f_m(\boldsymbol{x})$ を n 変数関数とし，これらの定義域はすべて同じであるとする．このとき，$f(\boldsymbol{x}) = (f_1(\boldsymbol{x}), f_2(\boldsymbol{x}), \cdots, f_m(\boldsymbol{x}))$ とおくと，$f(\boldsymbol{x})$ は $\mathbf{R}^m$ に値をとる関数となる．さらに，$g(\boldsymbol{y})$ を m 変数関数とする．このとき，$\boldsymbol{y} = f(\boldsymbol{x})$ を $g(\boldsymbol{y})$ に代入することにより，関数 $g(f(\boldsymbol{x}))$ を考えることができる．ただし，$f(\boldsymbol{x})$ の定義域の任意の点 $\boldsymbol{x}$ に対して，$g(\boldsymbol{y})$ が $\boldsymbol{y} = f(\boldsymbol{x})$ で定義されているとする．関数 $g(f(\boldsymbol{x}))$ を $(g \circ f)(\boldsymbol{x})$ と表し，$f(\boldsymbol{x})$ と $g(\boldsymbol{y})$ の**合成関数**または**合成**という．

全微分可能な関数どうしの合成に関して，次の定理 16.4 が成り立つ ［⇨［杉浦 1］p.131 定理 6.6］.

定理 16.4（合成関数の微分法）

$\boldsymbol{a} \in \mathbf{R}^n$ とし，$f_1(\boldsymbol{x}), f_2(\boldsymbol{x}), \cdots, f_m(\boldsymbol{x})$ を $\boldsymbol{x} = \boldsymbol{a}$ で全微分可能な関数とする．また，$f(\boldsymbol{x}) = (f_1(\boldsymbol{x}), f_2(\boldsymbol{x}), \cdots, f_m(\boldsymbol{x}))$ とおき，$g(\boldsymbol{y})$ を $\boldsymbol{y} = f(\boldsymbol{a})$ で全微分可能な関数とする．このとき，合成関数 $(g \circ f)(\boldsymbol{x})$ は $\boldsymbol{x} = \boldsymbol{a}$ で全微分可能であり，等式

$$\frac{\partial(g \circ f)}{\partial x_i}(\boldsymbol{a}) = \sum_{j=1}^{m} \frac{\partial g}{\partial y_j}(f(\boldsymbol{a})) \frac{\partial f_j}{\partial x_i}(\boldsymbol{a}) \qquad (i = 1, 2, \cdots, n) \qquad (16.24)$$

が成り立つ．

注意 16.2 定理 16.4 において，$z = (g \circ f)(\boldsymbol{x})$ とおき，(16.24) を簡単に

$$\frac{\partial z}{\partial x_i} = \sum_{j=1}^{m} \frac{\partial z}{\partial y_j} \frac{\partial y_j}{\partial x_i} \qquad (i = 1, 2, \cdots, n) \qquad (16.25)$$

と表すこともある[3].

例 16.3　$n = m = 1$ のとき，定理 16.4 は定理 4.4 に他ならない.

　$n = 1$, $m = 2$ のとき，変数 x_1, y_1, y_2 をそれぞれ t, x, y と置き換えると，(16.25) は

$$\frac{dz}{dt} = \frac{\partial z}{\partial x}\frac{dx}{dt} + \frac{\partial z}{\partial y}\frac{dy}{dt} \tag{16.26}$$

となる.

　$n = 2$, $m = 2$ のとき，変数 x_1, x_2, y_1, y_2 をそれぞれ u, v, x, y と置き換えると，(16.25) は

$$\frac{\partial z}{\partial u} = \frac{\partial z}{\partial x}\frac{\partial x}{\partial u} + \frac{\partial z}{\partial y}\frac{\partial y}{\partial u}, \qquad \frac{\partial z}{\partial v} = \frac{\partial z}{\partial x}\frac{\partial x}{\partial v} + \frac{\partial z}{\partial y}\frac{\partial y}{\partial v} \tag{16.27}$$

となる. ◆

例題 16.1　(16.26) を用いることにより，関数

$$f(t) = (t + 2, 4t - 3), \qquad g(x, y) = e^{xy^2} \tag{16.28}$$

の合成関数 $z = (g \circ f)(t)$ の導関数 $\dfrac{dz}{dt}$ を求めよ. □□□ ✍

解　$\dfrac{dz}{dt} \overset{(16.26)}{=} \dfrac{\partial e^{xy^2}}{\partial x}\dfrac{d(t+2)}{dt} + \dfrac{\partial e^{xy^2}}{\partial y}\dfrac{d(4t-3)}{dt}$

$\qquad = y^2 e^{xy^2} \cdot 1 + 2xy e^{xy^2} \cdot 4 = y(y + 8x)e^{xy^2}$

$\qquad = (4t - 3)\{(4t - 3) + 8(t + 2)\}e^{(t+2)(4t-3)^2}$

$\qquad = (4t - 3)(12t + 13)e^{(t+2)(4t-3)^2} \tag{16.29}$

である. ◇

---

[3]　厳密には，左辺の z は $\boldsymbol{x}$ を変数とする関数 $z = (g \circ f)(\boldsymbol{x})$ であり，右辺の z は $\boldsymbol{y}$ を変数とする関数 $z = g(\boldsymbol{y})$ である.

§16 の問題

確認問題

問 16.1 $a \in \mathbf{R}^n$ とし, $f(\boldsymbol{x}), g(\boldsymbol{x})$ を $\boldsymbol{x} = \boldsymbol{a}$ の近くで定義された関数とする. 等式

$$\lim_{\boldsymbol{x} \to \boldsymbol{a}} \frac{f(\boldsymbol{x})}{g(\boldsymbol{x})} = 0$$

をランダウの記号を用いて表せ. □□□ [⇨ ]

問 16.2 (16.26) を用いることにより, 関数

$$f(t) = (\sin t, \cos 2t), \qquad g(x, y) = \cosh(x^2 + y)$$

の合成関数 $z = (g \circ f)(t)$ の導関数 $\dfrac{dz}{dt}$ を求めよ. □□□ [⇨ 16・3]

基本問題

問 16.3 全微分可能な関数 $g(x, y)$ と関数

$$f(r, \theta) = (r \cos \theta, r \sin \theta)$$

の合成関数 $z = (g \circ f)(r, \theta)$ を考える. このとき, 次の (1)〜(3) が成り立つことを示せ.

(1) $x\dfrac{\partial z}{\partial x} + y\dfrac{\partial z}{\partial y} = r\dfrac{\partial z}{\partial r}$

(2) $x\dfrac{\partial z}{\partial y} - y\dfrac{\partial z}{\partial x} = \dfrac{\partial z}{\partial \theta}$

(3) $r \neq 0$ のとき, $\left(\dfrac{\partial z}{\partial x}\right)^2 + \left(\dfrac{\partial z}{\partial y}\right)^2 = \left(\dfrac{\partial z}{\partial r}\right)^2 + \dfrac{1}{r^2}\left(\dfrac{\partial z}{\partial \theta}\right)^2$

□□□ [⇨ ]

問 16.4　$\theta \in \mathbf{R}$ とし，全微分可能な関数 $g(x, y)$ と関数

$$f(u, v) = (u\cos\theta - v\sin\theta, u\sin\theta + v\cos\theta)$$

の合成関数 $z = (g \circ f)(u, v)$ を考える．このとき，等式

$$\left(\frac{\partial z}{\partial x}\right)^2 + \left(\frac{\partial z}{\partial y}\right)^2 = \left(\frac{\partial z}{\partial u}\right)^2 + \left(\frac{\partial z}{\partial v}\right)^2$$

が成り立つこと示せ．　　　　　　　　　　　　□□□□ [⇨ **16・3**]

チャレンジ問題

問 16.5　$\mathbf{R}^2$ で定義された関数 $f(x, y)$ を

$$f(x, y) = \begin{cases} x^2 \sin\dfrac{1}{x} & ((x, y) \in \mathbf{R}^2, \ x \neq 0), \\ 0 & ((x, y) \in \mathbf{R}^2, \ x = 0) \end{cases}$$

により定める．$f(x, y)$ は C^1 級ではないが，$(x, y) = (0, 0)$ で全微分可能である
ことを示せ．　　　　　　　　　　　　　　　□□□□ [⇨ **16・2**]

§17 テイラーの定理（その2）

―― §17のポイント ――

- C^n 級の2変数関数に対して，**テイラーの定理**が成り立つ．
- 全微分可能な2変数関数のグラフに対して，**接平面**を考えることができる．
- 2変数関数に対して，2次までの偏導関数を考えることにより，極値を調べることができる．

17・1 テイラーの定理

合成関数の微分法（定理 16.4）を用いることにより，1変数の場合のテイラーの定理［⇨ **7・1**］を多変数の場合にも示すことができる．簡単のため，2変数の場合を考えよう．

$(a,b) \in \mathbf{R}^2$ とし，$f(x,y)$ を $(x,y) = (a,b)$ の近くで定義された C^n 級の関数とする．とくに，定理 16.3 より，$f(x,y)$ は全微分可能である．ここで，$h,k \in \mathbf{R}$ を固定しておき，$t = 0$ の近くで1変数関数

$$g(t) = f(a+ht, b+kt) \tag{17.1}$$

が定義されているとする．このとき，(16.26) より，

$$g'(t) = hf_x(a+ht, b+kt) + kf_y(a+ht, b+kt) \tag{17.2}$$

となる．$n \geq 2$ とすると，$f(x,y)$ は C^n 級なので，$f_x(x,y)$, $f_y(x,y)$ は C^{n-1} 級である．よって，定理 16.3 より，$f_x(x,y)$, $f_y(x,y)$ は全微分可能となり，

$$
\begin{aligned}
g''(t) &\overset{\odot\ (16.26),\ (17.2)}{=} (hf_{xx}(a+ht, b+kt) + kf_{yx}(a+ht, b+kt))\, h \\
&\qquad + (hf_{xy}(a+ht, b+kt) + kf_{yy}(a+ht, b+kt))\, k \\
&\overset{\odot\ 定理\ 15.1}{=} h^2 f_{xx}(a+ht, b+kt) + 2hk f_{xy}(a+ht, b+kt) \\
&\qquad + k^2 f_{yy}(a+ht, b+kt)
\end{aligned}
\tag{17.3}
$$

である. 以下, 同様に計算を続けると,

$$g^{(j)}(t) = \sum_{l=0}^{j} {}_j\mathrm{C}_l h^{j-l} k^l \frac{\partial^j f}{\partial x^{j-l} \partial y^l}(a+ht, b+kt) \quad (j=1,2,\cdots,n) \quad (17.4)$$

となる (✎). 二項定理を形式的に用いると, (17.4) は

$$g^{(j)}(t) = \left(h\frac{\partial}{\partial x} + k\frac{\partial}{\partial y} \right)^j f(a+ht, b+kt) \quad (17.5)$$

と表すことができる. 以上の準備を元に, 2 変数関数に対するテイラーの定理を次の定理 17.1 として述べることができる.

定理 17.1 (テイラーの定理)

$(a,b) \in \mathbf{R}^2$ とし, $f(x,y)$ を $(x,y)=(a,b)$ の近くで C^n 級の関数とする. $(h,k) \in \mathbf{R}^2$ に対して, (a,b) と $(a+h, b+k)$ を結ぶ線分が $f(x,y)$ の定義域に含まれるならば, $0 < \theta < 1$ をみたす θ が存在し, 等式

$$f(a+h, b+k) = \sum_{j=0}^{n-1} \frac{1}{j!} \left(h\frac{\partial}{\partial x} + k\frac{\partial}{\partial y} \right)^j f(a,b)$$

$$+ \frac{1}{n!} \left(h\frac{\partial}{\partial x} + k\frac{\partial}{\partial y} \right)^n f(a+h\theta, b+k\theta) \quad (17.6)$$

が成り立つ.

証明　(17.1) の $g(t)$ に対する有限マクローリン展開を考えると, (7.11) より,

$$g(t) = \sum_{j=0}^{n-1} \frac{g^{(j)}(0)}{j!} t^j + \frac{g^{(n)}(\theta t)}{n!} t^n \quad (17.7)$$

となる. (17.7) に $t=1$ を代入すると, (17.5) より, (17.6) が得られる.　　◇

注意 17.1　1 変数の場合と同様に, (17.6) の

$$\frac{1}{n!} \left(h\frac{\partial}{\partial x} + k\frac{\partial}{\partial y} \right)^n f(a+h\theta, b+k\theta) \quad (17.8)$$

の部分を**剰余項**という. また, $(a,b)=(0,0)$ のときは, 定理 17.1 を**マクローリンの定理**という.

$n = 1$ のときは，定理 17.1 は次の定理 17.2 となる．

定理 17.2（平均値の定理）

$(a, b) \in \mathbf{R}^2$ とし，$f(x, y)$ を $(x, y) = (a, b)$ の近くで C^1 級の関数とする．$(h, k) \in \mathbf{R}^2$ に対して，(a, b) と $(a+h, b+k)$ を結ぶ線分が $f(x, y)$ の定義域に含まれるならば，$0 < \theta < 1$ をみたす θ が存在し，等式

$$f(a+h, b+k) - f(a, b) = h f_x(a+h\theta, b+k\theta) + k f_y(a+h\theta, b+k\theta)$$

$$(17.9)$$

が成り立つ．

平均値の定理（定理 5.3）から定理 5.4(1) を示したように，定理 17.2 から次の定理 17.3 を示すことができる．

定理 17.3

$f(x, y)$ を $\mathbf{R}^2$ で C^1 級の関数とする．任意の $(x, y) \in \mathbf{R}^2$ に対して，等式

$$f_x(x, y) = f_y(x, y) = 0 \qquad (17.10)$$

が成り立つならば，$f(x, y)$ は定数関数 $[\Rightarrow \boxed{例 13.1}]$ である．

[証明] $(h, k) \in \mathbf{R}^2$ とする．$f(x, y)$ の定義域は $\mathbf{R}^2$ なので，$(h, k) \in \mathbf{R}^2$ と $(0, 0)$ を結ぶ線分は $f(x, y)$ の定義域に含まれる．よって，平均値の定理（定理 17.2）より，$0 < \theta < 1$ をみたす θ が存在し，

$$f(h, k) - f(0, 0) \overset{\odot\,(17.9)}{=} h f_x(h\theta, k\theta) + k f_y(h\theta, k\theta)$$

$$\overset{\odot\,(17.10)}{=} h \cdot 0 + k \cdot 0 = 0 \qquad (17.11)$$

となる．よって，$f(h, k) = f(0, 0)$ となるので，$f(x, y)$ は定数関数である．◇

17・2 接平面

$(a, b) \in \mathbf{R}^2$ とし，$f(x, y)$ を $(x, y) = (a, b)$ で全微分可能な関数とする．例 13.3 より，方程式

$$z = f(a, b) + f_x(a, b)(x - a) + f_y(a, b)(y - b) \tag{17.12}$$

は xyz 空間内の平面を表すが，これは (17.6) 右辺において，$n = 2$, $h = x - a$, $k = y - b$ とし，剰余項を取り除いた式である．このことより，(17.12) は点 $(a, b, f(a, b))$ を通るさまざまな平面の中で，$(a, b, f(a, b))$ の近くで $f(x, y)$ のグラフである曲面 $z = f(x, y)$ に最も近い平面であるといえる．平面 (17.12) を曲面 $z = f(x, y)$ の $(x, y) = (a, b)$ における接平面という．

例題 17.1 関数

$$f(x, y) = \sqrt{10 - 2x^2 - y^2} \tag{17.13}$$

に対して，曲面 $z = f(x, y)$ の点 $(1, 2)$ における接平面の方程式を求めよ．

解 まず，

$$f(1, 2) = \sqrt{10 - 2 \cdot 1^2 - 2^2} = \sqrt{4} = 2, \tag{17.14}$$

すなわち，

$$f(1, 2) = 2 \tag{17.15}$$

である．また，

$$f_x(x, y) = \frac{1}{2} \frac{-4x}{\sqrt{10 - 2x^2 - y^2}} = \frac{-2x}{f(x, y)} \tag{17.16}$$

なので，

$$f_x(1, 2) = \frac{-2 \cdot 1}{f(1, 2)} \overset{\odot\ (17.15)}{=} \frac{-2}{2} = -1, \tag{17.17}$$

すなわち，

$$f_x(1,2) = -1 \tag{17.18}$$

である．さらに，

$$f_y(x,y) = \frac{1}{2}\frac{-2y}{\sqrt{10-2x^2-y^2}} = \frac{-y}{f(x,y)} \tag{17.19}$$

なので，

$$f_y(1,2) = \frac{-2}{f(1,2)} \overset{(17.15)}{=} \frac{-2}{2} = -1, \tag{17.20}$$

すなわち，

$$f_y(1,2) = -1 \tag{17.21}$$

である．(17.12), (17.15), (17.18), (17.21) より，接平面の方程式は

$$z = 2 - 1 \cdot (x-1) - 1 \cdot (y-2), \tag{17.22}$$

すなわち，

$$z = -x - y + 5 \tag{17.23}$$

である（図 **17.1**）. ◇

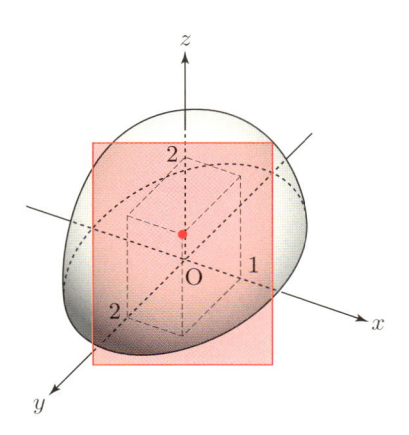

図 17.1 例題 17.1 の曲面と接平面

注意 17.2　$a, b, c > 0$ に対して，方程式

$$\frac{x^2}{a^2} + \frac{y^2}{b^2} + \frac{z^2}{c^2} = 1 \qquad (17.24)$$

で表される $\mathbf{R}^3$ の部分集合を**楕円面**という（**図 17.2**）．とくに，$a = b = c$ のときは，(17.24) は原点を中心とする半径 a の球面を表す．

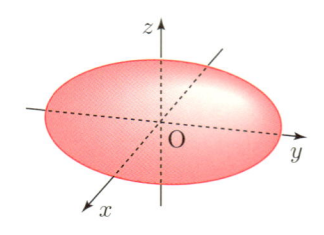

図 17.2　楕円面

例題 17.1 において，

$$z = \sqrt{10 - 2x^2 - y^2} \iff z \geq 0, \quad \frac{x^2}{5} + \frac{y^2}{10} + \frac{z^2}{10} = 1 \qquad (17.25)$$

なので，曲面 $z = f(x, y)$ は楕円面の一部を表す．

17・3　多変数関数の極値

ワイエルシュトラスの定理（定理 14.3）より，$\mathbf{R}^n$ の有界閉集合 [⇨ **14・2**, **14・3**] で連続な関数は最大値および最小値をもつ．しかし，定理 14.3 は関数が具体的にどこで最大値や最小値をとるのかについてまでは教えてくれない．一方，定義 5.1 とまったく同様に，多変数関数に対しても極値を定めることができる．そして，偏微分可能なところで極値をとる関数については，次の定理 17.4 が成り立つ．

定理 17.4

$a \in \mathbf{R}^n$ とし，$f(\boldsymbol{x})$ を $\boldsymbol{x} = \boldsymbol{a}$ で偏微分可能な関数とする．$f(\boldsymbol{a})$ が $f(\boldsymbol{x})$ の $\boldsymbol{x} = \boldsymbol{a}$ における極値ならば，

$$f_{x_1}(\boldsymbol{a}) = f_{x_2}(\boldsymbol{a}) = \cdots = f_{x_n}(\boldsymbol{a}) = 0 \qquad (17.26)$$

である．

証明　$\boldsymbol{a} = (a_1, a_2, \cdots, a_n)$ と表しておき，x_1 を変数とする 1 変数関数

$$g(x_1) = f(x_1, a_2, a_3, \cdots, a_n) \qquad (17.27)$$

を考える．このとき，$f(\boldsymbol{a})$ は $f(\boldsymbol{x})$ の $\boldsymbol{x} = \boldsymbol{a}$ における極値なので，$g(a_1)$ は $g(x_1)$

の $x_1 = a_1$ における極値である．よって，

$$f_{x_1}(\boldsymbol{a}) = g'(a_1) \overset{\odot \, 定理 \, 5.1}{=\!=\!=} 0 \tag{17.28}$$

である．その他の変数に関する偏微分係数についても同様に計算すると，(17.26) が得られる．　　　　　　　　　　　　　　　　　　　　　　　　　　　　◇

　2次までの偏導関数を考え，テイラーの定理（定理 17.1）を用いることにより，逆にすべての偏微分係数が 0 となる点で，実際に 2 変数関数が極値をとるための十分条件をあたえることができる[1]［⇨［杉浦 1］p. 159 定理 8.4 系］．

定理 17.5

$(a, b) \in \mathbf{R}^2$ とし，$f(x, y)$ を $(x, y) = (a, b)$ の近くで C^2 級の関数とする．また，

$$f_x(a, b) = f_y(a, b) = 0 \tag{17.29}$$

であるとし，

$$H(x, y) = f_{xx}(x, y)f_{yy}(x, y) - (f_{xy}(x, y))^2 \tag{17.30}$$

とおく．このとき，次の (1)〜(3) が成り立つ．

(1) $H(a, b) > 0$ かつ「$f_{xx}(a, b) > 0$ または $f_{yy}(a, b) > 0$」ならば，
$f(a, b)$ は $f(x, y)$ の $(x, y) = (a, b)$ における極小値である．

(2) $H(a, b) > 0$ かつ「$f_{xx}(a, b) < 0$ または $f_{yy}(a, b) < 0$」ならば，
$f(a, b)$ は $f(x, y)$ の $(x, y) = (a, b)$ における極大値である．

(3) $H(a, b) < 0$ ならば，$f(a, b)$ は $f(x, y)$ の $(x, y) = (a, b)$ における
極値ではない．

注意 17.3　(1) (17.30) の関数 $H(x, y)$ を $f(x, y)$ の**ヘッシアン**または**ヘッセ行列式**という．

---
[1]　一般の多変数関数の場合は線形代数で扱う**行列式**を用いる必要がある．

(2) 定理 17.5 (1) の「 」の部分について，$H(a,b) > 0$ より，$f_{xx}(a,b) > 0$ と $f_{yy}(a,b) > 0$ は同値である（✎）．定理 17.5 (2) についても同様である．

(3) 定理 17.5 の理解を深めるには，グラフが楕円放物面や双曲放物面を表す関数 (13.8), (13.9) を思い出すとよい．例えば，(13.8) は $(x,y) = (0,0)$ で最小値 0 をとるが，定理 17.5 (1) の仮定をみたしている（✎）．また，(13.9) は $(x,y) = (0,0)$ で極値をとらないが，定理 17.5 (3) の仮定をみたしている（✎）．

(4) $H(a,b) = 0$ となる場合は定理 17.5 (1)〜(3) に当てはまらないため，個別に考える必要がある [⇨ **問 17.4**].

例題 17.2 関数

$$f(x,y) = x^2 + x^2 y + y^2 \qquad (17.31)$$

の極値を調べよ．

解 まず，

$$f_x(x,y) = 2x + 2xy = 2x(1+y), \qquad f_y(x,y) = x^2 + 2y \qquad (17.32)$$

である．よって，

$$f_x(x,y) = f_y(x,y) = 0 \qquad (17.33)$$

とすると，

$$(x,y) = (0,0), (\pm\sqrt{2}, -1) \qquad (17.34)$$

となる．また，

$$f_{xx}(x,y) = 2(1+y), \quad f_{xy}(x,y) = 2x, \quad f_{yy}(x,y) = 2 \qquad (17.35)$$

となるので，$f(x,y)$ のヘッシアンは

$$H(x,y) = 2(1+y) \cdot 2 - (2x)^2 = 4(1 + y - x^2), \qquad (17.36)$$

すなわち，

$$H(x, y) = 4(1 + y - x^2) \tag{17.37}$$

である．ここで，

$$H(0, 0) \overset{\odot\ (17.37)}{=} 4(1 + 0 - 0^2) = 4 > 0, \tag{17.38}$$

$$f_{xx}(0, 0) \overset{\odot\ (17.35)\ \text{第1式}}{=} 2(1 + 0) = 2 > 0 \tag{17.39}$$

なので，定理 17.5 (1) より，$f(0, 0) = 0$ は $f(x, y)$ の $(x, y) = (0, 0)$ における極小値である．また，

$$H(\sqrt{2}, -1) \overset{\odot\ (17.37)}{=} 4\left(1 - 1 - \sqrt{2}^2\right) = -8 < 0 \tag{17.40}$$

なので，定理 17.5 (3) より，$f(x, y)$ は $(x, y) = (\sqrt{2}, -1)$ で極値をとらない．同様に，$f(x, y)$ は $(x, y) = (-\sqrt{2}, -1)$ で極値をとらない．　　　$\diamondsuit$

§ 17 の問題

確認問題

 関数

$$f(x, y) = \sqrt{3x^2 + 2y^2 - 5}$$

に対して，曲面 $z = f(x, y)$ の点 $(2, -1)$ における接平面の方程式を求めよ．　□□□

補足　$a, b, c > 0$ に対して，方程式

$$\frac{x^2}{a^2} + \frac{y^2}{b^2} - \frac{z^2}{c^2} = 1$$

で表される $\mathbf{R}^3$ の部分集合を**一葉双曲面**という（**図 17.3**）．問 17.1 の曲面 $z = f(x, y)$ は一葉双曲面の一部を表す．

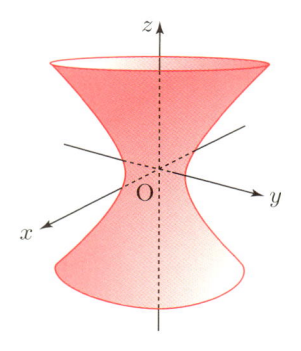

図 17.3　一葉双曲面

$\boxed{問 \, 17.2}$　C^2 級関数 $f(x, y)$ のヘッシアン $H(x, y)$ の定義を書け.

$\Box\Box\Box$ [⇨ **17・3**]

$\boxed{問 \, 17.3}$　関数 $f(x, y)$

$$f(x, y) = x^3 - 3xy + y^3$$

の極値を調べよ.

$\Box\Box\Box$ [⇨ **17・3**]

基本問題

$\boxed{問 \, 17.4}$　次の $\boxed{}$ をうめることにより, 関数

$$f(x, y) = x^2 y + xy^2$$

の極値を調べよ.

まず,

$$f_x(x, y) = y \left(\boxed{①} \right), \qquad f_y(x, y) = x \left(\boxed{②} \right)$$

である. よって,

$$f_x(x, y) = f_y(x, y) = 0$$

とすると, $(x, y) = \boxed{③}$ である. また,

$$f_{xx}(x, y) = \boxed{④}, \quad f_{xy}(x, y) = 2 \left(\boxed{⑤} \right), \quad f_{yy}(x, y) = \boxed{⑥}$$

となるので, $f(x, y)$ のヘッシアンは

$$H(x, y) = -4 \left(\boxed{⑦} \right)$$

である. したがって, $H(0, 0) = \boxed{⑧}$ となり, 定理 17.5 を用いることはできない. しかし, $f(x, x) = \boxed{⑨}$ であり, 関数 $\boxed{⑨}$ は $x = 0$ で極値をとらないので, $f(x, y)$ は $(x, y) = (0, 0)$ で極値をとらない.　$\Box\Box\Box$ [⇨ **17・3**]

§18 陰関数定理

─── §18のポイント ───

• **陰関数定理**を用いることにより，**陰関数**の存在を示すことができる．

18・1 陰関数

極値問題，すなわち，関数の極値について考える問題は「$x \in \mathbf{R}^n$ が方程式 $g(x) = 0$ をみたすという条件の下で，関数 $f(x)$ の極値を調べる」という具合に，しかるべき条件の下で考えることもある．§18 では，このような条件付き極値問題について考えるための準備をしよう．

まず，陰関数とよばれるものについて述べる．以下では，$x_1, x_2, \cdots, x_n$ および y を変数とする $(n+1)$ 変数関数 $f(x_1, x_2, \cdots, x_n, y)$ を簡単に $f(x, y)$ と表すことにする．

─── 定義 18.1 ───

$f(x, y)$ を $(n+1)$ 変数関数，$y = \varphi(x)$ を n 変数関数とする．等式

$$f(x, \varphi(x)) = 0 \tag{18.1}$$

が成り立つとき，$y = \varphi(x)$ を $f(x, y) = 0$ の**陰関数**という．

例 18.1 $a_1, a_2, \cdots, a_n, b, c \in \mathbf{R}$ とし，$(n+1)$ 変数関数

$$f(x, y) = \sum_{i=1}^{n} a_i x_i + by + c \tag{18.2}$$

を考える．$b \neq 0$ とすると，方程式 $f(x, y) = 0$ は y について解くことができて，

$$y = -\frac{1}{b} \left(\sum_{i=1}^{n} a_i x_i + c \right) \tag{18.3}$$

となる．よって，(18.3) は $f(x, y) = 0$ の陰関数である． ◆

例 18.2　3変数関数

$$f(x, y, z) = x^2 + y^2 - z^2 + 1 \tag{18.4}$$

を考える．方程式 $f(x, y, z) = 0$ は z について解くことができて，

$$z = \pm\sqrt{x^2 + y^2 + 1} \tag{18.5}$$

となる．

　ここで，$(a, b, c) \in \mathbf{R}^3$ を方程式 $f(x, y, z) = 0$ の 1 つの解とし，$f(x, y, z) = 0$ の陰関数 $z = \varphi(x, y)$ として，$c = \varphi(a, b)$ をみたし，$(x, y) = (a, b)$ の近くで連続なものを求めよう．そのためには，(18.5) より，$c > 0$ または $c < 0$ であることに注意する．$z = \varphi(x, y)$ が $(x, y) = (a, b)$ の近くで連続ならば，$c > 0$ のときは $(x, y) = (a, b)$ の近くで $z > 0$ であるし，$c < 0$ のときは $(x, y) = (a, b)$ の近くで $z < 0$ である．このことと (18.5) より，求める陰関数は

$$z = \varphi(x, y) = \begin{cases} \sqrt{x^2 + y^2 + 1} & (c > 0), \\ -\sqrt{x^2 + y^2 + 1} & (c < 0) \end{cases} \tag{18.6}$$

である．

　なお，$a, b, c > 0$ に対して，方程式

$$\frac{x^2}{a^2} + \frac{y^2}{b^2} - \frac{z^2}{c^2} = -1 \tag{18.7}$$

で表される $\mathbf{R}^3$ の部分集合を**二葉双曲面**という（**図 18.1**）．また，楕円面 [⇨ **注意 17.2**]，一葉双曲面 [⇨ **問 17.1**]，二葉双曲面，楕円放物面 [⇨ **例 13.4**]，双曲放物面 [⇨ **例 13.5**] のように，3 変数の 2 次多項式 $f(x, y, z)$ を用いて，$f(x, y, z) = 0$ と表される $\mathbf{R}^3$ の部分集合を **2 次曲面**という[1]．

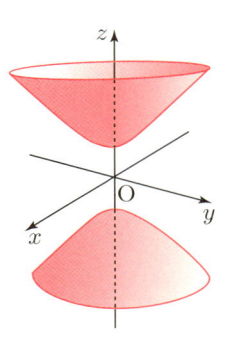

図 18.1　二葉双曲面

◆

---

[1]　楕円，双曲線，放物線のように，2 変数の 2 次多項式 $f(x, y)$ を用いて，$f(x, y) = 0$ と表される $\mathbf{R}^2$ の部分集合を **2 次曲線**という．

18・2 陰関数定理と陰関数の偏微分

陰関数の存在に関して，次の定理 18.1 が成り立つ [$\Rightarrow$ [杉浦 2] p. 4 定理 1.1].

定理 18.1（陰関数定理）

$\boldsymbol{a} \in \mathbf{R}^n$, $b \in \mathbf{R}$ とし，$f(\boldsymbol{x}, y)$ を $(\boldsymbol{x}, y) = (\boldsymbol{a}, b)$ の近くで C^k 級の関数とする．$\boldsymbol{a}, b$ が

$$f(\boldsymbol{a}, b) = 0, \qquad f_y(\boldsymbol{a}, b) \neq 0 \tag{18.8}$$

をみたすならば，$\boldsymbol{x} = \boldsymbol{a}$ の近くで，$b = \varphi(\boldsymbol{a})$ をみたす $f(\boldsymbol{x}, y) = 0$ の C^k 級陰関数 $y = \varphi(\boldsymbol{x})$ が一意的に存在する．このとき，

$$\varphi_{x_i}(\boldsymbol{x}) = -\frac{f_{x_i}(\boldsymbol{x}, y)}{f_y(\boldsymbol{x}, y)} \qquad (i = 1, 2, \cdots, n) \tag{18.9}$$

である．

定理 18.1 の証明の一部として，(18.9) に関する 2 つの計算をしておこう．

証明 1 連続な陰関数 $y = \varphi(\boldsymbol{x})$ が存在すると仮定し，$i = 1, 2, \cdots, n$ に対して，$\varphi_{x_i}(\boldsymbol{a})$ を計算する．

まず，$\boldsymbol{a} = (a_1, a_2, \cdots, a_n)$ と表しておき，$(x_1, y) = (a_1, b)$ の近くで定義された 2 変数関数 $g(x_1, y)$ を

$$g(x_1, y) = f(x_1, a_2, a_3, \cdots, a_n, y) \tag{18.10}$$

により定める．このとき，(18.8) 第 1 式，(18.10) より，

$$g(a_1, b) = 0 \tag{18.11}$$

である．次に，$h \neq 0$ である $h \in \mathbf{R}$ および $k \in \mathbf{R}$ を 0 に十分近く選んでおき，$g(x_1, y)$ が (a_1, b) と $(a_1 + h, b + k)$ を結ぶ線分で定義されているとする．このとき，平均値の定理（定理 17.2）より，$0 < \theta < 1$ をみたす θ が存在し，

$$g(a_1 + h, b + k) = g(a_1, b) + h g_{x_1}(a_1 + h\theta, b + k\theta)$$
$$+ k g_y(a_1 + h\theta, b + k\theta)$$
$$\overset{\odot \, (18.11)}{=} h g_{x_1}(a_1 + h\theta, b + k\theta) + k g_y(a_1 + h\theta, b + k\theta) \tag{18.12}$$

である．すなわち，

$$g(a_1 + h, b + k) = hg_{x_1}(a_1 + h\theta, b + k\theta) + kg_y(a_1 + h\theta, b + k\theta) \quad (18.13)$$

である．ここで，$y = \varphi(\boldsymbol{x})$ は $\boldsymbol{x} = \boldsymbol{a}$ で連続なので，

$$\varphi(a_1 + h, a_2, a_3, \cdots, a_n) - \varphi(\boldsymbol{a}) \to 0 \qquad (h \to 0) \quad (18.14)$$

である．よって，

$$k = \varphi(a_1 + h, a_2, a_3, \cdots, a_n) - \varphi(\boldsymbol{a}) \quad (18.15)$$

とおくことができて，

$$k \to 0 \qquad (h \to 0) \quad (18.16)$$

である．このとき，

$$g(a_1 + h, b + k) \overset{\odot\ \varphi(\boldsymbol{a}) = b}{=} g(a_1 + h, \varphi(\boldsymbol{a}) + k)$$

$$\overset{\odot\ (18.15)}{=} g(a_1 + h, \varphi(a_1 + h, a_2, a_3, \cdots, a_n))$$

$$\overset{\odot\ (18.10)}{=} f(a_1 + h, a_2, a_3, \cdots, a_n, \varphi(a_1 + h, a_2, a_3, \cdots, a_n))$$

$$= 0 \quad (\odot\ y = \varphi(\boldsymbol{x}) \text{ は陰関数}), \quad (18.17)$$

すなわち，

$$g(a_1 + h, b + k) = 0 \quad (18.18)$$

である．したがって，

$$\frac{\varphi(a_1 + h, a_2, a_3, \cdots, a_n) - \varphi(\boldsymbol{a})}{h} \overset{\odot\ (18.15)}{=} \frac{k}{h}$$

$$\overset{\odot\ (18.13),(18.18)}{=} -\frac{g_{x_1}(a_1 + h\theta, b + k\theta)}{g_y(a_1 + h\theta, b + k\theta)} \to -\frac{g_{x_1}(a_1, b)}{g_y(a_1, b)}$$

$$(\odot\ (18.16) \text{ および } f(\boldsymbol{x}, y) \text{ は } C^1 \text{ 級})$$

$$\overset{\odot\ (18.10)}{=} -\frac{f_{x_1}(\boldsymbol{a}, b)}{f_y(\boldsymbol{a}, b)} \quad (h \to 0), \quad (18.19)$$

すなわち，

$$\varphi_{x_1}(\boldsymbol{a}) = -\frac{f_{x_1}(\boldsymbol{a}, b)}{f_y(\boldsymbol{a}, b)} \quad (18.20)$$

である．その他の変数に関する偏微分係数についても同様である．　　　　◇

証明2 C^1 級の陰関数 $y = \varphi(\boldsymbol{x})$ が存在すると仮定し, (18.9) のみ示す.

(18.1) の両辺を x_1 で偏微分すると, (16.25) より,

$$\sum_{i=1}^{n} f_{x_i}(\boldsymbol{x}, \varphi(\boldsymbol{x})) \frac{\partial x_i}{\partial x_1} + f_y(\boldsymbol{x}, \varphi(\boldsymbol{x})) \frac{\partial \varphi}{\partial x_1} = 0, \tag{18.21}$$

すなわち,

$$f_{x_1}(\boldsymbol{x}, \varphi(\boldsymbol{x})) \cdot 1 + \sum_{i=2}^{n} f_{x_i}(\boldsymbol{x}, \varphi(\boldsymbol{x})) \cdot 0 + f_y(\boldsymbol{x}, \varphi(\boldsymbol{x})) \varphi_{x_1}(\boldsymbol{x}) = 0 \tag{18.22}$$

である. (18.8) 第2式と $f(\boldsymbol{x}, y)$, $\varphi(\boldsymbol{x})$ が C^1 級であることより, $(\boldsymbol{x}, y) = (\boldsymbol{a}, b)$ の近くで, $f_y(\boldsymbol{x}, y) \neq 0$ となるので, (18.22) より,

$$\varphi_{x_1}(\boldsymbol{x}) = -\frac{f_{x_1}(\boldsymbol{x}, y)}{f_y(\boldsymbol{x}, y)} \tag{18.23}$$

である. その他の変数に関する偏微分についても同様である. ◇

18・3 陰関数定理に関する例

陰関数定理 (定理 18.1) に関する例をいくつか挙げておこう.

例18.3 例 18.1 の関数 $f(\boldsymbol{x}, y)$ を定理 18.1 と比べながら再び考えてみよう.

まず, $f(\boldsymbol{x}, y)$ は C^∞ 級である. $b \neq 0$ とすると, $f(\boldsymbol{x}, y) = 0$ の陰関数 $y = \varphi(\boldsymbol{x})$ は (18.3) によりあたえられ, これは C^∞ 級である. 一方, (18.2) より,

$$f_y(\boldsymbol{x}, y) = b \tag{18.24}$$

であり, $b \neq 0$ という条件は (18.8) 第2式の条件に対応している. さらに, (18.3) より,

$$\varphi_{x_i}(\boldsymbol{x}) = -\frac{a_i}{b} \qquad (i = 1, 2, \cdots, n) \tag{18.25}$$

である. 一方, (18.2) より,

$$f_{x_i}(\boldsymbol{x}, y) = a_i \qquad (i = 1, 2, \cdots, n) \tag{18.26}$$

であり, (18.9), (18.24), (18.26) より, (18.25) が得られる. ◆

例 18.4　例 18.2 の関数 $f(x, y, z)$ を定理 18.1 と比べながら再び考えてみよう.

$(a, b, c) \in \mathbf{R}^3$ を方程式 $f(x, y, z) = 0$ の 1 つの解とすると, $c > 0$ または $c < 0$ であり, $c = \varphi(a, b)$ をみたす $(x, y) = (a, b)$ の近くで定義された $f(x, y, z) = 0$ の陰関数 $z = \varphi(x, y)$ は (18.6) によりあたえられ, これは C^∞ 級である. 一方, (18.4) より,

$$f_z(x, y, z) = -2z \tag{18.27}$$

なので, $c > 0$ または $c < 0$ より,

$$f_z(a, b, c) = -2c \neq 0 \tag{18.28}$$

であり, (18.8) 第 2 式の条件は常にみたされている. さらに, (18.6) より, $c > 0$ のとき,

$$\varphi_x(x, y) = \frac{x}{\sqrt{x^2 + y^2 + 1}}, \quad \varphi_y(x, y) = \frac{y}{\sqrt{x^2 + y^2 + 1}} \tag{18.29}$$

であり, $c < 0$ のとき,

$$\varphi_x(x, y) = -\frac{x}{\sqrt{x^2 + y^2 + 1}}, \quad \varphi_y(x, y) = -\frac{y}{\sqrt{x^2 + y^2 + 1}} \tag{18.30}$$

である. 一方, (18.4) より,

$$f_x(x, y, z) = 2x, \qquad f_y(x, y, z) = 2y \tag{18.31}$$

であり, (18.9), (18.27), (18.31) より, (18.29), (18.30) が得られる. ◆

例 18.5　2 変数の C^∞ 級関数

$$f(x, y) = x^2 + y^2 - 1 \tag{18.32}$$

を考える. 方程式 $f(x, y) = 0$ は単位円, すなわち, 原点を中心とする半径 1 の円を表すが, y について解くことができて,

$$y = \pm\sqrt{1 - x^2} \tag{18.33}$$

となる (図 18.2).

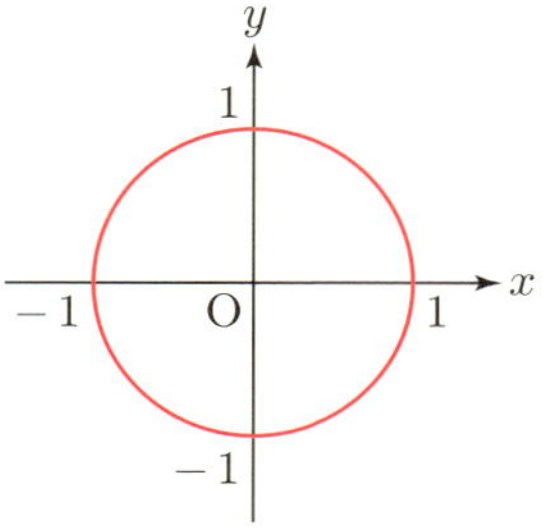

図 18.2　単位円

ここで, $(a, b) \in \mathbf{R}^2$ を方程式 $f(x, y) = 0$ の 1 つの解とする. このとき, $f(x, y)$

$=0$ の陰関数 $y = \varphi(x)$ として，$b = \varphi(a)$ をみたし，$x = a$ の近くで連続となる
ものについて考えよう．まず，(18.32) より，

$$f_y(x, y) = 2y \tag{18.34}$$

なので，

$$f(x, y) = 0, \quad f_y(x, y) = 0 \iff f(x, y) = 0, \quad y = 0$$
$$\iff (x, y) = (\pm 1, 0) \tag{18.35}$$

である．

$(a, b) \neq (\pm 1, 0)$ のとき，(18.35) より，$b \neq 0$，すなわち，$b > 0$ または $b < 0$ で
ある．そして，$b = \varphi(a)$ なので，$y = \varphi(x)$ が $x = a$ の近くで連続ならば，$b > 0$
のときは $x = a$ の近くで $y > 0$ であるし，$b < 0$ のときは $x = a$ の近くで $y < 0$
である．このことと (18.33) より，

$$y = \varphi(x) = \begin{cases} \sqrt{1 - x^2} & (b > 0), \\ -\sqrt{1 - x^2} & (b < 0) \end{cases} \tag{18.36}$$

であり，$y = \varphi(x)$ は C^∞ 級である．さらに，$y = \varphi(x)$ の導関数について，(18.36)
を用いて直接計算することもできるし，(18.9) を用いることもできる（✎）．

$(a, b) = (\pm 1, 0)$ のとき，(18.34) より，$f_y(a, b) = 0$ となり，(18.8) 第 2 式の
条件はみたされない．そして，図 18.2 からもわかるように，$a = 1$ のときは，
$x > a = 1$ の範囲まで込めて陰関数を考えることはできないので，$x = 1$ の「近
く」で定義された陰関数 $y = \varphi(x)$ は存在しない．同様に，$x = -1$ の「近く」で
定義された陰関数 $y = \varphi(x)$ は存在しない． ◆

例題 18.1 2 変数の C^∞ 級関数

$$f(x, y) = x^3 - 3xy + y^3 \tag{18.37}$$

を考える．

(1) $f(x, y) = 0$ かつ $f_y(x, y) = 0$ をみたす $(x, y) \in \mathbf{R}^2$ を求めよ．

(2) $(a,b) \in \mathbf{R}^2$ が方程式 $f(x,y)=0$ をみたし，$f_y(a,b) \neq 0$ であるとき，陰関数定理（定理 18.1）より，$x=a$ の近くで，$b=\varphi(a)$ をみたす $f(x,y)=0$ の C^∞ 級陰関数 $y=\varphi(x)$ が一意的に存在する．このとき，$\varphi'(x)$ を求めよ． $\square\square\square$

解 (1) (18.37) より，

$$f_y(x,y) = -3x + 3y^2 = -3(x-y^2) \tag{18.38}$$

である．さらに，$f_y(x,y)=0$ とすると，

$$x = y^2 \tag{18.39}$$

である．(18.39) を $f(x,y)=0$ に代入すると，

$$y^6 - 3y^3 + y^3 = 0, \tag{18.40}$$

すなわち，

$$y^3(y^3 - 2) = 0 \tag{18.41}$$

である．(18.39), (18.41) より，

$$(x,y) = (0,0), (\sqrt[3]{4}, \sqrt[3]{2}) \tag{18.42}$$

である．

(2) (18.37) より，

$$f_x(x,y) = 3x^2 - 3y = 3(x^2 - y) \tag{18.43}$$

である．よって，

$$\varphi'(x) \overset{\odot\, (18.9),(18.38),(18.43)}{=} -\frac{3(x^2-y)}{-3(x-y^2)} = \frac{x^2-y}{x-y^2} \tag{18.44}$$

である． $\diamondsuit$

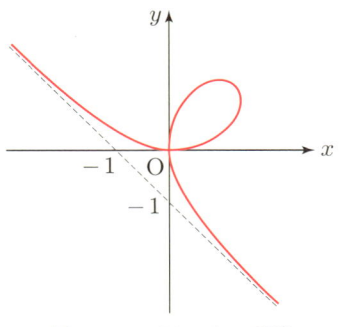

注意 18.1 例題 18.1 において，方程式 $f(x, y) = 0$ は**デカルトの葉形**または**デカルトの正葉線**とよばれる曲線を表す [⇨ [杉浦 2] p. 16 問題 2] (**図 18.3**).

図 18.3 デカルトの葉形

§18 の問題

確認問題

問 18.1 陰関数の定義を書け．　　□□□ [⇨ **18・1**]

問 18.2 $a, b, c > 0$ とする．次の方程式で表される 2 次曲面の名前を答えよ．

(1) $\dfrac{x^2}{a^2} + \dfrac{y^2}{b^2} + \dfrac{z^2}{c^2} = 1$ 　　 (2) $z = \dfrac{x^2}{a^2} - \dfrac{y^2}{b^2}$ 　　 (3) $\dfrac{x^2}{a^2} + \dfrac{y^2}{b^2} - \dfrac{z^2}{c^2} = 1$

□□□ [⇨ 18・1]

問 18.3 2 変数の C^∞ 級関数

$$f(x, y) = (x^2 + y^2)^2 - 2(x^2 - y^2)$$

を考える．

(1) $f(x, y) = 0$ かつ $f_y(x, y) = 0$ をみたす $(x, y) \in \mathbf{R}^2$ を求めよ．

(2) $(a, b) \in \mathbf{R}^2$ が方程式 $f(x, y) = 0$ をみたし，$f_y(a, b) \neq 0$ であるとき，陰関数定理（定理 18.1）より，$x = a$ の近くで，$b = \varphi(a)$ をみたす $f(x, y) = 0$ の C^∞ 級陰関数 $y = \varphi(x)$ が一意的に存在する．このとき，$\varphi'(x)$ を求めよ．

□□□ [⇨ 18・3]

補足　問 18.3 において，方程式 $f(x, y) = 0$ は**レムニスケート**または**連珠形**とよばれる曲線を表す　[⇨［杉浦 2］p. 7 例 2]（**図 18.4**）.

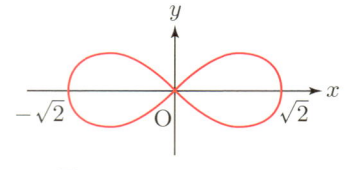

図 18.4　レムニスケート

基本問題

$\boxed{\text{問 18.4}}$　$(a, b) \in \mathbf{R}^2$ とし，$f(x, y)$ を $(x, y) = (a, b)$ の近くで定義された C^2 級関数とする．a, b が $f(a, b) = 0$，$f_y(a, b) \neq 0$ をみたすとき，陰関数定理（定理 18.1）より，$x = a$ の近くで，$b = \varphi(a)$ をみたす $f(x, y) = 0$ の C^2 級陰関数 $y = \varphi(x)$ が一意的に存在する．さらに，$\varphi'(a) = 0$ となるとき，次の $\boxed{}$ をうめることにより，$\varphi(x)$ が $x = a$ で極値をとるかどうかを調べよ．

まず，(18.9) より，

$$\varphi'(x) = -\frac{f_{\boxed{①}}(x, \varphi(x))}{f_{\boxed{②}}(x, \varphi(x))}$$

である．さらに，(16.26) より，$\dfrac{d}{dx} f_x(x, \varphi(x))$，$\dfrac{d}{dx} f_y(x, \varphi(x))$ を $f(x, y)$ の 2 次までの偏導関数を用いて表すと，

$$\frac{d}{dx} f_x(x, \varphi(x)) = \frac{\boxed{③}}{f_y(x, y)}, \qquad \frac{d}{dx} f_y(x, \varphi(x)) = \frac{\boxed{④}}{f_y(x, y)}$$

である．よって，

$$\varphi''(x) = -\frac{\boxed{⑤}}{(f_y(x, y))^3}$$

となる．ここで，$\varphi'(a) = 0$ より，

$$\varphi''(a) = -\frac{\boxed{⑥}}{f_y(a, b)}$$

となる．したがって，$D = \boxed{⑥} f_y(a,b)$ とおくと，$D > 0$ のとき，$\varphi(a)$ は $x = a$ における $\varphi(x)$ の $\boxed{⑦}$ 値であり，$D < 0$ のとき，$\varphi(a)$ は $x = a$ におけ る $\varphi(x)$ の $\boxed{⑧}$ 値である．　　　　□□□ [⇨ **18・2**]

§19   ラグランジュの未定乗数法

§19のポイント

- **ラグランジュの未定乗数法**を用いることにより，条件付き極値問題を調べることができる．
- 関数の値が0となる点全体の中で，すべての偏微分係数が0となるものを**特異点**という．

19・1   ラグランジュの未定乗数

それでは，§18 の冒頭に述べた条件付き極値問題について考えよう．

$a \in \mathbf{R}^n$ とし，$f(x), g(x)$ を $x = a$ の近くで C^1 級の関数とする．このとき，「条件 $g(x) = 0$ の下で，$f(x)$ の極値を求める」という条件付き極値問題を考える．$n = 1$ の場合は，1変数 x についての方程式 $g(x) = 0$ を解き，それぞれの解に対する $f(x)$ の値を比較すればよいので，以下では $n \geq 2$ としよう．まず，$(n + 1)$ 変数関数 $\Phi(x, \lambda)$ を

$$\Phi(x, \lambda) = f(x) - \lambda g(x) \tag{19.1}$$

により定める．(19.1) の λ を**ラグランジュの未定乗数**という．ラグランジュの未定乗数を導入して，関数 $\Phi(x, \lambda)$ を定めることにより，上の条件付き極値問題は次の定理 19.1 を用いて調べることができる．

定理 19.1（ラグランジュの未定乗数法）

$a \in \mathbf{R}^n$, $n \geq 2$ とし，$f(x), g(x)$ を $x = a$ の近くで C^1 級の関数とする．$f(a)$ が条件 $g(x) = 0$ の下で，$x = a$ における $f(x)$ の極値ならば，次の (1), (2) のいずれかが成り立つ．

(1) $g_{x_1}(a) = g_{x_2}(a) = \cdots = g_{x_n}(a) = 0$.

(2) ある $\lambda_0 \in \mathbf{R}$ が存在し，$\Phi_{x_1}(a, \lambda_0) = \Phi_{x_2}(a, \lambda_0) = \cdots = \Phi_{x_n}(a, \lambda_0)$

$$= \Phi_\lambda(\boldsymbol{a}, \lambda_0) = 0.$$

証明 (1) が成り立たないとき，(2) が成り立つことを示せばよい．

まず，条件 $g(\boldsymbol{x}) = 0$ より，

$$g(\boldsymbol{a}) = 0 \qquad (19.2)$$

である．また，(1) が成り立たないとき，$g_{x_1}(\boldsymbol{a}), g_{x_2}(\boldsymbol{a}), \cdots, g_{x_n}(\boldsymbol{a})$ のうちの少なくとも 1 つは 0 でない．例えば，$g_{x_n}(\boldsymbol{a}) \neq 0$ であるとする．

このとき，

$$\boldsymbol{a} = (\widetilde{\boldsymbol{a}}, a_n) = (a_1, a_2, \cdots, a_n), \quad \boldsymbol{x} = (\widetilde{\boldsymbol{x}}, x_n) = (x_1, x_2, \cdots, x_n) \qquad (19.3)$$

と表しておくと，陰関数定理（定理 18.1）より，$\widetilde{\boldsymbol{x}} = \widetilde{\boldsymbol{a}}$ の近くで，$a_n = \varphi(\widetilde{\boldsymbol{a}})$ をみたす $g(\boldsymbol{x}) = 0$ の C^1 級陰関数 $x_n = \varphi(\widetilde{\boldsymbol{x}})$ が一意的に存在する．そこで，$(n-1)$ 変数関数 $h(\widetilde{\boldsymbol{x}})$ を

$$h(\widetilde{\boldsymbol{x}}) = f(\widetilde{\boldsymbol{x}}, \varphi(\widetilde{\boldsymbol{x}})) \qquad (19.4)$$

により定める．このとき，$g(\boldsymbol{x}) = 0$ の下で，$f(\boldsymbol{x})$ は $\boldsymbol{x} = \boldsymbol{a}$ において極値をとるので，$h(\widetilde{\boldsymbol{x}})$ は $\widetilde{\boldsymbol{x}} = \widetilde{\boldsymbol{a}}$ において極値をとる．よって，$i = 1, 2, \cdots, n-1$ とすると，

$$0 \overset{\odot\, \text{定理 17.4}}{=\joinrel=} h_{x_i}(\widetilde{\boldsymbol{a}}) \overset{\odot\, (16.25),(19.4)}{=\joinrel=} f_{x_i}(\widetilde{\boldsymbol{a}}, \varphi(\widetilde{\boldsymbol{a}})) + f_{x_n}(\widetilde{\boldsymbol{a}}, \varphi(\widetilde{\boldsymbol{a}}))\varphi_{x_i}(\widetilde{\boldsymbol{a}})$$
$$\overset{\odot\, (18.9),\, a_n = \varphi(\widetilde{\boldsymbol{a}}),(19.3)\,\text{第 1 式}}{=\joinrel=} f_{x_i}(\boldsymbol{a}) - \frac{g_{x_i}(\boldsymbol{a})}{g_{x_n}(\boldsymbol{a})} f_{x_n}(\boldsymbol{a}), \qquad (19.5)$$

すなわち，

$$f_{x_i}(\boldsymbol{a}) - \frac{f_{x_n}(\boldsymbol{a})}{g_{x_n}(\boldsymbol{a})} g_{x_i}(\boldsymbol{a}) = 0 \qquad (19.6)$$

である．したがって，

$$\lambda_0 = \frac{f_{x_n}(\boldsymbol{a})}{g_{x_n}(\boldsymbol{a})} \qquad (19.7)$$

とおくと，$i = 1, 2, \cdots, n$ のとき，

$$\Phi_{x_i}(\boldsymbol{a}, \lambda_0) \overset{\odot\, (19.1)}{=\joinrel=} f_{x_i}(\boldsymbol{a}) - \lambda_0 g_{x_i}(\boldsymbol{a}) \overset{\odot\, (19.6),(19.7)}{=\joinrel=} 0 \qquad (19.8)$$

である．また，

$$\Phi_\lambda(\boldsymbol{a}, \lambda_0) \overset{\odot\ (19.1)}{=} -g(\boldsymbol{a}) \overset{\odot\ (19.2)}{=} 0 \tag{19.9}$$

である．(19.8), (19.9) より，(2) が成り立つ．$i = 1, 2, \cdots, n-1$ に対して，$g_{x_i}(\boldsymbol{a}) \neq 0$ となるときも同様である．　　　　　　　　　　　　　　$\diamondsuit$

19・2　特異点

n 変数関数 $f(\boldsymbol{x})$ に対して，方程式 $f(\boldsymbol{x}) = 0$ は $\mathbf{R}^n$ の部分集合を表す．定理 19.1 (1) の場合に関して，次の定義 19.1 のように定める．

> **定義 19.1**
>
> $\boldsymbol{a} \in \mathbf{R}^n$ とし，$f(\boldsymbol{x})$ を $\boldsymbol{x} = \boldsymbol{a}$ の近くで C^1 級の関数とする．$\boldsymbol{a}$ が
> $$f(\boldsymbol{a}) = f_{x_1}(\boldsymbol{a}) = f_{x_2}(\boldsymbol{a}) = \cdots = f_{x_n}(\boldsymbol{a}) = 0 \tag{19.10}$$
> をみたすとき，$\boldsymbol{a}$ を $f(\boldsymbol{x}) = 0$ の**特異点**という．

例 19.1　例 13.3 では，1 次関数のグラフとして表される $\mathbf{R}^{n+1}$ の超平面について述べたが，一般に，$\mathbf{R}^n$ の超平面は 1 次方程式

$$\sum_{i=1}^{n} a_i x_i + b = 0 \tag{19.11}$$

として表される．ただし，$a_1, a_2, \cdots, a_n, b \in \mathbf{R}$ であり，$a_1, a_2, \cdots, a_n$ のうちの少なくとも 1 つは 0 でない．(19.11) 左辺を $f(\boldsymbol{x})$ とおくと，

$$f_{x_i}(\boldsymbol{x}) = a_i \qquad (i = 1, 2, \cdots, n) \tag{19.12}$$

なので，(19.10) の条件をみたす $\boldsymbol{a} \in \mathbf{R}^n$ は存在しない．すなわち，超平面 (19.11) は特異点をもたない．　　　　　　　　　　　　　　　　　　　　　　◆

例 19.2　$a, b > 0$ とする．このとき，例 11.3 の楕円は

$$\frac{x^2}{a^2} + \frac{y^2}{b^2} = 1 \tag{19.13}$$

と表すことができる．(19.13) のように方程式の右辺が 0 でないときは，右辺を
移項して，方程式

$$\frac{x^2}{a^2} + \frac{y^2}{b^2} - 1 = 0 \qquad (19.14)$$

を考える．そこで，(19.14) 左辺を $f(x, y)$ とおくと，

$$f_x(x, y) = \frac{2}{a^2}x, \qquad f_y(x, y) = \frac{2}{b^2}y \qquad (19.15)$$

である．よって，

$$f_x(x, y) = f_y(x, y) = 0 \qquad (19.16)$$

とすると，$(x, y) = (0, 0)$ である．このとき，(19.14) は成り立たない．よって，
楕円 (19.13) は特異点をもたない．

また，双曲線

$$\frac{x^2}{a^2} - \frac{y^2}{b^2} = 1 \qquad (a, b > 0) \qquad (19.17)$$

や放物線 $y = ax^2$ $(a \neq 0)$ も特異点をもたない（✎）（**図 19.1**，**図 19.2**）．

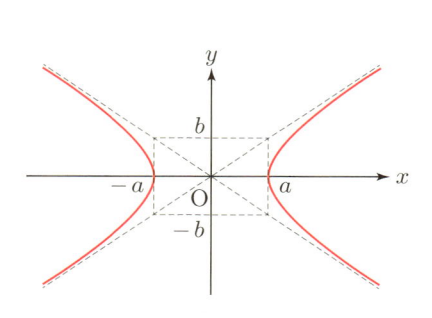

図 19.1 双曲線 $\dfrac{x^2}{a^2} - \dfrac{y^2}{b^2} = 1$

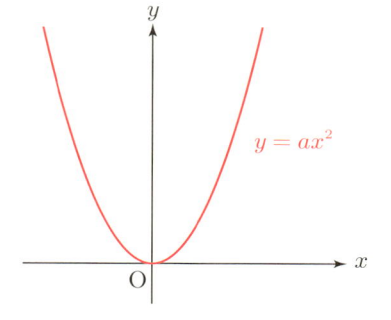

図 19.2 放物線 $y = ax^2$ $(a > 0$ の場合$)$

さらに，注意 17.2，問 17.1，例 18.2，例 13.4，例 13.5 の楕円面，一葉双曲
面，二葉双曲面，楕円放物面，双曲放物面も特異点をもたない（✎）．　　　　◆

例題 19.1　デカルトの葉形 [⇨ 注意 18.1]

$$x^3 - 3xy + y^3 = 0 \tag{19.18}$$

の特異点を求めよ.　□ □ □ ✍

解　(19.18) 左辺を $f(x, y)$ とおくと，(18.38), (18.43) より，

$$f_x(x, y) = 3(x^2 - y), \qquad f_y(x, y) = -3(x - y^2) \tag{19.19}$$

である. よって，

$$f_x(x, y) = f_y(x, y) = 0 \tag{19.20}$$

とすると，

$$x^2 = y, \qquad x = y^2 \tag{19.21}$$

である. (19.21) 第2式を (19.21) 第1式に代入すると，

$$y^4 = y \tag{19.22}$$

なので，$y = 0, 1$ である.

$y = 0$ のとき，(19.21) 第2式より，$x = 0$ である. このとき，(19.18) は成り立つ.

$y = 1$ のとき，(19.21) 第2式より，$x = 1$ である. このとき，(19.18) は成り立たない.

したがって，求める特異点は $(0, 0)$ である.　◇

19・3　条件付き極値問題の例

ラグランジュの未定乗数法（定理 19.1）において，$f(\boldsymbol{a})$ が実際に条件 $g(\boldsymbol{x}) = 0$ の下で，$\boldsymbol{x} = \boldsymbol{a}$ における極値となるかどうかを判定するには，さらなる考察が必要である. 方程式 $g(\boldsymbol{x}) = 0$ が表す $\mathbf{R}^n$ の部分集合が有界閉集合 [⇨ 14・2, 14・3] となる場合は，ワイエルシュトラスの定理（定理 14.3）を用いること

ができるので，極値の判定は比較的容易になる．

例 19.3　例 19.2 でも現れた楕円は $\mathbf{R}^2$ の有界閉集合である（✐）．これに対して，双曲線，放物線は $\mathbf{R}^2$ の閉集合であるが，有界ではない（✐）．

　また，楕円面は $\mathbf{R}^3$ の有界閉集合である（✐）．これに対して，一葉双曲面，二葉双曲面，楕円放物面，双曲放物面は $\mathbf{R}^3$ の閉集合であるが，有界ではない（✐）．　◆

例題 19.2　ラグランジュの未定乗数法（定理 19.1）を用いることにより，条件 $x^2 + y^2 = 1$ の下で，関数 xy の最大値および最小値を求めよ[1]．

□□□

解　例 19.2 より，楕円 (19.13) において $a = b = 1$ とした単位円 $x^2 + y^2 = 1$ も特異点をもたないことに注意すると，定理 19.1 (2) の場合を考えればよい．
　そこで，

$$x^2 + y^2 = 1 \iff x^2 + y^2 - 1 = 0 \tag{19.23}$$

に注意し，関数 $\Phi(x, y, \lambda)$ を

$$\Phi(x, y, \lambda) = xy - \lambda(x^2 + y^2 - 1) \tag{19.24}$$

により定める．このとき，

$$\Phi_x(x, y, \lambda) = y - 2\lambda x, \qquad \Phi_y(x, y, \lambda) = x - 2\lambda y,$$
$$\Phi_\lambda(x, y, \lambda) = -(x^2 + y^2 - 1) \tag{19.25}$$

である．ここで，

$$\Phi_x(x, y, \lambda) = \Phi_y(x, y, \lambda) = \Phi_\lambda(x, y, \lambda) = 0 \tag{19.26}$$

---

[1]　もちろん，これは $x = \cos\theta$，$y = \sin\theta$（$0 \leq \theta < 2\pi$）とおいて考える方がやさしい（✐）．また，$k \in \mathbf{R}$，$k \neq 0$ とし，単位円 $x^2 + y^2 = 1$ と双曲線 $xy = k$ がちょうど 2 点を共有する条件を考えてもよい（✐）．

とすると，
$$y - 2\lambda x = 0, \quad x - 2\lambda y = 0, \quad x^2 + y^2 = 1 \tag{19.27}$$
である．まず，$\lambda = 0$ と仮定すると，(19.27) 第1式，第2式より，$x = y = 0$ となり，(19.27) 第3式に矛盾する．よって，$\lambda \neq 0$ となり，(19.27) 第1式，第2式より，
$$x = \frac{1}{2\lambda} y = 2\lambda y \tag{19.28}$$
である．さらに計算すると，
$$(x, y, \lambda) = \left(\pm\frac{\sqrt{2}}{2}, \pm\frac{\sqrt{2}}{2}, \frac{1}{2} \right), \left(\pm\frac{\sqrt{2}}{2}, \mp\frac{\sqrt{2}}{2}, -\frac{1}{2} \right) \quad \text{（複号同順）} \tag{19.29}$$
となる．

　ここで，例 19.3 より，単位円 $x^2 + y^2 = 1$ は $\mathbf{R}^2$ の有界閉集合であり，関数 xy はこの単位円で連続となるので，ワイエルシュトラスの定理（定理 14.3）より，条件 $x^2 + y^2 = 1$ の下で，xy は最大値および最小値をもつ．また，(19.29) で求めた x, y に対して，xy の値は x と y が同符号のときは $\frac{1}{2}$ であり，異符号のときは $-\frac{1}{2}$ である．したがって，条件 $x^2 + y^2 = 1$ の下で，xy は $(x, y) = \left(\pm\frac{\sqrt{2}}{2}, \pm\frac{\sqrt{2}}{2} \right)$ で最大値 $\frac{1}{2}$ をとり，$(x, y) = \left(\pm\frac{\sqrt{2}}{2}, \mp\frac{\sqrt{2}}{2} \right)$ で最小値 $-\frac{1}{2}$ をとる．　　　◇

　次の例 19.4 は条件をあたえる方程式が有界でない場合の例である．

例 19.4　定理 19.1 を用いることにより，条件 $x^2 - y^2 = 1$ の下で，関数 $x^2 + y^2$ の極値を調べよう[2]．例 19.2 より，双曲線 $x^2 - y^2 = 1$ は特異点をもたないことに注意すると，定理 19.1 (2) の場合を考えればよい．

　そこで，
$$x^2 - y^2 = 1 \iff x^2 - y^2 - 1 = 0 \tag{19.30}$$

---

[2]　(19.35) より，極値自体を調べることはやさしい．また，$x = \pm\cosh t$, $y = \sinh t$ $(t \in \mathbf{R})$ とおいて考えることもできる（✎）．さらに，$k > 0$ とし，双曲線 $x^2 - y^2 = 1$ と円 $x^2 + y^2 = k$ がちょうど2点を共有する条件を考えてもよい（✎）．

に注意し，関数 $\Phi(x, y, \lambda)$ を

$$\Phi(x, y, \lambda) = x^2 + y^2 - \lambda(x^2 - y^2 - 1) \tag{19.31}$$

により定める．このとき，

$$\Phi_x(x, y, \lambda) = 2x - 2\lambda x = 2x(1 - \lambda), \quad \Phi_y(x, y, \lambda) = 2y + 2\lambda y = 2y(1 + \lambda),$$

$$\Phi_\lambda(x, y, \lambda) = -(x^2 - y^2 - 1) \tag{19.32}$$

である．ここで，

$$\Phi_x(x, y, \lambda) = \Phi_y(x, y, \lambda) = \Phi_\lambda(x, y, \lambda) = 0 \tag{19.33}$$

とすると，

$$x(1 - \lambda) = 0, \quad y(1 + \lambda) = 0, \quad x^2 - y^2 = 1 \tag{19.34}$$

である．(19.34) 第 1 式，第 3 式より，$x \neq 0$，$\lambda = 1$ となる．さらに，(19.34) 第 2 式，第 3 式より，$x = \pm 1$，$y = 0$ となる．

よって，$(x, y) = (\pm 1, 0)$ が条件 $x^2 - y^2 = 1$ の下で，関数 $x^2 + y^2$ の極値をあたえる点の候補となるが，例 19.3 より，双曲線は有界ではないので，ワイエルシュトラスの定理（定理 14.3）を用いることはできない．しかし，$x^2 - y^2 = 1$ のとき，

$$x^2 + y^2 = (1 + y^2) + y^2 \geq 1 \tag{19.35}$$

なので，$x^2 + y^2$ は $(x, y) = (\pm 1, 0)$ で最小値 1 をとる． ◆

次の例 19.5 では，特異点で極値があたえられる．

例 19.5 　ラグランジュの未定乗数法（定理 19.1）を用いることにより，条件 $x^4 - y^3 = 0$ の下で，関数 y の極値を調べよう[3]．

まず，関数 $g(x, y)$ を

$$g(x, y) = x^4 - y^3 \tag{19.36}$$

により定める．このとき，

---

[3] (19.41) より，極値自体を調べることはやさしい．

$$g(x, y) = g_x(x, y) = g_y(x, y) = 0 \tag{19.37}$$

とすると，$(x, y) = (0, 0)$ となる（✍）．よって，$(0, 0)$ は $g(x, y) = 0$ の特異点である．

次に，関数 $\Phi(x, y, \lambda)$ を

$$\Phi(x, y, \lambda) = y - \lambda(x^4 - y^3) \tag{19.38}$$

により定める．このとき，

$$\Phi_x(x, y, \lambda) = \Phi_y(x, y, \lambda) = \Phi_\lambda(x, y, \lambda) = 0 \tag{19.39}$$

とすると，

$$-4\lambda x^3 = 0, \quad 1 + 3\lambda y^2 = 0, \quad x^4 - y^3 = 0 \tag{19.40}$$

となる．しかし，(19.40) をみたす x, y, λ は存在しない（✍）．

したがって，条件 $x^4 - y^3 = 0$ の下で，関数 y の極値をあたえる点の候補は特異点 $(0, 0)$ のみである．ここで，$x^4 - y^3 = 0$ のとき，

$$y = \sqrt[3]{x^4} \geq 0 \tag{19.41}$$

なので，y は $(x, y) = (0, 0)$ で最小値 0 をとる．　　◆

§19 の問題

確認問題

問 19.1　$a \in \mathbf{R}^n$ とし，$f(\boldsymbol{x})$ を $\boldsymbol{x} = \boldsymbol{a}$ の近くで C^1 級の関数とする．$f(\boldsymbol{x}) = 0$ の特異点の定義を書け．　　□□□ [⇨ **19・2**]

問 19.2　レムニスケート [⇨ **問 18.3**]

$$(x^2 + y^2)^2 - 2(x^2 - y^2) = 0$$

の特異点を求めよ．　　□□□ [⇨ **19・2**]

問 19.3　次の問に答えよ.

(1)　$\mathbf{R}^n$ の点に対するノルムの定義を書け.

(2)　$\mathbf{R}^n$ の部分集合が有界であることの定義を書け.

(3)　$\mathbf{R}^n$ の部分集合が閉集合であることの定義を書け.

☐☐☐ [⇨ **19・3**]

問 19.4　ラグランジュの未定乗数法（定理 19.1）を用いることにより，条件 $x^2 + y^2 = 1$ の下で，関数 $x + y$ の最大値および最小値を求めよ[4].

☐☐☐ [⇨ **19・3**]

基本問題

問 19.5　$(a, b, c) \in \mathbf{R}^3$, $(a, b, c) \neq (0, 0, 0)$ とする. 次の ☐ をうめることにより，条件 $x^2 + y^2 + z^2 = 1$ の下で，関数 $ax + by + cz$ の最大値および最小値を求めよ.

例 19.2 より，球面 $x^2 + y^2 + z^2 = 1$ は ① 点をもたないことに注意すると，定理 19.1 (2) の場合を考えればよい. そこで，関数 $\Phi(x, y, z, \lambda)$ を

$$\Phi(x, y, z, \lambda) = ax + by + cz - \lambda(x^2 + y^2 + z^2 - 1)$$

により定める. このとき,

$$\Phi_x(x, y, z, \lambda) = \boxed{②}, \quad \Phi_y(x, y, z, \lambda) = \boxed{③}, \quad \Phi_z(x, y, z, \lambda) = \boxed{④},$$
$$\Phi_\lambda(x, y, z, \lambda) = \boxed{⑤}$$

である. よって,

$$\Phi_x(x, y, z, \lambda) = \Phi_y(x, y, z, \lambda) = \Phi_z(x, y, z, \lambda) = \Phi_\lambda(x, y, z, \lambda) = 0$$

とすると,

---

4)　もちろん，これは $x = \cos\theta$, $y = \sin\theta$ $(0 \leq \theta < 2\pi)$ とおいて考える方がやさしい (). また，$k \in \mathbf{R}$ とし，単位円 $x^2 + y^2 = 1$ と直線 $x + y = k$ がちょうど 1 点を共有する条件を考えてもよい ().

$$(x, y, z, \lambda) = \pm \left(\frac{a}{\sqrt{a^2 + b^2 + c^2}}, \boxed{⑥}, \boxed{⑦}, \boxed{⑧} \right)$$

となる.

　ここで, 例 19.3 より, 球面 $x^2 + y^2 + z^2 = 1$ は $\mathbf{R}^3$ の $\boxed{⑨}$ 集合であり, 関数 $ax + by + cz$ はこの球面で連続となるので, ワイエルシュトラスの定理 (定理 14.3) より, 条件 $x^2 + y^2 + z^2 = 1$ の下で, $ax + by + cz$ は最大値および最小値をもつ. また, 上で求めた x, y, z に対して, $ax + by + cz$ の値は $\pm \boxed{⑩}$ (複号同順) である. したがって, 条件 $x^2 + y^2 + z^2 = 1$ の下で, $ax + by + cz$ は

$$(x, y, z) = \frac{1}{\sqrt{a^2 + b^2 + c^2}} \left(\boxed{⑪}, \boxed{⑫}, \boxed{⑬} \right)$$

で最大値 $\boxed{⑩}$ をとり,

$$(x, y, z) = -\frac{1}{\sqrt{a^2 + b^2 + c^2}} \left(\boxed{⑪}, \boxed{⑫}, \boxed{⑬} \right)$$

で最小値 $-\boxed{⑩}$ をとる.　　　　　□□□ [⇨ **19・3**]

チャレンジ問題

問 19.6　定理 17.4, ラグランジュの未定乗数法 (定理 19.1) を用いることにより, 条件 $x^2 + y^2 \leq 1$ の下で, 関数 $2x^3 + 2y^3 - 3x^2 - 3y^2$ の最大値および最小値を求めよ.　　　　　□□□ [⇨ **19・3**]

第 5 章のまとめ

偏微分と全微分

- 偏微分可能：1 つの変数以外をすべて定数とみなして微分可能
- 全微分可能：$f(\boldsymbol{a} + \boldsymbol{h}) - f(\boldsymbol{a}) = \displaystyle\sum_{i=1}^{n} h_i c_i + o(\|\boldsymbol{h}\|)$　$(\boldsymbol{h} \to \boldsymbol{0})$

  - 連続かつ偏微分可能となる　● 合成関数の微分法が成り立つ

多変数関数の極値

- $f(\boldsymbol{x})$：$\boldsymbol{x} = \boldsymbol{a}$ で偏微分可能

  $f(\boldsymbol{a})$：$f(\boldsymbol{x})$ の $\boldsymbol{x} = \boldsymbol{a}$ における極値

  $\Longrightarrow f_{x_1}(\boldsymbol{a}) = f_{x_2}(\boldsymbol{a}) = \cdots = f_{x_n}(\boldsymbol{a}) = 0$

- 2 変数の C^2 級関数 $f(x, y)$ のヘッシアン：

$$H(x, y) = f_{xx}(x, y)f_{yy}(x, y) - \left(f_{xy}(x, y)\right)^2$$

  極値かどうかを判定することができる

- 条件付きの場合：ラグランジュの未定乗数法を用いる

  証明には陰関数定理を用いる

  $f(\boldsymbol{a})$：$g(\boldsymbol{x}) = 0$ の下での $f(\boldsymbol{x})$ の極値

  $\Longrightarrow$ 次のいずれかが成り立つ

  - $\boldsymbol{a}$ は $f(\boldsymbol{x}) = 0$ の特異点

  - $\Phi(\boldsymbol{x}, \lambda) = f(\boldsymbol{x}) - \lambda g(\boldsymbol{x})$ とおくと，ある $\lambda_0 \in \mathbf{R}$ が存在し，

    $\Phi_{x_1}(\boldsymbol{a}, \lambda_0) = \Phi_{x_2}(\boldsymbol{a}, \lambda_0) = \cdots = \Phi_{x_n}(\boldsymbol{a}, \lambda_0) = \Phi_\lambda(\boldsymbol{a}, \lambda_0) = 0$

6 多変数関数の積分

§20 重積分

- 空間内の図形の体積を考えることにより，**面積確定**な有界集合で定義された 2 変数関数の**重積分**を定めることができる．
- **累次積分**を用いることにより，**縦線集合**や**横線集合**で定義された 2 変数関数の重積分の値を求めることができる．

20・1 重積分の基本的性質

1 変数関数の定積分 [⇨ 9・2] はこれから述べる多変数関数の重積分へと一般化される．簡単のため，2 変数の場合を考えよう．

$D \subset \mathbf{R}^2$ を有界集合とし，$f(x, y)$ を D で定義された関数とする．このとき，$z = f(x, y)$ のグラフと D の境界上の点を通り xy 平面と垂直に交わる直線および xy 平面で囲まれた図形を考える（**図 20.1**）．この図形の体積を xy 平面より上の部分は正，下の部分は負として加えたものが存在するとき，これを

$$\iint_D f(x, y)\, dx dy \tag{20.1}$$

と表し, $f(x,y)$ の D にお
ける **2重積分, 重積分**また
は**積分**という. このとき,
$f(x,y)$ は D で **2 重積分
可能, 重積分可能, 積分可
能**または**可積分**であるとい
う. また, $f(x,y)$ を**被積分
関数**という.

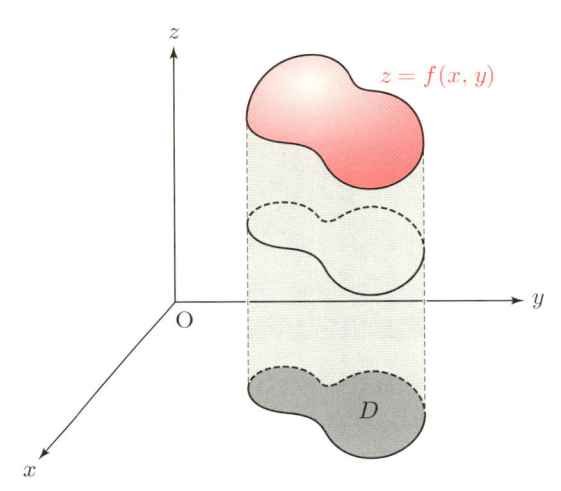

2 変数関数の積分可能性
について, 次の定理 20.1 が
基本的である [⇨ [杉浦 1]
p. 270 定理 9.7].

図 20.1 $z = f(x,y)$ の定める図形

定理 20.1

$D \subset \mathbf{R}^2$ を有界集合とする. 定数関数 1 が D で重積分可能であり, 関数
$f(x,y)$ が D で連続ならば, $f(x,y)$ は D で重積分可能である.

$D \subset \mathbf{R}^2$ を有界集合とする. 定数関数 1 が D で重積分可能なとき, D は**面積
確定**であるという. このとき, 定数関数 1 の重積分

$$\iint_D dxdy = \iint_D 1\,dxdy \tag{20.2}$$

を D の**面積**という.

積分の線形性 (定理 9.6 (1), (2)) と同様に, 次の定理 20.2 が成り立つ.

定理 20.2

$D \subset \mathbf{R}^2$ を面積確定な有界集合とすると, 次の (1), (2) が成り立つ.
(1) $f(x,y)$, $g(x,y)$ が D で重積分可能な関数ならば,

$$\iint_D (f(x,y) \pm g(x,y))\,dxdy = \iint_D f(x,y)\,dxdy \pm \iint_D g(x,y)\,dxdy.$$

(複号同順)

(2) $f(x,y)$ が D で重積分可能な関数ならば，$c \in \mathbf{R}$ とすると，

$$\iint_D cf(x,y)\,dxdy = c \iint_D f(x,y)\,dxdy.$$

1変数の場合 ［⇨ 注意 9.4 (1)］ と同様に，定理 20.2 (1), (2) を合わせて，重積分の**線形性**という．重積分の線形性より，(9.19) と同様の等式が成り立つ．

20・2 縦線集合と累次積分

特別な集合上の重積分は 1 変数関数の定積分に帰着させることができる．

$\varphi_1(x)$, $\varphi_2(x)$ を有界閉区間 $[a,b]$ 上で $\varphi_1(x) \leq \varphi_2(x)$ をみたす連続関数とする．このとき，有界集合 $D \subset \mathbf{R}^2$ を

$$D = \{(x,y) \mid a \leq x \leq b,\ \varphi_1(x) \leq y \leq \varphi_2(x)\} \tag{20.3}$$

により定めることができる（**図 20.2**）．D を**縦線集合**という．

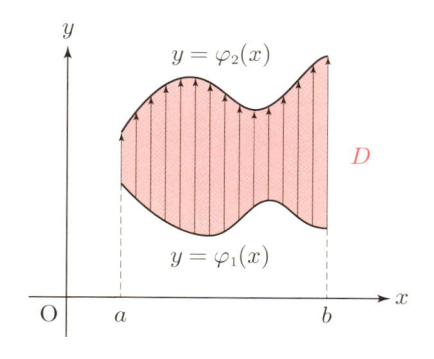

図 20.2 縦線集合

縦線集合上の重積分に関して，次の定理 20.3 が成り立つ ［⇨ ［杉浦 1］ p. 270 定理 9.8］．

定理 20.3

D を (20.3) により定められた縦線集合とすると，次の (1), (2) が成り立つ．

(1) D は面積確定である．

(2) $f(x, y)$ を D で重積分可能な関数とする．$x \in [a, b]$ を任意に固定
しておくとき，y を変数とする 1 変数関数 $f(x, y)$ が有界閉区間
$[\varphi_1(x), \varphi_2(x)]$ で積分可能ならば，等式

$$\iint_D f(x, y)\, dxdy = \int_a^b \left(\int_{\varphi_1(x)}^{\varphi_2(x)} f(x, y)\, dy \right) dx \tag{20.4}$$

が成り立つ（**図 20.3**）．

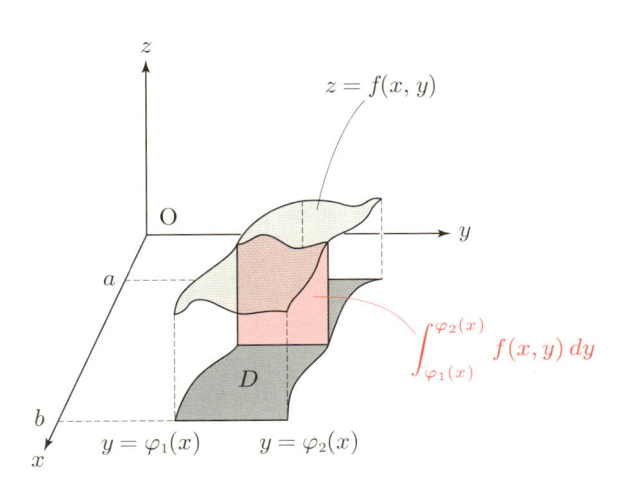

図 20.3 (20.4) のイメージ

注意 20.1 (1) 定理 20.3 (2) において，$f(x, y)$ の $[\varphi_1(x), \varphi_2(x)]$ における積
分可能性の仮定は，$\varphi_1(x) = \varphi_2(x)$ のときはみたされているとする．また，こ
の仮定は $f(x, y)$ が D で連続なときはみたされる．

(2) (20.4) 右辺のように，y に関して積分をした後で，x に関して積分をするとい
う操作を**累次積分**または**逐次積分**という．なお，一般の累次積分では「$\varphi_1(x) \leq$

$\varphi_2(x)$」というような条件は不要である．また，(20.4) 右辺を

$$\int_a^b dx \int_{\varphi_1(x)}^{\varphi_2(x)} f(x,y)\,dy \tag{20.5}$$

とも表す．

(3) (20.4) において，$f(x,y)=1$ とすると，

$$\iint_D dxdy = \int_a^b dx \int_{\varphi_1(x)}^{\varphi_2(x)} dy = \int_a^b (\varphi_2(x) - \varphi_1(x))\,dx \tag{20.6}$$

である．すなわち，(20.2) で定めた D の面積は

$$\int_a^b (\varphi_2(x) - \varphi_1(x))\,dx \tag{20.7}$$

である．よって，(20.2) で定めた「面積」という言葉は 1 変数関数の定積分を定めたとき ［⇨ **定積分の定義（定義 9.2)**］ と同じ意味になる．

例題 20.1　累次積分

$$\int_0^{\frac{3}{4}\pi} dx \int_{\sin x}^{\cos x} y\,dy \tag{20.8}$$

の値を求めよ．　□□□ 🖎

解　(与式) $= \displaystyle\int_0^{\frac{3}{4}\pi} \left[\frac{1}{2}y^2\right]_{y=\sin x}^{y=\cos x} dx = \int_0^{\frac{3}{4}\pi} \frac{1}{2}(\cos^2 x - \sin^2 x)\,dx$

$\overset{\odot\,\text{倍角の公式}}{=} \displaystyle\int_0^{\frac{3}{4}\pi} \frac{1}{2}\cos 2x\,dx = \left[\frac{1}{4}\sin 2x\right]_0^{\frac{3}{4}\pi} = \frac{1}{4}\left(\sin\frac{3}{2}\pi - \sin 0\right) = -\frac{1}{4}$

$$\tag{20.9}$$

である[1].　　　◇

---

[1]　累次積分は変数が複数あるため，解のように，y に関する定積分のところでは，$y = \cos x$，$y = \sin x$ と書いた方が計算間違いを避けやすい．

> **例題 20.2** 縦線集合 D を
>
> $$D = \{(x, y) \mid 0 \le x \le 1,\ x^2 \le y \le -x^2 + 2\} \tag{20.10}$$
>
> により定める（**図 20.4**）．重積分 $\displaystyle\iint_D xe^y\, dxdy$ の値を求めよ．

解
$$\iint_D xe^y\, dxdy \overset{(20.4)}{=} \int_0^1 dx \int_{x^2}^{-x^2+2} xe^y\, dy = \int_0^1 \left[xe^y \right]_{y=x^2}^{y=-x^2+2} dx$$
$$= \int_0^1 (xe^{-x^2+2} - xe^{x^2})\, dx = \left[-\frac{1}{2}e^{-x^2+2} - \frac{1}{2}e^{x^2} \right]_0^1$$
$$= \left(-\frac{1}{2}e - \frac{1}{2}e \right) - \left(-\frac{1}{2}e^2 - \frac{1}{2} \right) = \frac{1}{2}(e^2 - 2e + 1) \tag{20.11}$$
である． $\diamondsuit$

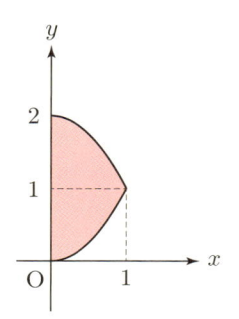

図 20.4 (20.10) の縦線集合

20・3 横線集合と累次積分

定理 20.3 (2) に現れた累次積分は y に関して積分をした後で，x に関して積分をするという操作であった．同様に，x に関して積分をした後で，y に関して積分をする累次積分を定めることができる．そこで，次は横線集合とよばれる

$\mathbf{R}^2$ の部分集合を考えよう.

$\psi_1(y), \psi_2(y)$ を有界閉区間 $[c,d]$ 上で $\psi_1(y) \leq \psi_2(y)$ をみたす連続関数とする. このとき, 有界集合 $D \subset \mathbf{R}^2$ を

$$D = \{(x,y) \,|\, \psi_1(y) \leq x \leq \psi_2(y),\ c \leq y \leq d\} \tag{20.12}$$

により定めることができる (**図 20.5**). D を**横線集合**という.

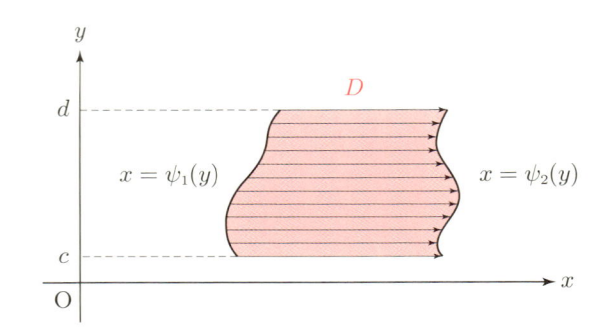

図 20.5　横線集合

定理 20.3 と同様に, 横線集合上の重積分に関して, 次の定理 20.4 が成り立つ.

定理 20.4

D を (20.12) により定められた横線集合とすると, 次の (1), (2) が成り立つ.

(1) D は面積確定である.

(2) $f(x,y)$ を D で重積分可能な関数とする. $y \in [c,d]$ を任意に固定しておくとき, x を変数とする 1 変数関数 $f(x,y)$ が有界閉区間 $[\psi_1(y), \psi_2(y)]$ で積分可能ならば, 等式

$$\iint_D f(x,y)\,dxdy = \int_c^d \left(\int_{\psi_1(y)}^{\psi_2(y)} f(x,y)\,dx \right) dy \tag{20.13}$$

が成り立つ.

なお, (20.13) 右辺を

$$\int_c^d dy \int_{\psi_1(y)}^{\psi_2(y)} f(x, y)\, dx \qquad (20.14)$$

とも表す.

20・4 長方形領域と累次積分

$a, b, c, d \in \mathbf{R}$, $a < b$, $c < d$ とし, $R \subset \mathbf{R}^2$ を

$$R = \{(x, y) \mid a \leq x \leq b,\ c \leq y \leq d\} \qquad (20.15)$$

により定める（**図 20.6**）. R を **長方形領域** と
いう. $b - a = d - c$ のときは, R を **正方形領域** ともいう. R の面積は

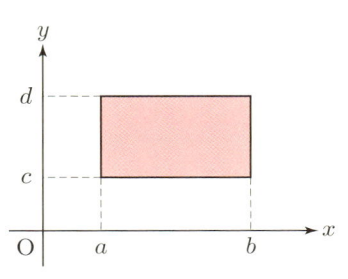

図 20.6 長方形領域

$$\iint_R dxdy = (b - a)(d - c) \qquad (20.16)$$

なので, R は面積確定である. また, R は縦線集合でも横線集合でもある. よっ
て, とくに $f(x, y)$ を D で連続な関数とすると, 定理 20.1, 定理 20.3 (2), 定
理 20.4 (2) より, 等式

$$\iint_R f(x, y)\, dxdy = \int_a^b dx \int_c^d f(x, y)\, dy = \int_c^d dy \int_a^b f(x, y)\, dx \quad (20.17)$$

が成り立つ.

例題 20.3 長方形領域 R を

$$R = \{(x, y) \mid 0 \leq x \leq 2,\ 1 \leq y \leq 2\} \qquad (20.18)$$

により定める. R を縦線集合あるいは横線集合とみなし, 重積分

$$\iint_R (x + 2y)\, dxdy \qquad (20.19)$$

の値を二通りの方法で求めよ.

解　R を縦線集合とみなすと，

$$\iint_R (x+2y)\,dxdy \overset{\odot\,(20.17)}{=} \int_0^2 dx \int_1^2 (x+2y)\,dy = \int_0^2 \left[xy+y^2\right]_{y=1}^{y=2} dx$$

$$= \int_0^2 \{2x+4-(x+1)\}\,dx = \int_0^2 (x+3)\,dx = \left[\frac{1}{2}x^2+3x\right]_0^2$$

$$= 2+6-0 = 8 \qquad\qquad (20.20)$$

である．

　また，R を横線集合とみなすと，

$$\iint_R (x+2y)\,dxdy \overset{\odot\,(20.17)}{=} \int_1^2 dy \int_0^2 (x+2y)\,dx = \int_1^2 \left[\frac{1}{2}x^2+2xy\right]_{x=0}^{x=2} dy$$

$$= \int_1^2 (2+4y)\,dy = \left[2y+2y^2\right]_1^2 = (4+8)-(2+2) = 8 \qquad (20.21)$$

である． ◇

§ 20 の問題

確認問題

問 20.1　累次積分

$$\int_0^{\frac{\pi}{8}} dx \int_{\sin 2x}^{\sin x} \frac{dy}{\sqrt{1-y^2}}$$

の値を求めよ． □ □ □ [⇨ **20・2**]

問 20.2　縦線集合 D を

$$D = \left\{ (x,y) \,\middle|\, -1 \le x \le 1,\ x^2 \le y \le x+5 \right\}$$

により定める．重積分 $\displaystyle\iint_D x\,dxdy$ の値を求めよ． □ □ □ [⇨ **20・2**]

問 20.3　長方形領域 R を

$$R = \{(x, y) \mid 0 \le x \le 2\pi,\ 0 \le y \le \pi\}$$

により定める．R を縦線集合あるいは横線集合とみなし，重積分

$$\iint_R (\sin x + \cos y)\, dxdy$$

の値を二通りの方法で求めよ．　　□□□ [⇨ **20・4**]

基本問題

問 20.4　$f(x)$ を有界閉区間 $[a, b]$ で連続な関数，$g(y)$ を有界閉区間 $[c, d]$ で連続な関数とする．このとき，長方形領域 R を

$$R = \{(x, y) \mid a \le x \le b,\ c \le y \le d\}$$

により定めると，等式

$$\iint_R f(x)g(y)\, dxdy = \left(\int_a^b f(x)\, dx\right)\left(\int_c^d g(y)\, dy\right)$$

が成り立つことを示せ．　　□□□ [⇨ **20・4**]

問 20.5　次の (1), (2) について，D を縦線集合あるいは横線集合とみなし，二通りの方法で求めよ．

(1)　D を x 軸，y 軸および直線 $x + y = 1$ で囲まれた部分としたときの重積分 $\displaystyle\iint_D x\, dxdy$ の値

(2)　D を

$$D = \{(x, y) \mid x \ge 0,\ y \ge 0,\ x^2 + y^2 \le 1\}$$

により定まる集合としたときの重積分 $\displaystyle\iint_D y\, dxdy$ の値

　　□□□ [⇨ **20・4**]

§21　変数変換公式

—— §21 のポイント ——

- **アファイン変換**や**極座標変換**などの C^1 級の変数変換に対して，**ヤコビアン**を定めることができる.
- **変数変換公式**を用いることにより，重積分の値を求めることができる.

21・1　ヤコビアン

1 変数関数の定積分に対する置換積分法 ［⇨**定理 9.6** (4)］ は

$$\int_a^b f(x)\,dx = \int_\alpha^\beta f(x(t))x'(t)\,dt \tag{21.1}$$

と表される．ただし，$a = x(\alpha)$, $b = x(\beta)$ である．(21.1) 右辺は関数 $x(t)$ を用いて，変数 x を別の変数 t へと「変換」し，合成関数 $f(x(t))$ に変数変換を定めた $x(t)$ の導関数 $x'(t)$ を掛けたものが被積分関数となっている．**§21** では，(21.1) を一般化した 2 変数関数の重積分に対する変数変換公式について述べよう[1]．

まず，(21.1) 右辺の $x'(t)$ の正体はヤコビアンとよばれている．ヤコビアンが現れる意味を考えるために，次の例 21.1 から始めよう．

例 21.1　まず，$\mathbf{R}^2$ を uv 平面とみなしておき，$E \subset \mathbf{R}^2$ を正方形領域

$$E = \{(u, v)\,|\,0 \le u \le 1,\ 0 \le v \le 1\} \tag{21.2}$$

とする．このとき，E の面積は 1 である．

次に，$a, b, c, d \in \mathbf{R}$, $ad - bc \neq 0$ とし，変数変換

$$x = au + bv, \qquad y = cu + dv \tag{21.3}$$

を考える．(21.3) により，E は頂点が $(0,0)$, (a, c), $(a + b, c + d)$, (b, d) の平行

---

[1]　一般の多変数関数の場合は線形代数で扱う**行列式**を用いる必要がある.

四辺形で囲まれた xy 平面内の部分集合 D へ写される（**図 21.1**）．

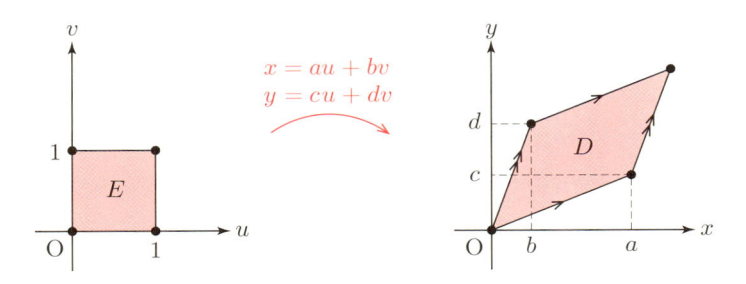

$$x = au + bv$$
$$y = cu + dv$$

図 21.1　E から D への対応

　初等的な計算により，D の面積は $|ad - bc|$ であることがわかる（✍）．よって，ここまでの計算を重積分を用いて表すと，等式

$$\iint_D dxdy = \iint_E |ad - bc|\, dudv = |ad - bc| \tag{21.4}$$

が成り立っている．　　　　　　　　　　　　　　　　　　　　　　　　　◆

　いま，C^1 級の変数変換[2]

$$x = \varphi(u, v), \qquad y = \psi(u, v) \tag{21.5}$$

に対して，2 変数関数 $\dfrac{\partial(x, y)}{\partial(u, v)}$ を

$$\frac{\partial(x, y)}{\partial(u, v)} = \frac{\partial x}{\partial u}\frac{\partial y}{\partial v} - \frac{\partial x}{\partial v}\frac{\partial y}{\partial u} \tag{21.6}$$

により定め，これを (21.5) の**ヤコビアン**または**ヤコビ行列式**という．

例 21.2　変数変換 (21.3) は C^1 級であり，そのヤコビアンは (21.6) より，$ad - bc$ である（✍）．　　　　　　　　　　　　　　　　　　　　　◆

---

[2]　2 変数関数 $\varphi(u, v)$, $\psi(u, v)$ がともに C^1 級である変数変換を意味する．

21・2　変数変換とヤコビアンの例

変数変換とヤコビアンの例をいくつか挙げておこう．

例 21.3（アファイン変換）
$a, b, c, d, e, f \in \mathbf{R}$, $ad - bc \neq 0$ とし，変数変換

$$x = au + bv + e, \qquad y = cu + dv + f \tag{21.7}$$

を考える．これを**アファイン変換**という[3]．$e = f = 0$ のときは，**線形変換**ともいう．とくに，(21.3) は線形変換である．(21.7) は C^1 級であり，そのヤコビアンは (21.6) より，$ad - bc$ となる．　　　　　　　　　　　　　◆

例 21.4（極座標変換）
極座標を用いて，変数変換

$$x = r\cos\theta, \qquad y = r\sin\theta \tag{21.8}$$

を考える．これを**極座標変換**という．(21.8) は C^1 級であり，そのヤコビアンは

$$\frac{\partial(x, y)}{\partial(r, \theta)} \overset{(21.6)}{=} \frac{\partial x}{\partial r}\frac{\partial y}{\partial \theta} - \frac{\partial x}{\partial \theta}\frac{\partial y}{\partial r} \overset{(21.8)}{=} (\cos\theta)r\cos\theta - (-r\sin\theta)\sin\theta$$

$$= r(\cos^2\theta + \sin^2\theta) = r \cdot 1 = r \tag{21.9}$$

である．　　　　　　　　　　　　　　　　　　　　　　　　　　　◆

例題 21.1　変数変換

$$x = r\cosh t, \qquad y = r\sinh t \tag{21.10}$$

のヤコビアンを求めよ　[⇨ 4・3]．　　　□ □ □ ✍

解　$\dfrac{\partial(x, y)}{\partial(r, t)} \overset{(21.6)}{=} \dfrac{\partial x}{\partial r}\dfrac{\partial y}{\partial t} - \dfrac{\partial x}{\partial t}\dfrac{\partial y}{\partial r}$

$\overset{(4.27),(21.10)}{=} (\cosh t)r\cosh t - (r\sinh t)\sinh t$

$$= r(\cosh^2 t - \sinh^2 t) \overset{(4.24)}{=} r \cdot 1 = r \tag{21.11}$$

である．　　　　　　　　　　　　　　　　　　　　　　　　　　◇

---

[3]　条件 $ad - bc \neq 0$ を課さないこともある．

21・3 重積分の変数変換公式

それでは，2変数関数の重積分に対する変数変換公式を述べよう〔⇨〔杉浦2〕p. 115 定理 4.6〕.

定理21.1（変数変換公式）

E を C^1 級の変数変換

$$x = \varphi(u, v), \qquad y = \psi(u, v) \tag{21.12}$$

の定義域に含まれる uv 平面内の面積確定な有界集合とする．また，(21.12) は E を xy 平面内の面積確定な有界集合 D へ写すとする．さらに，次の (1), (2) がみたされているとする．

(1) (21.12) は E を D へ 1 対 1 に写す．すなわち，$(u, v), (u', v') \in E$, $(u, v) \neq (u', v')$ ならば，$(\varphi(u, v), \psi(u, v)) \neq (\varphi(u', v'), \psi(u', v'))$ である．

(2) E 上で $\dfrac{\partial(x, y)}{\partial(u, v)} \neq 0$ である．

このとき，D で定義された連続関数 $f(x, y)$ に対して，等式

$$\iint_D f(x, y)\, dxdy = \iint_E f(\varphi(u, v), \psi(u, v)) \left| \frac{\partial(x, y)}{\partial(u, v)} \right| dudv \tag{21.13}$$

が成り立つ．

注意21.1 (21.1) と若干異なり，(21.13) 右辺では単なるヤコビアンではなく，その絶対値が現れるので注意しよう．

例題21.2 $D \subset \mathbf{R}^2$ を

$$D = \{(x, y) \mid |x + y - 1| \leq 2,\ |x - y + 1| \leq 2\} \tag{21.14}$$

により定める（**図21.2左**）．重積分

$$\iint_D (x - y + 1)^2\, dxdy \tag{21.15}$$

の値を求めよ.

解　まず, アファイン変換

$$u = x + y - 1, \qquad v = x - y + 1 \tag{21.16}$$

を考え,

$$E = \{(u, v) \mid |u| \leq 2,\ |v| \leq 2\} = \{(u, v) \mid -2 \leq u \leq 2,\ -2 \leq v \leq 2\} \tag{21.17}$$

とおく (**図 21.2 右**). とくに, E は正方形領域である. (21.14) より, (21.16) は D を E へ写す.

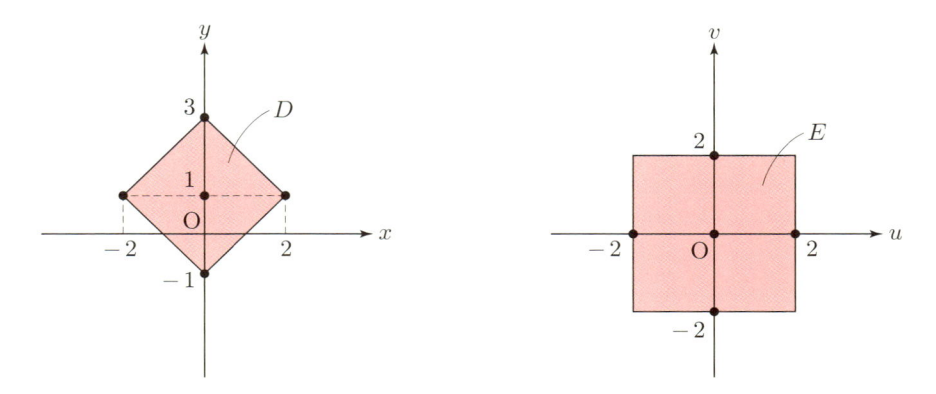

図 21.2　D と E

さらに, (21.16) を x, y について解くと, アファイン変換

$$x = \frac{1}{2}u + \frac{1}{2}v, \qquad y = \frac{1}{2}u - \frac{1}{2}v + 1 \tag{21.18}$$

が得られる. よって, (21.18) は E を D へ 1 対 1 に写す. また, 例 21.3 より,

$$\frac{\partial(x, y)}{\partial(u, v)} = \frac{1}{2}\left(-\frac{1}{2}\right) - \frac{1}{2} \cdot \frac{1}{2} = -\frac{1}{2} \neq 0 \tag{21.19}$$

である．したがって，

$$\iint_D (x-y+1)^2\, dxdy \overset{\odot\ (21.13),(21.16)\ \text{第2式},(21.19)}{=} \iint_E v^2 \left|-\frac{1}{2}\right| dudv$$

$$\overset{\odot\ \text{問}\ 20.4}{=} \frac{1}{2}\left(\int_{-2}^{2} du\right)\left(\int_{-2}^{2} v^2\, dv\right) = \frac{1}{2}\{2-(-2)\}\left[\frac{1}{3}v^3\right]_{-2}^{2}$$

$$= 2\cdot\frac{1}{3}\{2^3-(-2)^3\} = \frac{32}{3} \tag{21.20}$$

である．　　　　　　　　　　　　　　　　　　　　　　　　　　　　　　$\diamondsuit$

注意 21.2　　重積分の定義 $[\Rightarrow\ \boxed{20\cdot 1}]$ より，$D \subset \mathbf{R}^2$ が境界の一部のみを共有する D_1, D_2 に分けられるとき（**図 21.3**），重積分は**積分範囲に関する加法性**とよばれる性質

$$\iint_D f(x,y)\, dxdy = \iint_{D_1} f(x,y)\, dxdy + \iint_{D_2} f(x,y)\, dxdy \tag{21.21}$$

をみたす．計算がやや複雑になるが，例題 21.2 は y 軸を境目に D を 2 つの縦線集合に分けて，(21.21) を用いることもできる（✐）．

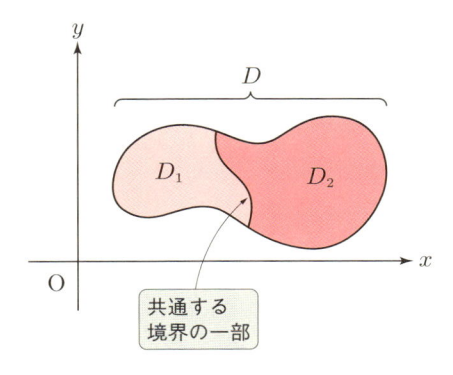

図 21.3　D_1, D_2 のイメージ

　定理 21.1 では，(1), (2) の条件が仮定されている．しかし，**変数変換が 1 対 1 とならない点や変数変換のヤコビアンが 0 となる点が存在する場合も，そのような点全体の集合の面積が 0 ならば，(21.13) は成り立つ**．この事実が用いら

れる典型的な例は極座標変換 (21.8) である．実際，任意の $r, \theta \in \mathbf{R}$ に対して，

$$(r\cos(\theta + 2\pi), r\sin(\theta + 2\pi)) = (r\cos\theta, r\sin\theta) \tag{21.22}$$

であるが，r および θ の範囲を適当に制限しておくと，面積が 0 となる集合を除いて，(21.8) は 1 対 1 となるようにできる．また，(21.8) のヤコビアンが 0 となるのは，$r = 0$ のときであり，そのような点全体の集合の面積は 0 である．

例 21.5（ガウス積分）　例 12.3 ではガンマ関数やベータ関数の性質を認めた上で，ガウス積分 $\displaystyle\int_{-\infty}^{+\infty} e^{-x^2}\,dx$ の値 $\sqrt{\pi}$ を求めた．これを極座標変換 (21.8) と変数変換公式（定理 21.1）を用いて求めよう．

まず，e^{-x^2} は偶関数なので，定理 10.5 より，等式

$$\int_0^{+\infty} e^{-x^2}\,dx = \frac{\sqrt{\pi}}{2} \tag{21.23}$$

を示せばよい．

そこで，$a > 0$ とし，正方形領域 $D(a)$ を

$$D(a) = \{(x, y) \mid 0 \le x \le a,\ 0 \le y \le a\} \tag{21.24}$$

により定める．このとき，

$$\iint_{D(a)} e^{-x^2 - y^2}\,dxdy = \iint_{D(a)} e^{-x^2} e^{-y^2}\,dxdy$$

$$\overset{\odot\,問\,20.4}{=} \left(\int_0^a e^{-x^2}\,dx\right)\left(\int_0^a e^{-y^2}\,dy\right) = \left(\int_0^a e^{-x^2}\,dx\right)^2$$

$$\to \left(\int_0^{+\infty} e^{-x^2}\,dx\right)^2 \qquad (a \to +\infty) \tag{21.25}$$

となる．すなわち，

$$\lim_{a \to +\infty} \iint_{D(a)} e^{-x^2 - y^2}\,dxdy = \left(\int_0^{+\infty} e^{-x^2}\,dx\right)^2 \tag{21.26}$$

である．

次に，

$$\tilde{D}(a) = \{(x, y) \mid x \ge 0,\ y \ge 0,\ x^2 + y^2 \le a^2\} \tag{21.27}$$

とおく．このとき，$\tilde{D}(a)$ 上で $e^{-x^2-y^2}$ は常に正であり，

$$\tilde{D}(a) \subset D(a) \subset \tilde{D}(\sqrt{2}a) \tag{21.28}$$

なので（**図 21.4**），重積分の定義 ［⇨ **20・1**］ より，不等式

$$\iint_{\tilde{D}(a)} e^{-x^2-y^2}\,dxdy \leq \iint_{D(a)} e^{-x^2-y^2}\,dxdy$$

$$\leq \iint_{\tilde{D}(\sqrt{2}a)} e^{-x^2-y^2}\,dxdy \tag{21.29}$$

が成り立つ．

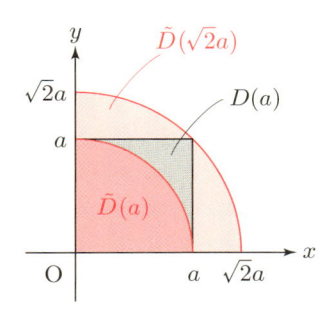

図 21.4 (21.28) の包含関係

さらに，極座標変換 (21.8) を考え，長方形領域 $E(a)$ を

$$E(a) = \left\{ (r,\theta) \,\middle|\, 0 \leq r \leq a,\ 0 \leq \theta \leq \frac{\pi}{2} \right\} \tag{21.30}$$

により定める．このとき，(21.8) は $E(a)$ を $\tilde{D}(a)$ へ写す（**図 21.5**）．

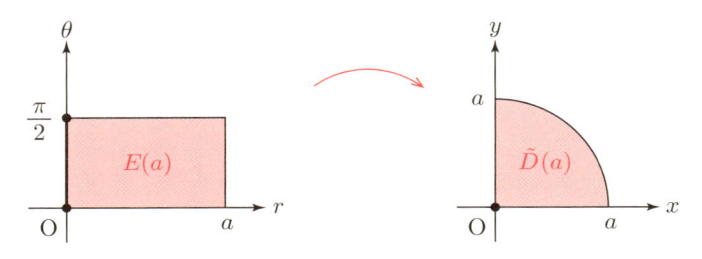

図 21.5 $E(a)$ から $\tilde{D}(a)$ への対応

ここで，点 $(x, y) = (0, 0)$ に対応する線分

$$\{(r, \theta) \in E(a) \mid r = 0\} = \left\{(r, \theta) \ \middle| \ r = 0, \ 0 \le \theta \le \frac{\pi}{2}\right\} \qquad (21.31)$$

の面積は 0 であり，(21.8) は線分 (21.31) を定義域から除くと，1 対 1 である．よって，

$$\iint_{\tilde{D}(a)} e^{-x^2 - y^2} \, dxdy \overset{\odot\ (21.9),(21.13)}{=} \iint_{E(a)} e^{-r^2} r \, drd\theta$$

$$\overset{\odot\ \text{問}\ 20.4}{=} \left(\int_0^a r e^{-r^2} \, dr\right)\left(\int_0^{\frac{\pi}{2}} d\theta\right) = \left[-\frac{1}{2} e^{-r^2}\right]_0^a \cdot \frac{\pi}{2}$$

$$= \frac{\pi}{4}\left(1 - e^{-a^2}\right) \to \frac{\pi}{4} \qquad (a \to +\infty) \qquad (21.32)$$

となる．すなわち，

$$\lim_{a \to +\infty} \iint_{\tilde{D}(a)} e^{-x^2 - y^2} \, dxdy = \frac{\pi}{4} \qquad (21.33)$$

である．同様に，(21.32) の計算において，a を $\sqrt{2}a$ に置き換えると，

$$\lim_{a \to +\infty} \iint_{\tilde{D}(\sqrt{2}a)} e^{-x^2 - y^2} \, dxdy = \frac{\pi}{4} \qquad (21.34)$$

である．したがって，はさみうちの原理（定理 2.4）より，

$$\left(\int_0^{+\infty} e^{-x^2} \, dx\right)^2 = \frac{\pi}{4} \qquad (21.35)$$

となる．さらに，

$$\int_0^{+\infty} e^{-x^2} \, dx > 0 \qquad (21.36)$$

なので，(21.23) が得られる． ◆

注意 21.3　例 21.5 の計算に関して，$D(a)$ や $\tilde{D}(a)$ の代わりに，始めから $\mathbf{R}^2$ の有界でない部分集合

$$\{(x, y) \mid x \ge 0, \ y \ge 0\} \qquad (21.37)$$

を考え，積分

$$\left(\int_0^{+\infty} e^{-r^2} r\, dr \right) \left(\int_0^{\frac{\pi}{2}} d\theta \right) \tag{21.38}$$

を計算するのは，厳密には広義の重積分とよばれる概念を必要とする ［⇨［杉浦 2］第 VII 章 §1］．

 ## § 21 の問題

確認問題

問 21.1 変数変換

$$x = \frac{\sin u}{\cos v}, \qquad y = \frac{\sin v}{\cos u}$$

のヤコビアンを求めよ[4]．

問 21.2 次の (1), (2) を求めよ．

(1) $D \subset \mathbf{R}^2$ を

$$D = \{(x,y) \mid |x + 2y + 5| \le 1, \ |x - 2y - 3| \le 2\}$$

により定めたときの重積分

$$\iint_D (x + 2y + 5)^4 \, dxdy$$

の値

(2) $D \subset \mathbf{R}^2$ を

$$D = \{(x,y) \mid 0 \le x + y \le \pi, \ 0 \le x - y \le \pi\}$$

により定めたときの重積分

$$\iint_D (x + y) \sin(x - y) \, dxdy$$

の値

---

4) $\cos u$ や $\cos v$ が 0 となる (u, v) は変数変換の定義域から除く．

問 21.3　次の問に答えよ.

(1)　ガンマ関数の定義を書け.

(2)　ベータ関数の定義を書け.

□□□ [⇨ **21・3**]

問 21.4　次の □ をうめよ.

　広義積分 $\displaystyle\int_{-\infty}^{+\infty} e^{-x^2}\,dx$ を ① 積分という. ① 積分の値は ② である.

□□□ [⇨ **21・3**]

基本問題

問 21.5　$D \subset \mathbf{R}^2$ を

$$D = \{(x,y) \mid 1 \leq x^2 + y^2 \leq 4\}$$

により定める. 重積分

$$\iint_D \frac{dxdy}{x^2 + y^2}$$

の値を求めよ.

□□□ [⇨ **21・3**]

チャレンジ問題

問 21.6　$a, b > 0$ とする. 楕円

$$\frac{x^2}{a^2} + \frac{y^2}{b^2} = 1$$

で囲まれた領域の面積を求めよ.

□□□ [⇨ **21・3**]

§22　曲面の面積

—————— §22 のポイント ——————

- 2 変数関数のグラフとして表される曲面に対して，その面積を考えることができる．
- **回転面の面積**は定積分を用いて表される．

22・1　2 変数関数のグラフの面積

11・3 で述べたように，平面上の曲線の長さは曲線上の点をいくつか選んで，曲線に沿って隣り合う点どうしを線分で結ぶことによって，曲線を折れ線で近似し，選ぶ点を増やしていったときの折れ線の長さの極限として定められた．そして，定理 11.2 で述べたように，有界閉区間 $[a, b]$ で C^1 級の関数 $f(x)$ のグラフとして表される曲線の長さは定積分

$$\int_a^b \sqrt{1 + (f'(x))^2}\, dx \tag{22.1}$$

によりあたえられるのであった．

この考え方は 2 変数関数 $f(x, y)$ のグラフとして表される曲面 $z = f(x, y)$ に対しても適用できそうに思える．しかし，曲面を内接する多角形で近似すると，多角形の面積の和の極限が存在しない場合があることが**シュワルツの提 灯**とよばれる例によって知られている〔⇨〔小林 2〕p. 154，〔一松 2〕p. 101〕．実は，曲面の面積を考える際には，曲面を接平面〔⇨ **17・2**〕に含まれる平行四辺形で近似するとよいことがわかり，次の定理 22.1 が得られる〔⇨〔杉浦 2〕p. 127 定理 5.4 系 1〕．

—— **定理 22.1** ——

$f(x, y)$ を C^1 級関数，$D \subset \mathbf{R}^2$ を $f(x, y)$ の定義域に含まれる面積確定な有界集合とする．このとき，曲面

$$z = f(x, y) \qquad ((x, y) \in D) \tag{22.2}$$

の面積は

$$\iint_D \sqrt{1 + (f_x(x, y))^2 + (f_y(x, y))^2}\, dx dy \tag{22.3}$$

である.

例題 22.1 $a > b > 0$ とし, $D \subset \mathbf{R}^2$ を

$$D = \{(x, y) \mid x^2 + y^2 \leq b^2\} \tag{22.4}$$

により定める. 曲面

$$z = \sqrt{a^2 - x^2 - y^2} \qquad ((x, y) \in D) \tag{22.5}$$

の面積を求めよ (**図 22.1**).

解 まず, $f(x, y) = \sqrt{a^2 - x^2 - y^2}$ とおくと,

$$f_x(x, y) = \frac{-x}{\sqrt{a^2 - x^2 - y^2}}, \qquad f_y(x, y) = \frac{-y}{\sqrt{a^2 - x^2 - y^2}} \tag{22.6}$$

である. よって,

$$1 + (f_x(x, y))^2 + (f_y(x, y))^2 = 1 + \frac{x^2}{a^2 - x^2 - y^2} + \frac{y^2}{a^2 - x^2 - y^2}$$

$$= \frac{a^2}{a^2 - x^2 - y^2}, \tag{22.7}$$

すなわち,

$$\sqrt{1 + (f_x(x, y))^2 + (f_y(x, y))^2} = \frac{a}{\sqrt{a^2 - x^2 - y^2}} \tag{22.8}$$

である.

次に, 極座標変換 (21.8) を考え, 長方形領域 E を

$$E = \{(r, \theta) \mid 0 \leq r \leq b,\ 0 \leq \theta \leq 2\pi\} \tag{22.9}$$

により定める. このとき, (21.8) は E を D へ写す. ここで, 3 つの線分の和

$$\{(r, \theta) \in E \mid r = 0 \text{ または } \theta = 0, 2\pi\} \tag{22.10}$$

の面積は 0 であり，(21.8) は上の線分の和を定義域から除くと，1 対 1 である．よって，求める面積は (22.3), (22.8) より，

$$\iint_D \frac{a}{\sqrt{a^2 - x^2 - y^2}}\, dxdy \overset{\odot\,(21.9),(21.13)}{=} \iint_E \frac{a}{\sqrt{a^2 - r^2}} r\, drd\theta$$

$$\overset{\odot\,問\,20.4}{=} a \left(\int_0^b \frac{r}{\sqrt{a^2 - r^2}}\, dr \right) \left(\int_0^{2\pi}\, d\theta \right) = a \left[-\sqrt{a^2 - r^2} \right]_0^b \cdot 2\pi$$

$$= 2\pi a \left(a - \sqrt{a^2 - b^2} \right) \tag{22.11}$$

である． ◇

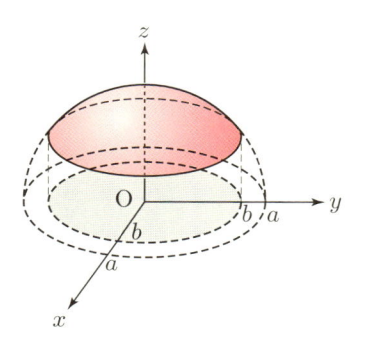

図 22.1 (22.5) のグラフ

注意 22.1 例題 22.1 において，

$$z = \sqrt{a^2 - x^2 - y^2} \iff z \geq 0, \quad x^2 + y^2 + z^2 = a^2 \tag{22.12}$$

なので，曲面 (22.5) は原点を中心とする半径 a の球面の一部を表す．また，求めた面積を $S(b)$ とおくと，

$$\lim_{b \to a - 0} S(b) = 2\pi a^2 \tag{22.13}$$

である[1]．$b = a$ のとき，(22.5) は半球，すなわち，球面の半分となるので，(22.13)

---

[1] 始めから $S(a)$ を考えると，被積分関数が D の境界で発散し，広義の重積分を計算することになる．

は半球の面積が $2\pi a^2$ であることを意味する．とくに「原点を中心とする半径 a の球面の面積は $4\pi a^2$ である」というよく知られた事実が得られる．

22・2　曲面の面積と極座標変換

例題 22.1 で行った計算は次の定理 22.2 として一般化することができる．

定理 22.2

E を $r\theta$ 平面内の面積確定な有界集合とし，面積が 0 となる集合を除いて，極座標変換 (21.8) が E を xy 平面内の面積確定な有界集合 D へ 1 対 1 に写すとする．このとき，$f(x, y)$ を D が定義域に含まれる C^1 級関数とすると，曲面

$$z = f(x, y) \qquad ((x, y) \in D) \tag{22.14}$$

の面積は

$$\iint_E \sqrt{1 + (z_r(r, \theta))^2 + \frac{1}{r^2}(z_\theta(r, \theta))^2}\, r\, dr d\theta \tag{22.15}$$

である．ただし，(22.15) において，$z = f(r\cos\theta, r\sin\theta)$ である．

証明　問 16.3 (3) および (22.3) を用いればよい．　　　　　　　　　◇

例題 22.2　$a > 0$ とし，$D \subset \mathbf{R}^2$ を

$$D = \{(x, y) \mid x^2 + y^2 \leq a^2\} \tag{22.16}$$

により定める．楕円放物面の一部

$$z = x^2 + y^2 \qquad ((x, y) \in D) \tag{22.17}$$

の面積を求めよ．

解　極座標変換 (21.8) を考え，長方形領域 E を

$$E = \{(r, \theta) \,|\, 0 \le r \le a, \ 0 \le \theta \le 2\pi\} \tag{22.18}$$

により定める．このとき，(21.8) は E を D へ写し，

$$z = r^2 \qquad ((r, \theta) \in E) \tag{22.19}$$

である．ここで，(21.8) が 1 対 1 とならない点全体の集合は 3 つの線分の和 (22.10) であり，その面積は 0 である．よって，求める面積は (22.15), (22.19) より，

$$\iint_E \sqrt{1 + \{(r^2)_r\}^2 + \frac{1}{r^2}\{(r^2)_\theta\}^2}\, r\, dr d\theta = \iint_E \sqrt{1 + 4r^2}\, r\, dr d\theta$$

$$\overset{\odot\,\text{問}\,20.4}{=} \left(\int_0^a r\sqrt{1 + 4r^2}\, dr\right)\left(\int_0^{2\pi} d\theta\right) = \left[\frac{1}{12}(1 + 4r^2)^{\frac{3}{2}}\right]_0^a \cdot 2\pi$$

$$= \frac{\pi}{6}\left\{(1 + 4a^2)^{\frac{3}{2}} - 1\right\} \tag{22.20}$$

である． ◇

22・3 回転面の面積

$f(x)$ を 1 変数関数とすると，xyz 空間内の xy 平面上に曲線 $y = f(x)$ を考えることができる．さらに，この曲線を x 軸の周りに回転させると曲面が得られる．このようにして得られる曲面を**回転面**という（図 22.2）．

回転面の面積について，次の定理 22.3 が成り立つ．

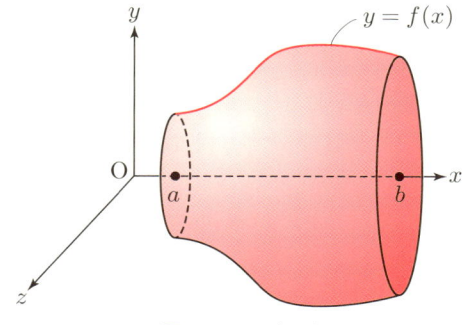

図 22.2 回転面

定理 22.3

$f(x)$ を有界閉区間 $[a, b]$ で C^1 級の関数とし，$[a, b]$ 上で $f(x) > 0$ であるとする．このとき，xyz 空間の中で曲線 $y = f(x)$ を x 軸の周りに回転して得られる回転面の面積は

$$2\pi \int_a^b f(x)\sqrt{1 + (f'(x))^2}\, dx \tag{22.21}$$

である．

証明　あたえられた回転面を S とおく．まず，$x_0 \in [a, b]$ とすると，平面 $x = x_0$ による S の切り口は半径 $f(x_0)$ の円となることに注意する（**図22.3**）．

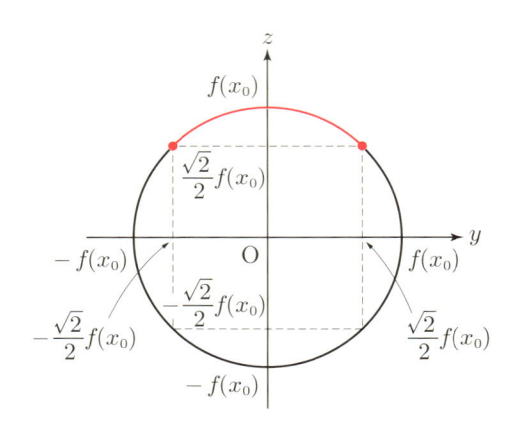

図22.3　回転面の切り口

よって，S を表す方程式は

$$y^2 + z^2 = (f(x))^2 \tag{22.22}$$

である．ここで，

$$S' = \left\{ (x, y, z) \in S \;\middle|\; -\frac{\sqrt{2}}{2} f(x) \leq y \leq \frac{\sqrt{2}}{2} f(x),\; z > 0 \right\} \tag{22.23}$$

とおくと[2]，$(x, y, z) \in S'$ のとき，(22.22) は

$$z = \sqrt{(f(x))^2 - y^2} \tag{22.24}$$

---

[2]　広義の重積分を計算するのであれば，集合 $\{(x, y, z) \in S \mid -f(x) \leq y \leq f(x),\; z \geq 0\}$ を考えてもよい．

と同値であり，S' は S の $\frac{1}{4}$ の部分を表す（**図 22.3**）．したがって，縦線集合 D を

$$D = \left\{ (x, y) \;\middle|\; a \leq x \leq b, \; -\frac{\sqrt{2}}{2} f(x) \leq y \leq \frac{\sqrt{2}}{2} f(x) \right\} \tag{22.25}$$

により定め，

$$z = \sqrt{(f(x))^2 - y^2} \qquad ((x, y) \in D) \tag{22.26}$$

とおくと，S の面積は曲面 S'，すなわち，曲面 (22.26) の面積の 4 倍である．

そこで，$g(x, y) = \sqrt{(f(x))^2 - y^2}$ とおくと，

$$g_x(x, y) = \frac{f(x) f'(x)}{\sqrt{(f(x))^2 - y^2}}, \qquad g_y(x, y) = \frac{-y}{\sqrt{(f(x))^2 - y^2}} \tag{22.27}$$

である．よって，

$$\begin{aligned}
1 + (g_x(x, y))^2 + (g_y(x, y))^2 &= 1 + \frac{(f(x))^2 (f'(x))^2}{(f(x))^2 - y^2} + \frac{y^2}{(f(x))^2 - y^2} \\
&= \frac{(f(x))^2 \{1 + (f'(x))^2\}}{(f(x))^2 - y^2},
\end{aligned} \tag{22.28}$$

すなわち，

$$\sqrt{1 + (g_x(x, y))^2 + (g_y(x, y))^2} = f(x) \sqrt{\frac{1 + (f'(x))^2}{(f(x))^2 - y^2}} \tag{22.29}$$

である．したがって，S' の面積は (22.3), (22.29) より，

$$\begin{aligned}
\iint_D f(x) \sqrt{\frac{1 + (f'(x))^2}{(f(x))^2 - y^2}} \, dxdy &= \int_a^b \int_{-\frac{\sqrt{2}}{2} f(x)}^{\frac{\sqrt{2}}{2} f(x)} f(x) \sqrt{\frac{1 + (f'(x))^2}{(f(x))^2 - y^2}} \, dxdy \\
&\overset{☺ (9.23)}{=} \int_a^b f(x) \sqrt{1 + (f'(x))^2} \left[\sin^{-1} \frac{y}{f(x)} \right]_{y = -\frac{\sqrt{2}}{2} f(x)}^{y = \frac{\sqrt{2}}{2} f(x)} \, dx \\
&= \int_a^b f(x) \sqrt{1 + (f'(x))^2} \left\{ \sin^{-1} \frac{\sqrt{2}}{2} - \sin^{-1} \left(-\frac{\sqrt{2}}{2} \right) \right\} \, dx \\
&= \int_a^b f(x) \sqrt{1 + (f'(x))^2} \left\{ \frac{\pi}{4} - \left(-\frac{\pi}{4} \right) \right\} \, dx \\
&= \frac{\pi}{2} \int_a^b f(x) \sqrt{1 + (f'(x))^2} \, dx
\end{aligned} \tag{22.30}$$

である.

以上より, S の面積は (22.21) である. ◇

例題 22.3 $a > b > 0$ とし, 有界閉区間 $[-b, b]$ で定義された関数 $f(x) = \sqrt{a^2 - x^2}$ を考える. xyz 空間の中で曲線 $y = f(x)$ を x 軸の周りに回転して得られる回転面の面積を求めよ. □ □ □ ✎

解 まず,

$$1 + (f'(x))^2 = 1 + \left(\frac{-x}{\sqrt{a^2 - x^2}} \right)^2 = \frac{a^2}{a^2 - x^2}, \tag{22.31}$$

すなわち,

$$\sqrt{1 + (f'(x))^2} = \frac{a}{\sqrt{a^2 - x^2}} \tag{22.32}$$

である. よって, 求める面積は (22.21), (22.32) より,

$$2\pi \int_{-b}^{b} \sqrt{a^2 - x^2} \frac{a}{\sqrt{a^2 - x^2}} \, dx = 2\pi \int_{-b}^{b} a \, dx = 2\pi a \cdot 2b$$
$$= 4\pi ab \tag{22.33}$$

である. ◇

注意 22.2 例題 22.3 の回転面は原点を中心とする半径 a の球面の一部であり, 求めた面積を $S(b)$ とおくと,

$$\lim_{b \to a - 0} S(b) = 4\pi a^2 \tag{22.34}$$

である. $b = a$ のとき, この回転面は球面となるので, 注意 22.1 で述べた, 原点を中心とする半径 a の球面の面積は $4\pi a^2$ であることを再び確かめることができた.

§22 の問題

確認問題

問 22.1 $a, b, c \in \mathbf{R}$ とする．また，正方形領域 R を

$$R = \{(x, y) \mid 0 \leq x \leq 1, \ 0 \leq y \leq 1\}$$

により定める．平面の一部

$$z = ax + by + c \qquad ((x, y) \in R)$$

の面積を求めよ． □□□ [⇨ **22·1**]

問 22.2 $a > 0$ とし，$D \subset \mathbf{R}^2$ を

$$D = \{(x, y) \mid x^2 + y^2 \leq a^2\}$$

により定める．双曲放物面の一部

$$z = x^2 - y^2 \qquad ((x, y) \in D)$$

の面積を求めよ． □□□ [⇨ **22·2**]

問 22.3 次の問に答えよ．

(1) 双曲線余弦関数に対して，**加法定理**

$$\cosh(x + y) = \cosh x \cosh y + \sinh x \sinh y$$

が成り立つことを示せ．とくに，**倍角の公式**

$$\cosh 2x = 2 \cosh^2 x - 1$$

が成り立つ[3]．

(2) $a > 0$ に対して，曲線 $y = a \cosh \dfrac{x}{a}$ を **カテナリー**または**懸垂線**という．また，このカテナリーを x 軸の周りに回転して得られる回転面を **カテノイド**または**懸垂面**という．$b > 0$ とし，このカテノイドの $0 \leq x \leq b$ の部分の面積を求めよ． □□□ [⇨ **22·3**]

---

[3]　双曲線正弦関数に対する加法定理は $\sinh(x + y) = \sinh x \cosh y + \cosh x \sinh y$ となり，とくに，倍角の公式 $\sinh 2x = 2 \sinh x \cosh x$ が成り立つ（✐）．

基本問題

$\boxed{\text{問 } 22.4}$ $b > a > c > 0$ とし，有界閉区間 $[-c, c]$ で定義された関数 $f(x) = b + \sqrt{a^2 - x^2}$ および $g(x) = b - \sqrt{a^2 - x^2}$ を考える．次の問に答えよ．

(1) xyz 空間の中で曲線 $y = f(x)$ を x 軸の周りに回転して得られる回転面の面積を求めよ．

(2) xyz 空間の中で曲線 $y = g(x)$ を x 軸の周りに回転して得られる回転面の面積を求めよ．

(3) (1), (2) で求めた面積をそれぞれ $S_+(c)$, $S_-(c)$ とおく．極限

$$\lim_{c \to a - 0} (S_+(c) + S_-(c))$$

の値を求めよ．

$\boxed{}\boxed{}\boxed{}$ [⇨ $\boxed{\textbf{22 · 3}}$]

補足 問 22.4 において，中心を $(0, b)$，半径を a とする円を x 軸の周りに回転して得られる回転面を**トーラス，輪環面**または**円環面**という（**図 22.4**）．問 22.4 (3) の計算より，このトーラスの面積は $4\pi^2 ab$ となる．

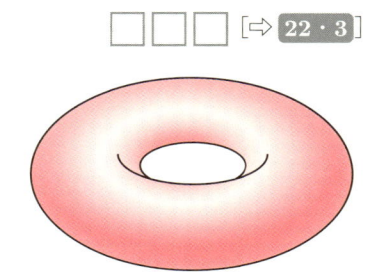

図 22.4 トーラス

§23 基本関係式と相補公式

─── §23 のポイント ───

- 重積分を用いることにより，ガンマ関数とベータ関数の**基本関係式**を示すことができる．
- ガンマ関数に対して，**相補公式**が成り立つ．

23・1 ガンマ関数とベータ関数の基本関係式

ガンマ関数とベータ関数の基本関係式（定理 12.4）は重積分あるいは広義の重積分を用いて示すことができる．まず，定理 12.4 を次の定理 23.1 として改めて述べ，広義の重積分が現れない場合の証明を二通りあたえることにする[1]．証明 1 については，例 21.5 も思い出すとよい．

─── **定理 23.1（基本関係式）** ───

ガンマ関数，ベータ関数に関して，等式

$$\mathrm{B}(x, y) = \frac{\Gamma(x)\Gamma(y)}{\Gamma(x + y)} \tag{23.1}$$

が成り立つ．

証明 1 まず，$a > 0$ とし，正方形領域 $D(a)$ を

$$D(a) = \{(u, v) \mid 0 \leq u \leq a,\ 0 \leq v \leq a\} \tag{23.2}$$

により定める．また，

$$f(u, v) = 4e^{-u^2 - v^2} u^{2x-1} v^{2y-1} \tag{23.3}$$

とおく．$2x - 1 < 0$ または $2y - 1 < 0$ のとき，すなわち，$x < \frac{1}{2}$ または $y < \frac{1}{2}$ のとき，$f(u, v)$ は $u = 0$ あるいは $v = 0$ となる点 (u, v) で定義されない．この

---

[1] 証明 1 は多くの教科書に見られる標準的な方法であるが，重積分に対する理解を深めるために，証明 2 についてもぜひ まなんでほしい．

ときは $f(u,v)$ の $D(a)$ 上の広義の重積分を考える必要があるため，以下では，$x, y \geq \frac{1}{2}$ とする.

$x, y \geq \frac{1}{2}$ とすると，

$$
\iint_{D(a)} f(u,v)\, dudv = \iint_{D(a)} 2e^{-u^2} u^{2x-1} \cdot 2e^{-v^2} v^{2y-1}\, dudv
$$

$$
\overset{\odot\, \text{問}\, 20.4}{=} \left(\int_0^a 2e^{-u^2} u^{2x-1}\, du \right) \left(\int_0^a 2e^{-v^2} v^{2y-1}\, dv \right)
$$

$$
\overset{\odot\, s=u^2,\, t=v^2}{=} \left(\int_0^{a^2} e^{-s} s^{x-1}\, ds \right) \left(\int_0^{a^2} e^{-t} t^{y-1}\, dt \right)
$$

$$
\to \Gamma(x)\Gamma(y) \qquad (a \to +\infty), \tag{23.4}
$$

すなわち，

$$
\lim_{a \to +\infty} \iint_{D(a)} f(u,v)\, dudv = \Gamma(x)\Gamma(y) \tag{23.5}
$$

である.

次に，

$$
\tilde{D}(a) = \{(u,v) \mid u \geq 0,\ v \geq 0,\ u^2 + v^2 \leq a^2\} \tag{23.6}
$$

とおく. このとき，$\tilde{D}(a)$ 上で $f(u,v)$ は常に 0 以上であり，

$$
\tilde{D}(a) \subset D(a) \subset \tilde{D}(\sqrt{2}a) \tag{23.7}
$$

なので，重積分の定義〔⇨ 20・1〕より，不等式

$$
\iint_{\tilde{D}(a)} f(u,v)\, dudv \leq \iint_{D(a)} f(u,v)\, dudv
$$

$$
\leq \iint_{\tilde{D}(\sqrt{2}a)} f(u,v)\, dudv \tag{23.8}
$$

が成り立つ. さらに，(21.8) において，x, y をそれぞれ u, v に置き換えた極座標変換

$$
u = r\cos\theta, \qquad v = r\sin\theta \tag{23.9}
$$

を考え，長方形領域 $E(a)$ を

$$
E(a) = \left\{ (r,\theta) \ \middle|\ 0 \leq r \leq a,\ 0 \leq \theta \leq \frac{\pi}{2} \right\} \tag{23.10}
$$

により定める. このとき，(23.9) は $E(a)$ を $\tilde{D}(a)$ へ写す. ここで，線分

$$\{(r, \theta) \in E(a) \mid r = 0\} = \left\{ (r, \theta) \ \middle| \ r = 0, \ 0 \leq \theta \leq \frac{\pi}{2} \right\} \tag{23.11}$$

の面積は 0 であり，(23.9) は線分 (23.11) を定義域から除くと，1 対 1 である．よって，

$$\iint_{\tilde{D}(a)} f(u, v) \, dudv$$

$$\overset{\odot\ (21.9),\ (21.13)}{=} \iint_{E(a)} 4e^{-r^2} (r\cos\theta)^{2x-1} (r\sin\theta)^{2y-1} r \, drd\theta$$

$$\overset{\odot\ \text{問}\ 20.4}{=} \left(2\int_0^a e^{-r^2} r^{2(x+y)-1} \, dr \right) \left(2\int_0^{\frac{\pi}{2}} \cos^{2x-1}\theta \sin^{2y-1}\theta \, d\theta \right)$$

$$\overset{\odot\ \text{定理}\ 12.3\,(3)}{\longrightarrow} \Gamma(x+y)\mathrm{B}(x, y) \qquad (a \to +\infty), \tag{23.12}$$

すなわち，

$$\lim_{a \to +\infty} \iint_{\tilde{D}(a)} f(u, v) \, dudv = \Gamma(x+y)\mathrm{B}(x, y) \tag{23.13}$$

である．同様に，(23.12) の計算において，a を $\sqrt{2}a$ に置き換えると，

$$\lim_{a \to +\infty} \iint_{\tilde{D}(\sqrt{2}a)} f(u, v) \, dudv = \Gamma(x+y)\mathrm{B}(x, y) \tag{23.14}$$

である．したがって，はさみうちの原理（定理 2.4）より，

$$\Gamma(x)\Gamma(y) = \Gamma(x+y)\mathrm{B}(x, y), \tag{23.15}$$

すなわち，(23.1) が得られる． ◇

[証明 2] まず，$a > 0$ とし，正方形領域 $D(a)$ を

$$D(a) = \{(s, t) \mid 0 \leq s \leq a, \ 0 \leq t \leq a\} \tag{23.16}$$

により定める．また，

$$f(s, t) = e^{-s-t} s^{x-1} t^{y-1} \tag{23.17}$$

とおく．$x - 1 < 0$ または $y - 1 < 0$ のとき，すなわち，$x < 1$ または $y < 1$ のとき，$f(s, t)$ は $s = 0$ あるいは $t = 0$ となる点 (s, t) で定義されない．このときは $f(s, t)$ の $D(a)$ 上の広義の重積分を考える必要があるため，以下では，$x, y \geq 1$ とする．

$x, y \geq 1$ とすると,

$$\iint_{D(a)} f(s,t)\,dsdt = \iint_{D(a)} e^{-s}s^{x-1} \cdot e^{-t}t^{y-1}\,dsdt$$

$$\overset{\text{☺ 問 }20.4}{=} \left(\int_0^a e^{-s}s^{x-1}\,ds\right)\left(\int_0^a e^{-t}t^{y-1}\,dt\right)$$

$$\to \Gamma(x)\Gamma(y) \qquad (a \to +\infty), \tag{23.18}$$

すなわち,

$$\lim_{a \to +\infty} \iint_{D(a)} f(s,t)\,dsdt = \Gamma(x)\Gamma(y) \tag{23.19}$$

である.

　次に, 変数変換

$$s = uv, \qquad t = u(1-v) \tag{23.20}$$

を考え,

$$E(a) = \left\{(u,v) \mathrel{\Big|} 0 \leq u \leq 2a,\ 0 \leq v \leq 1,\ v \geq 1 - \frac{a}{u},\ v \leq \frac{a}{u}\right\} \tag{23.21}$$

とおく (**図 23.1**). このとき, (23.20) は
$E(a)$ を $D(a)$ へ写す. ここで, $u \neq 0$ とす
ると, (23.20) は u, v について解くことが
できて,

$$u = s + t, \qquad v = \frac{s}{s+t} \tag{23.22}$$

となり, 変数変換は 1 対 1 である. また,

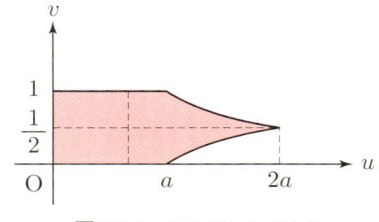

図 23.1　(23.21) の $E(a)$

(23.20) のヤコビアンは

$$\frac{\partial(s,t)}{\partial(u,v)} = \frac{\partial s}{\partial u}\frac{\partial t}{\partial v} - \frac{\partial s}{\partial v}\frac{\partial t}{\partial u} = v(-u) - u(1-v) = -u \tag{23.23}$$

である. さらに, 線分

$$\{(u,v) \in E(a) \mid u = 0\} = \{(u,v) \mid u = 0,\ 0 \leq v \leq 1\} \tag{23.24}$$

の面積は 0 であり, (23.20) は線分 (23.24) を定義域から除くと, 定理 21.1 (1),
(2) の条件をみたす $\left[\Rightarrow \boxed{\text{注意 21.2}}\right]$. したがって,

$$\iint_{D(a)} f(s,t)\,dsdt$$

$$\overset{(21.13),(23.20),(23.22) \text{ 第1式},(23.23)}{=} \iint_{E(a)} e^{-u}(uv)^{x-1}\{u(1-v)\}^{y-1}u\,dudv$$

$$= \iint_{E(a)} e^{-u}u^{x+y-1}\cdot v^{x-1}(1-v)^{y-1}\,dudv \tag{23.25}$$

である．(23.19), (23.25) より，

$$g(u,v) = e^{-u}u^{x+y-1}\cdot v^{x-1}(1-v)^{y-1} \tag{23.26}$$

とおくと，

$$\lim_{a\to+\infty}\iint_{E(a)} g(u,v)\,dudv = \Gamma(x)\Gamma(y) \tag{23.27}$$

である．

さらに，長方形領域 $\tilde{E}(a)$ を

$$\tilde{E}(a) = \{(u,v)\,|\,0\le u\le a,\ 0\le v\le 1\} \tag{23.28}$$

により定める．このとき，$\tilde{E}(a)$ 上で $g(u,v)$ は常に 0 以上であり，

$$\tilde{E}(a)\subset E(a)\subset\tilde{E}(2a) \tag{23.29}$$

なので，重積分の定義 [⇨ **20・1**] より，不等式

$$\iint_{\tilde{E}(a)} g(u,v)\,dudv \le \iint_{E(a)} g(u,v)\,dudv$$

$$\le \iint_{\tilde{E}(2a)} g(u,v)\,dudv \tag{23.30}$$

が成り立つ．ここで，

$$\iint_{\tilde{E}(a)} g(u,v)\,dudv = \iint_{\tilde{E}(a)} e^{-u}u^{x+y-1}\cdot v^{x-1}(1-v)^{y-1}\,dudv$$

$$\overset{\text{問 20.4}}{=} \left(\int_0^a e^{-u}u^{x+y-1}\,du\right)\left(\int_0^1 v^{x-1}(1-v)^{y-1}\,dv\right)$$

$$\to \Gamma(x+y)\mathrm{B}(x,y) \qquad (a\to+\infty), \tag{23.31}$$

すなわち，

$$\lim_{a\to+\infty}\iint_{\tilde{E}(a)} g(u,v)\,dudv = \Gamma(x+y)\mathrm{B}(x,y) \tag{23.32}$$

である．同様に，(23.31) の計算において，a を $2a$ に置き換えると，

$$\lim_{a \to +\infty} \iint_{\tilde{E}(2a)} g(u, v)\, du dv = \Gamma(x + y)\mathrm{B}(x, y) \tag{23.33}$$

である．はさみうちの原理（定理 2.4）より，

$$\Gamma(x)\Gamma(y) = \Gamma(x + y)\mathrm{B}(x, y), \tag{23.34}$$

すなわち，(23.1) が得られる． $\diamondsuit$

例 23.1 $x, y, z > 0$ とする．等式

$$\int_0^1 t^{x-1}(1 - t^z)^{y-1}\, dt = \frac{\Gamma\left(\frac{x}{z}\right)\Gamma(y)}{z\Gamma\left(\frac{x}{z} + y\right)} \tag{23.35}$$

が成り立つことを示そう．

まず，$s = t^z$ とおくと，

$$ds = zt^{z-1}\, dt, \quad t = 0 \iff s = 0, \quad t = 1 \iff s = 1 \tag{23.36}$$

である．よって，

$$((23.35)\,\text{左辺}) \overset{\odot\,(23.36)}{=} \int_0^1 s^{\frac{x-1}{z}}(1 - s)^{y-1} \frac{1}{z s^{\frac{z-1}{z}}}\, ds$$

$$= \frac{1}{z} \int_0^1 s^{\frac{x}{z}-1}(1 - s)^{y-1}\, ds = \frac{1}{z}\mathrm{B}\left(\frac{x}{z}, y\right)$$

$$\overset{\odot\,(23.1)}{=} ((23.35)\,\text{右辺}) \tag{23.37}$$

となり，(23.35) が成り立つ． ◆

23・2　相補公式

さらに，ガンマ関数に対して，次の定理 23.2 が成り立つ [⇨ [杉浦 2] p. 328 例 9].

定理 23.2（相補公式）

$0 < x < 1$ のとき，等式

$$\Gamma(x)\Gamma(1 - x) = \frac{\pi}{\sin \pi x} \tag{23.38}$$

が成り立つ.

例 23.2 (23.38) より,定理 12.5 (1) の等式

$$\Gamma\left(\frac{1}{2}\right) = \sqrt{\pi} \tag{23.39}$$

が成り立つ.実際,(23.38) において,$x = \frac{1}{2}$ とすると,

$$\left(\Gamma\left(\frac{1}{2}\right)\right)^2 = \pi \tag{23.40}$$

であり,$\Gamma(x) > 0$ なので,(23.39) が得られる. ◆

例題 23.1 問 12.5 で示した等式

$$\int_0^{+\infty} \frac{t^{x-1}}{(1+t^z)^y}\,dt = \frac{\Gamma\left(y - \frac{x}{z}\right)\Gamma\left(\frac{x}{z}\right)}{z\Gamma(y)} \qquad \left(x, z > 0,\ y > \frac{x}{z}\right) \tag{23.41}$$

および (23.38) を用いることにより,$b > a > 0$ のとき,等式

$$\int_0^{+\infty} \frac{t^{a-1}}{1+t^b}\,dt = \frac{\pi}{b\sin\frac{a}{b}\pi} \tag{23.42}$$

が成り立つことを示せ. □ □ □

解 $b > a > 0$ より,$1 > \frac{a}{b}$ であることに注意し,(23.41) において,$x = a$,$y = 1$,$z = b$ とする.このとき,

$$((23.42)\,左辺) = \frac{\Gamma\left(1 - \frac{a}{b}\right)\Gamma\left(\frac{a}{b}\right)}{b\Gamma(1)} \overset{(23.38)}{\underset{\odot}{=}} \frac{\frac{\pi}{\sin\frac{a}{b}\pi}}{b\cdot 1}$$

$$= ((23.42)\,右辺) \tag{23.43}$$

となり,(23.42) が成り立つ. ◇

例題 23.2　広義積分 $\displaystyle\int_0^{+\infty} \frac{dt}{1+t^3}$ の値を求めよ. □□□ 🖎

解　(23.42) において，$a = 1$, $b = 3$ とすると，

$$\int_0^{+\infty} \frac{dt}{1+t^3} = \frac{\pi}{3\sin\frac{\pi}{3}} = \frac{\pi}{3 \cdot \frac{\sqrt{3}}{2}} = \frac{2\sqrt{3}}{9}\pi \tag{23.44}$$

である[2]. ◇

§23 の問題

確認問題

問 23.1　(23.35) および (23.38) を用いることにより，$a > 0$ のとき，等式

$$\int_0^1 \frac{t^{a-1}}{\sqrt{1-t^{4a}}}\, dt = \frac{\left(\Gamma\left(\frac{1}{4}\right)\right)^2}{4\sqrt{2\pi a}}$$

が成り立つことを示せ. □□□ [⇨ **23・2**]

問 23.2　広義積分 $\displaystyle\int_0^{+\infty} \frac{dt}{1+t^4}$ の値を求めよ. □□□ [⇨ **23・2**]

---

[2]　計算がやや大変であるが，有理関数の不定積分を求めて計算することもできる.

基本問題

問 23.3　次の間に答えよ.

(1)　$a > -1$ のとき, 等式

$$\int_0^{\frac{\pi}{2}} \sin^a \theta \, d\theta = \frac{\sqrt{\pi}}{2} \frac{\Gamma\left(\frac{a+1}{2}\right)}{\Gamma\left(\frac{a}{2}+1\right)}$$

が成り立つことを示せ.

(2)　(1) を用いることにより, $n = 0, 1, 2, \cdots$ のとき, 等式

$$\int_0^{\frac{\pi}{2}} \sin^n \theta \, d\theta = \begin{cases} \dfrac{(n-1)!!}{n!!} \dfrac{\pi}{2} & (n \text{ は偶数}), \\ \dfrac{(n-1)!!}{n!!} & (n \text{ は奇数}) \end{cases}$$

が成り立つことを示せ.

(3)　等式

$$\left(\int_0^{\frac{\pi}{2}} \sqrt{\sin \theta} \, d\theta\right) \left(\int_0^{\frac{\pi}{2}} \frac{d\theta}{\sqrt{\sin \theta}}\right) = \pi$$

が成り立つことを示せ.

□□□ [⇨ **23 · 1**]

問 23.4　$n = 0, 1, 2, \cdots$ のとき, 等式

$$\int_0^1 \frac{t^n}{\sqrt{1-t}} \, dt = \frac{2 \cdot (2n)!!}{(2n+1)!!}$$

が成り立つことを示せ.

□□□ [⇨ **23 · 2**]

問 23.5　$n \in \mathbf{N}$ のとき, 等式

$$\int_0^{+\infty} \frac{dt}{(1+t^2)^n} = \frac{(2n-3)!!}{(2n-2)!!} \frac{\pi}{2}$$

が成り立つことを示せ.

□□□ [⇨ **23 · 2**]

§24　線積分

§24 のポイント

- **径数付き曲線**に沿って，2 変数関数の**線積分**を定めることができる．
- 曲線の径数付けを変えても，**向き**が同じであれば，線積分の値は変わらない．
- 曲線の向きを逆にすると，線積分の値の符号は変わる．
- **区分的 C^1 級縦線集合**かつ**区分的 C^1 級横線集合**となる $\mathbf{R}^2$ の部分集合に対して，**グリーンの定理**が成り立つ．

24・1　曲線の径数付けと向き

2 変数関数と平面上の曲線に対して，線積分とよばれる積分を考えることができる．まず，準備として，曲線の径数付けと向きについて述べよう．

例として，単位円を考える（**図 24.1**）．単位円を表す方法は二通り挙げられる．1 つは方程式を用いて，例えば，$x^2 + y^2 = 1$ のように表す方法である．もう 1 つは 2 つの関数を用いて，例えば，$x = \cos t, y = \sin t \ (t \in [0, 2\pi])$ のように表す方法である．このときの変数 t のことを**パラメータ**あるいは**径数**というので，$x = \varphi(t), y = \psi(t)$ の形で表された曲線を**径数付き曲線**ともいう．線積分を定義する際には，曲線を径数付き曲線として表す．

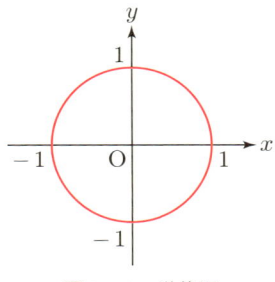

図 24.1　単位円

簡単のため，C^1 級曲線，すなわち，径数付き曲線として表す際に用いる 2 つの関数が C^1 級であるものを考えよう．C を

$$C : \quad x = \varphi(t), \quad y = \psi(t) \qquad (t \in [a, b]) \tag{24.1}$$

と径数付けられている C^1 級曲線とし，P $= (\varphi(a), \psi(a))$, Q $= (\varphi(b), \psi(b))$ と

おく．このとき，C を平面上に描かれた曲線全体としてではなく，t を時刻とみなし，最初に P を出発した点が，時刻が過ぎるにつれて動いていき，最後に Q に到達する，というように捉えよう（**図24.2左**）．

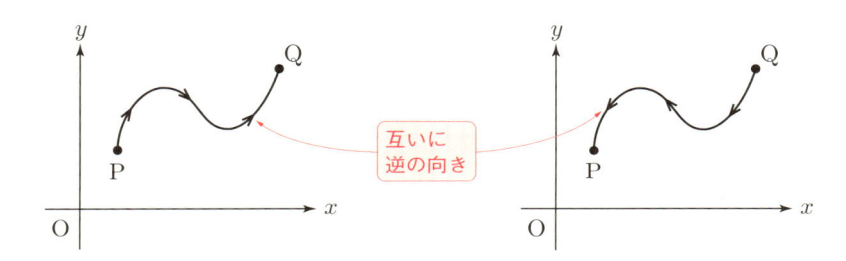

図24.2 曲線の径数付けと向き

ここで，C^1 級の変数変換

$$t = \lambda(s) \qquad (s \in [\alpha, \beta]) \tag{24.2}$$

が条件

$$\lambda'(s) > 0, \quad \lambda(\alpha) = a, \quad \lambda(\beta) = b \tag{24.3}$$

をみたすとする．このとき，C は

$$C: \ x = (\varphi \circ \lambda)(s), \quad y = (\psi \circ \lambda)(s) \qquad (s \in [\alpha, \beta]) \tag{24.4}$$

と合成関数 $(\varphi \circ \lambda)(s), (\psi \circ \lambda)(s)$ を用いて，C^1 級曲線として径数付けられる．すなわち，1 つの曲線に対する径数付けは一通りではない．また，時刻 s が α から β へと動くとき，C 上の点は P から Q まで動く．線積分を考える際には，(24.1) と条件 (24.3) の下での (24.4) は同じ径数付き曲線であるとみなし，これらは同じ向きであるという．

一方，条件 (24.3) を

$$\lambda'(s) < 0, \quad \lambda(\alpha) = b, \quad \lambda(\beta) = a \tag{24.5}$$

と変更した C^1 級の変数変換 (24.2) を考えよう．このとき，C はやはり (24.4) として径数付けられる．しかし，今度は時刻とともに点は Q から P へと逆に動く．線積分を考える際には，(24.1) と条件 (24.5) の下での (24.4) は異なる径数

付き曲線であるとみなし，これらは逆の向きであるという（**図 24.2**）.

24・2   線積分の定義

それでは，線積分を定義しよう.

定義 24.1

$f(x, y)$, $g(x, y)$ を 2 変数の連続関数，C を

$$C:\ x = \varphi(t), \quad y = \psi(t) \qquad (t \in [a, b]) \tag{24.6}$$

と径数付けられた C^1 級曲線とする. また，任意の $t \in [a, b]$ に対して，$(\varphi(t), \psi(t))$ は $f(x, y)$, $g(x, y)$ の定義域の点であるとする. このとき，

$$\int_C f(x, y)\, dx = \int_a^b f(\varphi(t), \psi(t))\varphi'(t)\, dt, \tag{24.7}$$

$$\int_C g(x, y)\, dy = \int_a^b g(\varphi(t), \psi(t))\psi'(t)\, dt \tag{24.8}$$

と表し，これらを $f(x, y)$, $g(x, y)$ の C に沿った線積分という. また，

$$\int_C f(x, y)\, dx + g(x, y)\, dy = \int_C f(x, y)\, dx + \int_C g(x, y)\, dy \tag{24.9}$$

と表す.

注意 24.1　(1) 定義 24.1 において，$\varphi(t)$, $\psi(t)$ は C^1 級なので，(24.7) 右辺や (24.8) 右辺の被積分関数は連続となり，定理 9.3 より，これらは $[a, b]$ で積分可能である.

(2) 定義 24.1 において，(24.7) 右辺や (24.8) 右辺の被積分関数に $\varphi'(t)$, $\psi'(t)$ という部分があるおかげで，**曲線の径数付けを変えても，向きが同じであれば，線積分の値は変わらない**. 実際，条件 (24.3) をみたす変数変換 (24.2) を考えると，(24.7) については，

$$\int_a^b f(\varphi(t), \psi(t))\varphi'(t)\, dt \overset{\odot\, 定理\, 9.6\,(4)}{=} \int_\alpha^\beta f(\varphi(\lambda(s)), \psi(\lambda(s)))\varphi'(\lambda(s))\lambda'(s)\, ds$$

$$\overset{\odot \, 定理 \, 4.4}{=} \int_{\alpha}^{\beta} f((\varphi \circ \lambda)(s), (\psi \circ \lambda)(s))(\varphi \circ \lambda)'(s)\, ds \qquad (24.10)$$

である. (24.8) についても同様である.

一方, 条件 (24.5) をみたす変数変換 (24.2) を考えると, (24.7) については,

$$\int_a^b f(\varphi(t), \psi(t))\varphi'(t)\, dt \overset{\odot \, 定理 \, 9.6\,(4)}{=} \int_{\beta}^{\alpha} f(\varphi(\lambda(s)), \psi(\lambda(s)))\varphi'(\lambda(s))\lambda'(s)\, ds$$

$$\overset{\odot \, 定理 \, 4.4}{=} -\int_{\alpha}^{\beta} f((\varphi \circ \lambda)(s), (\psi \circ \lambda)(s))(\varphi \circ \lambda)'(s)\, ds \qquad (24.11)$$

となり, **曲線の向きを逆にすると, 線積分の値の符号は変わる.** (24.8) についても同様である.

例題 24.1 曲線 C が

$$C: \quad x = t, \quad y = t^2, \qquad (t \in [0, 1]) \qquad (24.12)$$

と径数付けられているとする. このとき, 線積分 $\displaystyle\int_C (x + y)\, dx$ および

$\displaystyle\int_C (x + y)\, dy$ の値を求めよ.

解 まず,

$$\int_C (x + y)\, dx \overset{\odot \, (24.7)}{=} \int_0^1 (t + t^2)t'\, dt = \int_0^1 (t + t^2) \cdot 1\, dt = \int_0^1 (t + t^2)\, dt$$

$$= \left[\frac{1}{2}t^2 + \frac{1}{3}t^3 \right]_0^1 = \frac{1}{2} + \frac{1}{3} = \frac{5}{6} \qquad (24.13)$$

である. また,

$$\int_C (x + y)\, dy \overset{\odot \, (24.8)}{=} \int_0^1 (t + t^2)(t^2)'\, dt = \int_0^1 (t + t^2) \cdot 2t\, dt$$

$$= \int_0^1 (2t^2 + 2t^3)\, dt = \left[\frac{2}{3}t^3 + \frac{1}{2}t^4 \right]_0^1 = \frac{2}{3} + \frac{1}{2} = \frac{7}{6} \qquad (24.14)$$

である. ◇

24・3　区分的 C^1 級関数

定義 24.1 の関数 $\varphi(t), \psi(t)$ に対する仮定「C^1 級」は少し緩めることができる.

定義 24.2

$f(x)$ を有界閉区間 $[a, b]$ で連続な関数とする. 有限個の点 $a = c_0 < c_1 < c_2 < \cdots < c_{n-1} < c_n = b$ が存在し, 任意の $i = 1, 2, \cdots, n$ に対して, $f(x)$ が $[c_{i-1}, c_i]$ で C^1 級となるとき, $f(x)$ は**区分的に C^1 級**であるという.

定義 24.1 において, C は区分的に C^1 級, すなわち, $\varphi(t), \psi(t)$ は区分的に C^1 級であるとしても, 線積分 (24.7), (24.8) を定めることができる. 実際, C が区分的に C^1 級ならば, 定義 24.2 より, 有限個の点 $a = c_0 < c_1 < c_2 < \cdots < c_{n-1} < c_n = b$ が存在し, 任意の $i = 1, 2, \cdots, n$ に対して, $\varphi(t), \psi(t)$ は $[c_{i-1}, c_i]$ で C^1 級となる. よって, (24.7) については,

$$\int_C f(x, y)\, dx = \sum_{i=1}^{n-1} \int_{c_i}^{c_{i+1}} f(\varphi(t), \psi(t)) \varphi'(t)\, dt \tag{24.15}$$

と定めればよい. (24.8) についても同様である.

線積分はグリーンの定理とよばれる定理によって, 重積分と関係付けることができる. グリーンの定理について述べるための準備として, さらに, 次の定義 24.3 のような縦線集合 [⇨ 20・2] と横線集合 [⇨ 20・3] を考えよう.

定義 24.3

- $D \subset \mathbf{R}^2$ を
$$D = \{(x, y) \mid a \leq x \leq b, \ \varphi_1(x) \leq y \leq \varphi_2(x)\} \tag{24.16}$$
と表される縦線集合とする. $\varphi_1(x)$ および $\varphi_2(x)$ が区分的に C^1 級であるとき, D を**区分的 C^1 級縦線集合**という.

- $D \subset \mathbf{R}^2$ を
$$D = \{(x, y) \mid \psi_1(y) \leq x \leq \psi_2(y), \ c \leq y \leq d\} \tag{24.17}$$
と表される横線集合とする. $\psi_1(y)$ および $\psi_2(y)$ が区分的に C^1 級である

とき，D を **区分的 C^1 級縦線集合**という．

以下では，(24.16) や (24.17) の境界とよばれる集合 ∂D を次のように定める．

(24.16) の場合，∂D は次の 4 つの径数付き曲線 C_1, C_2, C_3, C_4 の「和」として表される．すなわち，

$$C_1:\ x = t, \quad y = \varphi_1(t) \qquad (t \in [a, b]), \tag{24.18}$$

$$C_2:\ x = b, \quad y = t \qquad (t \in [\varphi_1(b), \varphi_2(b)]), \tag{24.19}$$

$$C_3:\ x = a + b - t, \quad y = \varphi_2(a + b - t) \qquad (t \in [a, b]), \tag{24.20}$$

$$C_4:\ x = a, \quad y = \varphi_1(a) + \varphi_2(a) - t \qquad (t \in [\varphi_1(a), \varphi_2(a)]) \tag{24.21}$$

である（**図 24.3**）．このとき，径数付き曲線として，最初に $(a, \varphi_1(a))$ を出発した点が C_1 に沿って $(b, \varphi_1(b))$ まで動き，次に C_2 に沿って $(b, \varphi_2(b))$ まで動き，さらに C_3 に沿って $(a, \varphi_2(a))$ まで動き，最後は C_4 に沿って最初の $(a, \varphi_1(a))$ へ戻る，という経路を考えると，これが ∂D の径数付けをあたえる．以下では，**このように ∂D の向き付けは D の内部が曲線の進む方向の左手に見えるようなものを選ぶ**．そして，

$$\partial D = C_1 + C_2 + C_3 + C_4 \tag{24.22}$$

と表す．例えば，∂D の径数付けとして，(24.22) の代わりに，最初に $(b, \varphi_1(b))$

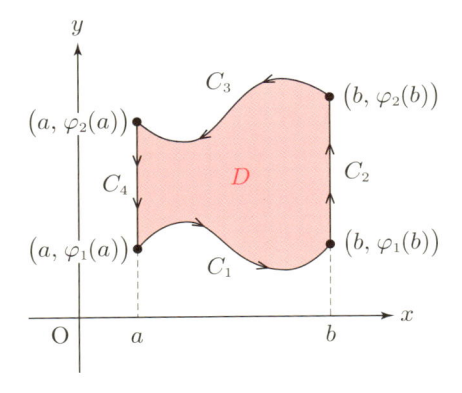

図 24.3 縦線集合 D とその境界 ∂D

を出発し，その後，C_2, C_3, C_4, C_1 の順に沿って動いていき，最後は $(b, \varphi_1(b))$ へ戻る

$$\partial D = C_2 + C_3 + C_4 + C_1 \tag{24.23}$$

を考えることもできる．

D が区分的に C^1 級ならば，$C_1 \sim C_4$ はすべて区分的に C^1 級となるので，∂D も区分的に C^1 級である．すなわち，区分的 C^1 級縦線集合の境界は区分的 C^1 級曲線である．このとき，曲線の向きを上のように決めておけば，線積分の値は径数付けにも，最初に出発する点の位置にも依存しない．

また，(24.17) の場合についても，同様に考えることができる．

24・4　グリーンの定理

グリーンの定理を一般的な形で示すには，いろいろと準備が必要となるため [⇨ [杉浦 2] 第 VIII 章 §3]，最も基本的な場合である次の定理 24.1 を示そう．

定理 24.1（グリーンの定理）

$P(x,y), Q(x,y)$ を 2 変数の C^1 級関数，D を区分的 C^1 級縦線集合としても区分的 C^1 級横線集合としても表される $\mathbf{R}^2$ の部分集合とする．D が $P(x,y), Q(x,y)$ の定義域に含まれるならば，等式

$$\int_{\partial D} P(x,y)\,dx + Q(x,y)\,dy = \iint_D (Q_x(x,y) - P_y(x,y))\,dxdy \tag{24.24}$$

が成り立つ．

[**証明**]　まず，D を区分的 C^1 級縦線集合 (24.16) とみなし，(24.18)〜(24.21) の $C_1 \sim C_4$ を用いて，∂D を (24.22) として表しておく．このとき，

$$\int_{\partial D} P(x,y)\,dx$$
$$= \int_{C_1} P(x,y)\,dx + \int_{C_2} P(x,y)\,dx + \int_{C_3} P(x,y)\,dx + \int_{C_4} P(x,y)\,dx$$

$$\overset{\odot\,(24.7)}{=} \int_a^b P(t,\varphi_1(t))t'\,dt + \int_{\varphi_1(b)}^{\varphi_2(b)} P(b,t)b'\,dt$$

$$+ \int_a^b P(a+b-t,\varphi_2(a+b-t))(a+b-t)'\,dt$$

$$+ \int_{\varphi_1(a)}^{\varphi_2(a)} P(a,\varphi_1(a)+\varphi_2(a)-t)a'\,dt$$

$$= \int_a^b P(t,\varphi_1(t))\,dt + \int_{\varphi_1(b)}^{\varphi_2(b)} 0\,dt$$

$$- \int_a^b P(a+b-t,\varphi_2(a+b-t))\,dt + \int_{\varphi_1(a)}^{\varphi_2(a)} 0\,dt$$

$$= \int_a^b P(t,\varphi_1(t))\,dt + \int_b^a P(s,\varphi_2(s))\,ds$$

（☺ 第 3 項において，$s = a + b - t$ とおく.）

$$= -\int_a^b (P(x,\varphi_2(x))-P(x,\varphi_1(x)))\,dx = -\int_a^b [P(x,y)]_{y=\varphi_1(x)}^{y=\varphi_2(x)}\,dx$$

$$= -\int_a^b dx \int_{\varphi_1(x)}^{\varphi_2(x)} P_y(x,y)\,dy = -\iint_D P_y(x,y)\,dxdy \tag{24.25}$$

である．すなわち，

$$\int_{\partial D} P(x,y)\,dx = -\iint_D P_y(x,y)\,dxdy \tag{24.26}$$

である．

同様に，D を区分的 C^1 級横線集合 (24.17) とみなして計算すると，

$$\int_{\partial D} Q(x,y)\,dy = \iint_D Q_x(x,y)\,dxdy \tag{24.27}$$

となる $[\Rightarrow \boxed{問\,24.3}]$.

(24.26), (24.27) より，(24.24) が得られる． $\diamondsuit$

$\boxed{例\,24.1}$ グリーンの定理（定理 24.1）において，$P(x,y)=0,\ Q(x,y)=x$ とすると，(24.24) は

$$\int_{\partial D} x\,dy = \iint_D dxdy \tag{24.28}$$

となる．すなわち，D の面積は (24.28) 左辺の線積分の値に等しい．

　また，定理 24.1 において，$P(x, y) = -y$, $Q(x, y) = 0$ とすると，(24.24) は

$$-\int_{\partial D} y\,dx = \iint_D dxdy \tag{24.29}$$

となる．すなわち，D の面積は (24.29) 左辺の線積分の値にも等しい．

　さらに，(24.28), (24.29) より，D の面積は線積分

$$\frac{1}{2}\int_{\partial D} x\,dy - y\,dx \tag{24.30}$$

の値にも等しい．　　　　　　　　　　　　　　　　　　　　　　　　◆

例題 24.2　$a, b > 0$ とする．(24.30) を用いることにより，楕円 $x = a\cos t$, $y = b\sin t$ $(0 \leq t \leq 2\pi)$ で囲まれた領域の面積を求めよ [⇨ **問 21.6**]．

□ □ □

解　まず，楕円で囲まれた領域を D とおくと，D は区分的 C^1 級縦線集合としても区分的 C^1 級横線集合としても表されることに注意する．求める面積は (24.7), (24.8), (24.30) より，

$$\frac{1}{2}\int_{\partial D} x\,dy - y\,dx = \frac{1}{2}\int_0^{2\pi} (a\cos t)(b\sin t)'\,dt - \frac{1}{2}\int_0^{2\pi} (b\sin t)(a\cos t)'\,dt$$

$$= \frac{ab}{2}\int_0^{2\pi} (\cos^2 t + \sin^2 t)\,dt = \frac{ab}{2}\int_0^{2\pi} dt = \frac{ab}{2}\cdot 2\pi = \pi ab \tag{24.31}$$

である．　　　　　　　　　　　　　　　　　　　　　　　　　　　◇

§ 24 の問題

確認問題

問 24.1　曲線 C が

$$C:\ x = t^3,\quad y = t^2 \qquad (t \in [0, 1])$$

と径数付けられているとする．このとき，線積分 $\displaystyle\int_C (x - y)\, dx$ および

$\displaystyle\int_C (x - y)\, dy$ の値を求めよ．　□□□ [⇨ **24 · 2**]

問 24.2　$a > 0$ とする．アステロイド [⇨ **注意 11.1**] $x = a\cos^3 t,\ y = a\sin^3 t$

$(0 \le t \le 2\pi)$ で囲まれた領域の面積を求めよ．　□□□ [⇨ **24 · 4**]

基本問題

問 24.3　次の □ をうめることにより，(24.27) を示せ．

　径数付き曲線 C_1, C_2, C_3, C_4 を

$$\begin{aligned}
C_1:\ x &= \boxed{①}, & y &= c & (t \in [\psi_1(c), \psi_2(c)]), \\
C_2:\ x &= \boxed{②}, & y &= t & (t \in [c, d]), \\
C_3:\ x &= \boxed{③}, & y &= d & (t \in [\psi_1(d), \psi_2(d)]), \\
C_4:\ x &= \boxed{④}, & y &= c + d - t & (t \in [c, d])
\end{aligned}$$

により定めると，$\partial D = C_1 + C_2 + C_3 + C_4$ である．このとき，

$$\begin{aligned}
&\int_{\partial D} Q(x, y)\, dy \\
&= \int_{C_1} Q(x, y)\, dy + \int_{C_2} Q(x, y)\, dy + \int_{C_3} Q(x, y)\, dy + \int_{C_4} Q(x, y)\, dy \\
&= \int_{\psi_1(c)}^{\psi_2(c)} Q\left(\boxed{①}, c \right) c'\, dt + \int_c^d Q\left(\boxed{②}, t \right) t'\, dt
\end{aligned}$$

$$+ \int_{\psi_1(d)}^{\psi_2(d)} Q\left(\boxed{③} , d \right) d' \, dt + \int_c^d Q\left(\boxed{④} , c+d-t \right) (c+d-t)' \, dt$$

$$= \int_c^d Q\left(\boxed{②} , t \right) dt + \int_d^c Q\left(\boxed{⑤} , s \right) ds$$

$$= \int_c^d (Q(\psi_2(y), y) - Q(\psi_1(y), y)) \, dy = \int_c^d [Q(x, y)]_{x=\psi_1(y)}^{x=\psi_2(y)} \, dy$$

$$= \int_c^d dy \int_{\psi_1(y)}^{\psi_2(y)} \boxed{⑥} \, dx = \iint_D \boxed{⑥} \, dx dy$$

である．よって，(24.27) が成り立つ． □□□ [⇨ **24・4**]

問 24.4　次の問に答えよ．

(1)　$P(x, y), Q(x, y)$ を 2 変数の C^1 級関数，D を区分的 C^1 級縦線集合としても区分的 C^1 級横線集合としても表される $\mathbf{R}^2$ の部分集合とする．D が $P(x, y), Q(x, y)$ の定義域に含まれ，等式 $P_y(x, y) = Q_x(x, y)$ が成り立つならば，線積分

$$\int_{\partial D} P(x, y) \, dx + Q(x, y) \, dy$$

の値は 0 であることを示せ．

(2)　2 変数関数 $P(x, y), Q(x, y)$ を

$$P(x, y) = -\frac{y}{x^2 + y^2}, \qquad Q(x, y) = \frac{x}{x^2 + y^2}$$

により定める．このとき，等式 $P_y(x, y) = Q_x(x, y)$ が成り立つことを示せ．

(3)　D を単位円 $x = \cos t, y = \sin t \ (0 \le t \le 2\pi)$ で囲まれた領域とする．(2) の関数 $P(x, y), Q(x, y)$ に対して，(1) の線積分の値を求めよ．

□□□ [⇨ **24・4**]

チャレンジ問題

問 24.5　(24.24) は D が区分的 C^1 級縦線集合または区分的 C^1 級横線集合のいずれかとして表されるときも成り立つ．とくに，このときも D の面積は

(24.28)〜(24.30) の線積分の値に等しい.

$a > 0$ とする. 極座標 (r, θ) を用いて,

$$r = a(1 + \cos \theta) \qquad (\theta \in [0, 2\pi])$$

と表される曲線を**カージオイド**または**心臓形**という（**図 24.4**）. カージオイド で囲まれた領域の面積を求めよ.　　　　　□□□ [⇨ **24·4**]

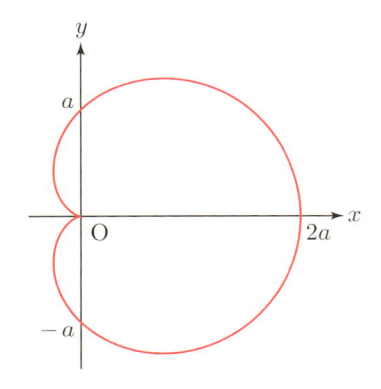

図 24.4　カージオイド

第 6 章のまとめ

2 変数関数の重積分

○ 縦線集合

$$D = \{(x, y) \mid a \leq x \leq b, \ \varphi_1(x) \leq y \leq \varphi_2(x)\}$$

上の重積分：

$$\iint_D f(x, y)\, dxdy = \int_a^b dx \int_{\varphi_1(x)}^{\varphi_2(x)} f(x, y)\, dy \quad \text{（累次積分）}$$

○ 横線集合上の重積分についても同様

○ 変数変換公式：

$$\iint_D f(x, y)\, dxdy = \iint_E f(\varphi(u, v), \psi(u, v)) \left| \frac{\partial(x, y)}{\partial(u, v)} \right| dudv$$

- $\dfrac{\partial(x, y)}{\partial(u, v)} = \dfrac{\partial x}{\partial u} \dfrac{\partial y}{\partial v} - \dfrac{\partial x}{\partial v} \dfrac{\partial y}{\partial u}$ （ヤコビアン）

- 重要な変数変換：**アフィン変換，極座標変換**

○ 曲面の面積：グラフ $z = f(x, y)$ $((x, y) \in D)$ の面積は

$$\iint_D \sqrt{1 + (f_x(x, y))^2 + (f_y(x, y))^2}\, dxdy$$

線積分

○ $\displaystyle \int_C f(x, y)\, dx = \int_a^b f(\varphi(t), \psi(t)) \varphi'(t)\, dt$

○ $\displaystyle \int_C g(x, y)\, dy = \int_a^b f(\varphi(t), \psi(t)) \psi'(t)\, dt$

○ グリーンの定理：

$$\int_{\partial D} P(x, y)\, dx + Q(x, y)\, dy = \iint_D (Q_x(x, y) - P_y(x, y))\, dxdy$$

問題の詳細解答

　節末問題の丁寧で詳細な解答を載せた．読者が手を動かしてくり返し問題を解くことで，理解を完全なものにすることを願っている．

§1 の問題解答

解 1.1　(1.13) において，$n = 5$ とすると，$a_5 = 48$ なので，$48 = ar^4$ である．また，(1.13) において，$n = 8$ とすると，$a_8 = 384$ なので，$384 = ar^7$ である．とくに，$r \neq 0$ でなければならないことに注意すると，これら 2 式より，$8 = r^3$ となる．ここで，r は実数なので，$r = 2$ である．よって，$48 = a \cdot 2^4$ となるので，$a = 3$ である．したがって，一般項は $a_n = 3 \cdot 2^{n-1}$ である．

解 1.2　(1) $\displaystyle\lim_{n\to\infty} \frac{4^n - 5^{n+1}}{5^n} = \lim_{n\to\infty} \left\{ \left(\frac{4}{5}\right)^n - 5 \right\} \overset{\odot \, 定理 \, 1.1\,(1)}{=} \lim_{n\to\infty} \left(\frac{4}{5}\right)^n - \lim_{n\to\infty} 5$

$\overset{\odot \,(1.19),(1.21)}{=} 0 - 5 = -5$ より，極限は -5 である．

(2) $\displaystyle\lim_{n\to\infty} \frac{n+2}{3n-4} = \lim_{n\to\infty} \frac{1 + \frac{2}{n}}{3 - \frac{4}{n}}$　（$\odot$ 分母と分子を n で割る）$\overset{\odot \, 定理 \, 1.1\,(4)}{=} \dfrac{\lim_{n\to\infty}\left(1 + \frac{2}{n}\right)}{\lim_{n\to\infty}\left(3 - \frac{4}{n}\right)}$

$\overset{\odot \, 定理 \, 1.1\,(1),(2)}{=} \dfrac{\lim_{n\to\infty} 1 + 2\lim_{n\to\infty}\frac{1}{n}}{\lim_{n\to\infty} 3 - 4\lim_{n\to\infty}\frac{1}{n}} \overset{\odot \,(1.19),(1.20)\, 第 1 式}{=} \dfrac{1 + 2\cdot 0}{3 - 4\cdot 0} = \dfrac{1}{3}$ より，極限は $\frac{1}{3}$ である．

(3) $\displaystyle\lim_{n\to\infty} \frac{5^n - 6^n}{5^n + 6^n} = \lim_{n\to\infty} \frac{\left(\frac{5}{6}\right)^n - 1}{\left(\frac{5}{6}\right)^n + 1}$　（$\odot$ 分母と分子を 6^n で割る）

$\overset{\odot \, 定理 \, 1.1\,(4)}{=} \dfrac{\lim_{n\to\infty}\left\{\left(\frac{5}{6}\right)^n - 1\right\}}{\lim_{n\to\infty}\left\{\left(\frac{5}{6}\right)^n + 1\right\}} \overset{\odot \, 定理 \, 1.1\,(1)}{=} \dfrac{\lim_{n\to\infty}\left(\frac{5}{6}\right)^n - \lim_{n\to\infty} 1}{\lim_{n\to\infty}\left(\frac{5}{6}\right)^n + \lim_{n\to\infty} 1} \overset{\odot \,(1.19),(1.21)}{=} \dfrac{0 - 1}{0 + 1}$

$= -1$ より，極限は -1 である．

解 1.3　$n \in \mathbf{N}$ とすると，$(-1)^n = \pm 1$ なので，$-\dfrac{1}{n} \leq \dfrac{(-1)^n}{n} \leq \dfrac{1}{n}$ である．ここで，(1.20) 第 1 式および定理 1.1 (2) より，$\displaystyle\lim_{n\to\infty}\left(-\frac{1}{n}\right) = 0, \lim_{n\to\infty}\frac{1}{n} = 0$ となる．よって，はさみうちの原理（定理 1.3）より，極限は 0 である．

解 1.4　(1) $n = 1$ のとき，あたえられた不等式は両辺ともに 2 となるので，成り立つ．$n \geq 2$ のとき，二項定理において，$x = y = 1$ とすると，$2^n = (1+1)^n = {}_n\mathrm{C}_0 \cdot 1^n + {}_n\mathrm{C}_1 \cdot 1^{n-1} \cdot 1 + {}_n\mathrm{C}_2 \cdot 1^{n-2} \cdot 1^2 + \cdots + {}_n\mathrm{C}_n \cdot 1^n \geq {}_n\mathrm{C}_0 + {}_n\mathrm{C}_1 + {}_n\mathrm{C}_2 = 1 + n + \frac{n(n-1)}{2}$ である．よって，題意の不等式が成り立つ．

(2) ① $n^2 + n + 2$ ② 0 $\left(\because \dfrac{2n}{n^2 + n + 2} = \dfrac{\frac{2}{n}}{1 + \frac{1}{n} + \frac{2}{n^2}} \to \dfrac{0}{1 + 0 + 0} = 0 \quad (n \to \infty) \right)$

③ はさみうち ④ 0

§2 の問題解答

解 2.1　（その 1）$\displaystyle\lim_{x \to a} \dfrac{cf(x)}{g(x)} \underset{\text{定理 2.1 (4)}}{\overset{\because}{=}} \dfrac{\displaystyle\lim_{x \to a} cf(x)}{\displaystyle\lim_{x \to a} g(x)} \underset{\text{定理 2.1 (2)}}{\overset{\because}{=}} \dfrac{c \displaystyle\lim_{x \to a} f(x)}{\displaystyle\lim_{x \to a} g(x)} = \dfrac{cl}{m}$

$\left(\because \displaystyle\lim_{x \to a} f(x) = l,\ \lim_{x \to a} g(x) = m \right)$ である. （その 2）$\displaystyle\lim_{x \to a} \dfrac{cf(x)}{g(x)} = \lim_{x \to a} c \dfrac{f(x)}{g(x)}$

$\underset{\text{定理 2.1 (2)}}{\overset{\because}{=}} c \displaystyle\lim_{x \to a} \dfrac{f(x)}{g(x)} \underset{\text{定理 2.1 (4)}}{\overset{\because}{=}} c \dfrac{\displaystyle\lim_{x \to a} f(x)}{\displaystyle\lim_{x \to a} g(x)} = c \dfrac{l}{m}$ $\left(\because \displaystyle\lim_{x \to a} f(x) = l, \right.$

$\displaystyle\lim_{x \to a} g(x) = m \Big) = \dfrac{cl}{m}$ である.

解 2.2　(1) $t = x - 3$ とおくと, (2.6) 第 3 式, (2.7) 第 3 式, 定理 2.1 (1) より, $x \to 3 - 0$ のとき, $t \to -0$ となる. よって, （与式）$= \displaystyle\lim_{t \to -0} \dfrac{1}{t} \underset{(2.10)\text{ 第 2 式}}{\overset{\because}{=}} -\infty$ である.

(2) $t = 2 - x$ とおくと, (2.6) 第 2 式, (2.7) 第 2 式, 定理 2.1 (1) より, $x \to 2 + 0$ のとき, $t \to -0$ となる. よって, （与式）$= \displaystyle\lim_{t \to -0} \dfrac{1}{t} \underset{(2.10)\text{ 第 2 式}}{\overset{\because}{=}} -\infty$ である.

(3) $t = \dfrac{2x + 3}{4}$ とおくと, (2.6) 第 2 式, (2.7) 第 2 式, 定理 2.1 (1), (2) より, $x \to -\frac{3}{2} + 0$ のとき, $t \to +0$ となる. よって, （与式）$= \displaystyle\lim_{t \to +0} \dfrac{1}{t} \underset{(2.10)\text{ 第 1 式}}{\overset{\because}{=}} +\infty$ である.

((1)～(3) のいずれも定理 2.2 (4) と同様の事実を用いて求めることができる. ただし, 符号に注意する必要がある.)

解 2.3　(1) $0 \leq \sin^2 \dfrac{1}{x} \leq 1$ なので, $x < 0$ とすると, $x \leq x \sin^2 \dfrac{1}{x} \leq 0$ である. ここで, (2.6) 第 3 式, (2.7) 第 3 式より, $\displaystyle\lim_{x \to -0} x = 0, \displaystyle\lim_{x \to -0} 0 = 0$ である. よって, はさみうちの原理 (定理 2.4) より, 極限は 0 である.

(2) $x \neq 0$ とすると, $x^2 > 0$, $-1 \leq \cos \dfrac{1}{x} \leq 1$ なので, $-x^2 \leq x^2 \cos \dfrac{1}{x} \leq x^2$ である. ここで, 定理 2.1 (2), (2.22) 第 1 式より, $\displaystyle\lim_{x \to 0} (-x^2) = 0, \displaystyle\lim_{x \to 0} x^2 = 0$ となる. よって, はさみうちの原理 (定理 2.4) より, 極限は 0 である.

(3) $-1 \leq \cos x^2 \leq 1$ なので, $x < 0$ とすると, $\dfrac{1}{x} \leq \dfrac{\cos x^2}{x} \leq -\dfrac{1}{x}$ である. ここで, (2.15) 第 2 式, 定理 2.1 (2) より, $\displaystyle\lim_{x \to -\infty} \left(-\dfrac{1}{x} \right) = 0, \displaystyle\lim_{x \to -\infty} \dfrac{1}{x} = 0$ となる. よって, はさみうちの原理 (定理 2.4) より, 極限は 0 である.

解 2.4　$\displaystyle\lim_{x\to+\infty}\frac{x^2-\sin^2 x}{x-\sin x}=\lim_{x\to+\infty}\frac{(x+\sin x)(x-\sin x)}{x-\sin x}=\lim_{x\to+\infty}(x+\sin x)=+\infty$

$(\odot\ \displaystyle\lim_{x\to+\infty}x=+\infty,\ \sin x\geq-1)$ である.

解 2.5　① $+\infty$　$(\odot\ (2.10)$ 第 1 式)　② e　$(\odot\ (2.16))$　③ $-\infty$　$(\odot\ (2.10)$ 第 2 式)
④ e　$(\odot\ (2.28))$　⑤ e

§3 の問題解答

解 3.1　(1) (与式)$=\displaystyle\lim_{x\to\frac{\pi}{2}}\frac{1-\sin x}{1-\sin^2 x}=\lim_{x\to\frac{\pi}{2}}\frac{1-\sin x}{(1+\sin x)(1-\sin x)}=\lim_{x\to\frac{\pi}{2}}\frac{1}{1+\sin x}$

$\overset{\odot\ \text{例 3.1, 例 3.2,(3.3)}}{=}\dfrac{1}{1+\sin\frac{\pi}{2}}=\dfrac{1}{1+1}=\dfrac{1}{2}$ である.

(2) (与式)$=\displaystyle\lim_{x\to0}\log(1+x)^{\frac{1}{x}}\overset{\odot\ \text{問 2.5, 例 3.3 (2)}}{=}\log e=1$ である.

(3) $t=e^x-1$ とおくと, $x=\log(1+t)$ であり, 例 3.3 (1) より, $x\to0$ のとき, $t\to0$ となる. よって, (与式)$=\displaystyle\lim_{t\to0}\frac{t}{\log(1+t)}=\lim_{t\to0}\frac{1}{\frac{\log(1+t)}{t}}=\frac{\displaystyle\lim_{t\to0}1}{\displaystyle\lim_{t\to0}\frac{\log(1+t)}{t}}\overset{\odot\ (2)}{=}\dfrac{1}{1}=1$ である.

解 3.2　$a,b\in\mathbf{R}$, $a<b$ とする. $(a,b)\subset\mathbf{R}$ を $(a,b)=\{x\in\mathbf{R}\mid a<x<b\}$ により定め, これを有界開区間という. また, $[a,b]\subset\mathbf{R}$ を $[a,b]=\{x\in\mathbf{R}\mid a\leq x\leq b\}$ により定め, これを有界閉区間という.

解 3.3　まず, $\displaystyle\lim_{x\to+0}|x|=\lim_{x\to+0}x=0=|0|$, $\displaystyle\lim_{x\to-0}|x|=\lim_{x\to-0}(-x)=0=|0|$ である. よって, $\displaystyle\lim_{x\to0}|x|=|0|$ である. したがって, (3.1) の条件が成り立つので, $|x|$ は $x=0$ で連続である.

解 3.4　(1) (与式)$\overset{\odot\ \text{倍角の公式}}{=}\displaystyle\lim_{x\to0}\frac{1-(1-2\sin^2 x)}{x^2}=\lim_{x\to0}2\left(\frac{\sin x}{x}\right)^2$

$=2\left(\displaystyle\lim_{x\to0}\frac{\sin x}{x}\right)^2\overset{\odot\ (3.17)}{=}2\cdot1^2=2$ である.

(2) $t=3x$ とおくと, $x\to0$ のとき, $t\to0$ となる. よって, (与式)$=\displaystyle\lim_{x\to0}3\cdot\frac{\sin 3x}{3x}$

$=\displaystyle\lim_{t\to0}3\cdot\frac{\sin t}{t}=3\lim_{t\to0}\frac{\sin t}{t}\overset{\odot\ (3.17)}{=}3\cdot1=3$ である.

(3) $t=x-\pi$ とおくと, $x\to\pi$ のとき, $t\to0$ となる. よって, (与式)$=\displaystyle\lim_{t\to0}\frac{\sin(t+\pi)}{t}$

$=\displaystyle\lim_{t\to0}\left(-\frac{\sin t}{t}\right)=-\lim_{t\to0}\frac{\sin t}{t}\overset{\odot\ (3.17)}{=}-1$ である.

解 3.5　① 連続　② $\leq$　③ $\geq$　④ a　⑤ b　⑥ $<$　⑦ $>$　⑧ 中間値

§4 の問題解答

解 4.1 (1) $(\cos x)' \overset{\odot\, 定義\, 4.1}{=} \lim_{h \to 0} \dfrac{\cos(x+h) - \cos x}{h}$

$\overset{\odot\, 和積の公式}{=} \lim_{h \to 0} \dfrac{1}{h} \cdot (-2) \sin \dfrac{(x+h)+x}{2} \sin \dfrac{(x+h)-x}{2} = -\lim_{h \to 0} \dfrac{\sin \frac{h}{2}}{\frac{h}{2}} \sin \left(x + \dfrac{h}{2} \right)$

$\overset{\odot\, (3.17)}{=} -1 \cdot \sin x = -\sin x$ である．よって，$\cos x$ は微分可能であり，(1) が成り立つ．

(2) $(e^x)' \overset{\odot\, 定義\, 4.1}{=} \lim_{h \to 0} \dfrac{e^{x+h} - e^x}{h} \overset{\odot\, 指数法則}{=} \lim_{h \to 0} e^x \dfrac{e^h - 1}{h} = e^x \lim_{h \to 0} \dfrac{e^h - 1}{h}$

$\overset{\odot\, 問\, 3.1\,(3)}{=} e^x \cdot 1 = e^x$ である．よって，e^x は微分可能であり，(2) が成り立つ．

解 4.2 $(cf(x))' \overset{\odot\, 定義\, 4.1}{=} \lim_{h \to 0} \dfrac{cf(x+h) - cf(x)}{h} = \lim_{h \to 0} c \dfrac{f(x+h) - f(x)}{h}$

$= c \lim_{h \to 0} \dfrac{f(x+h) - f(x)}{h} \overset{\odot\, 定義\, 4.1}{=} cf'(x)$ である．よって，題意の等式が成り立つ．

解 4.3 (1) $(x^2 - 6x + 9)' \overset{\odot\, (4.15)}{=} (x^2)' - 6x' + (9)' \overset{\odot\, 定理\, 4.2\,(1),(4.4)}{=} 2x - 6 \cdot 1 + 0$

$= 2x - 6$ である．

(2) $(x^3 e^x)' \overset{\odot\, 定理\, 4.3\,(3)}{=} (x^3)' e^x + x^3 (e^x)' \overset{\odot\, 定理\, 4.2\,(1),(4)}{=} 3x^2 e^x + x^3 e^x = (x+3)x^2 e^x$

である．

(3) $\left(\dfrac{\cos x}{\sin x} \right)' \overset{\odot\, 定理\, 4.3\,(4)}{=} \dfrac{(\cos x)' \sin x - (\cos x)(\sin x)'}{\sin^2 x}$

$\overset{\odot\, 定理\, 4.2\,(2),(3)}{=} \dfrac{(-\sin x)(\sin x) - \cos x \cos x}{\sin^2 x} = -\dfrac{\sin^2 x + \cos^2 x}{\sin^2 x} = -\dfrac{1}{\sin^2 x}$ である．

解 4.4 ① $\dfrac{f(x+h)}{g(x+h)}$ ② $f(x+h)g(x) - f(x)g(x+h)$ ③ $g(x)$ ④ h ⑤ h

解 4.5 $(\tanh x)' = \left(\dfrac{\sinh x}{\cosh x} \right)' \overset{\odot\, 定理\, 4.3\,(4)}{=} \dfrac{(\sinh x)' \cosh x - (\sinh x)(\cosh x)'}{\cosh^2 x}$

$\overset{\odot\, (4.27)}{=} \dfrac{\cosh x \cosh x - \sinh x \sinh x}{\cosh^2 x} = \dfrac{\cosh^2 x - \sinh^2 x}{\cosh^2 x} \overset{\odot\, (4.24)}{=} \dfrac{1}{\cosh^2 x}$ である．

解 4.6 (1) $\{(2x-3)^4\}' \overset{\odot\, 定理\, 4.2\,(1),\, 定理\, 4.4}{=} 4(2x-3)^3 (2x-3)'$

$\overset{\odot\, 例\, 4.1,\, 定理\, 4.2\,(1),(4.15)}{=} 4(2x-3)^3 \cdot 2 = 8(2x-3)^3$ である．

(2) $\left(\cos \dfrac{1}{x} \right)' \overset{\odot\, 定理\, 4.2\,(3),\, 定理\, 4.4}{=} \left(-\sin \dfrac{1}{x} \right) \left(\dfrac{1}{x} \right)' \overset{\odot\, (4.22)}{=} \left(-\sin \dfrac{1}{x} \right) \left(-\dfrac{1}{x^2} \right)$

$= \dfrac{1}{x^2} \sin \dfrac{1}{x}$ である．

(3) $(e^{-x^2})' \overset{\odot\, 定理\, 4.2\,(4),\, 定理\, 4.4}{=} e^{-x^2} (-x^2)' \overset{\odot\, 定理\, 4.2\,(1),\, 定理\, 4.3\,(2)}{=} e^{-x^2} (-2x)$

$= -2x e^{-x^2}$ である．

§5 の問題解答

解 5.1　(1) $f(x)$ を有界閉区間 $[a,b]$ で連続な関数とする．$f(x)$ が (a,b) で微分可能であり，$f(a) = f(b)$ をみたすならば，$f'(c) = 0$ となる $c \in (a,b)$ が存在する．

(2) $f(x)$ を有界閉区間 $[a,b]$ で連続な関数とする．$f(x)$ が (a,b) で微分可能ならば，$\dfrac{f(b) - f(a)}{b - a} = f'(c)$ となる $c \in (a,b)$ が存在する．

解 5.2　$y = f(x) = x^n$ とおくと，$x = f^{-1}(y) = \sqrt[n]{y}$ である．よって，

$(\sqrt[n]{y})' \overset{\odot (5.10)}{=} \dfrac{1}{(x^n)'} = \dfrac{1}{nx^{n-1}} = \dfrac{1}{n(\sqrt[n]{y})^{n-1}} = \dfrac{1}{ny^{\frac{n-1}{n}}} = \dfrac{1}{n}y^{\frac{1}{n}-1}$，すなわち，

$(\sqrt[n]{y})' = \dfrac{1}{n}y^{\frac{1}{n}-1}$ である．y を x に置き換えると，題意の等式が得られる．

解 5.3　(1) $x = \sin^{-1}\left(-\frac{1}{2}\right)$ とおくと，$x \in \left[-\frac{\pi}{2}, \frac{\pi}{2}\right]$, $\sin x = -\frac{1}{2}$ である．よって，$x = -\frac{\pi}{6}$ である．

(2) $x = \cos^{-1}\frac{1}{2}$ とおくと，$x \in [0, \pi]$, $\cos x = \frac{1}{2}$ である．よって，$x = \frac{\pi}{3}$ である．

(3) $x = \tan^{-1}1$ とおくと，$x \in \left(-\frac{\pi}{2}, \frac{\pi}{2}\right)$, $\tan x = 1$ である．よって，$x = \frac{\pi}{4}$ である．

解 5.4　関数 $f(x)$ が $f'(x) \neq 0$ をみたし，微分可能な逆関数 $f^{-1}(y)$ が存在すると仮定する．まず，逆関数の定義より，$x = f^{-1}(f(x))$ である．よって，$1 = x' = \left(f^{-1}(f(x))\right)' \overset{\odot 定理 4.4}{=} (f^{-1})'(f(x))f'(x)$，すなわち，$1 = (f^{-1})'(f(x))f'(x)$ である．したがって，$(f^{-1})'(f(x)) = \dfrac{1}{f'(x)}$ である．

解 5.5　(1) $y = x^a$ とおくと，$\log y = a \log x$ である．両辺を x で微分すると，定理 4.4, (5.11) より，$\dfrac{1}{y}y' = \dfrac{a}{x}$ となる．よって，$y' = \dfrac{a}{x} \cdot y = \dfrac{a}{x}x^a = ax^{a-1}$ となるので，(1) の等式が成り立つ．

(2) $y = a^x$ とおくと，$\log y = (\log a)x$ である．両辺を x で微分すると，定理 4.4, (5.11) より，$\dfrac{1}{y}y' = \log a$ となる．よって，$y' = (\log a)y = (\log a)a^x$ となるので，(2) の等式が成り立つ．

解 5.6　(1) $y = f(x) = \sin x$ $\left(x \in \left(-\frac{\pi}{2}, \frac{\pi}{2}\right)\right)$ とおくと，$y \in (-1, 1)$, $x = f^{-1}(y) = \sin^{-1}y$ である．よって，$(\sin^{-1}y)' \overset{\odot (5.10)}{=} \dfrac{1}{(\sin x)'} = \dfrac{1}{\cos x} \overset{\odot\, x \in (-\frac{\pi}{2}, \frac{\pi}{2})}{=} \dfrac{1}{\sqrt{1 - \sin^2 x}} = \dfrac{1}{\sqrt{1 - y^2}}$，すなわち，$(\sin^{-1}y)' = \dfrac{1}{\sqrt{1 - y^2}}$ である．y を x に置き換えると，(1) の等式が得られる．

(2) $y = f(x) = \cos x$ $(x \in (0, \pi))$ とおくと，$y \in (-1, 1)$, $x = f^{-1}(y) = \cos^{-1}y$ である．

よって，$(\cos^{-1} y)' \overset{\odot (5.10)}{=} \dfrac{1}{(\cos x)'} = \dfrac{1}{-\sin x} \overset{\odot\, x\in(0,\pi)}{=} -\dfrac{1}{\sqrt{1-\cos^2 x}} = -\dfrac{1}{\sqrt{1-y^2}}$，す

なわち，$(\cos^{-1} y)' = -\dfrac{1}{\sqrt{1-y^2}}$ である．y を x に置き換えると，(2) の等式が得られる．

(3) $y = f(x) = \tan x$ とおくと，$x = f^{-1}(y) = \tan^{-1} y$ である．よって，

$(\tan^{-1} y)' \overset{\odot (5.10)}{=} \dfrac{1}{(\tan x)'} \overset{\odot (4.20)}{=} \dfrac{1}{\frac{1}{\cos^2 x}} = \dfrac{1}{1+\tan^2 x} = \dfrac{1}{1+y^2}$，すなわち，

$(\tan^{-1} y)' = \dfrac{1}{1+y^2}$ である．y を x に置き換えると，(3) の等式が得られる．

§6 の問題解答

解 6.1 (1) 定理 6.2 より，(与式) $= \displaystyle\lim_{x\to 0} \dfrac{(\cos x - 1 + \frac{1}{2}x^2)'}{(x^4)'} = \lim_{x\to 0} \dfrac{-\sin x + x}{4x^3}$

$= \displaystyle\lim_{x\to 0} \dfrac{(-\sin x + x)'}{(4x^3)'} = \lim_{x\to 0} \dfrac{-\cos x + 1}{12x^2} = \lim_{x\to 0} \dfrac{(-\cos x + 1)'}{(12x^2)'} = \lim_{x\to 0} \dfrac{\sin x}{24x}$

$= \dfrac{1}{24} \displaystyle\lim_{x\to 0} \dfrac{\sin x}{x} \overset{\odot (3.17)}{=} \dfrac{1}{24} \cdot 1 = \dfrac{1}{24}$ である．

(2) 定理 6.2 より，(与式) $= \displaystyle\lim_{x\to 0} \dfrac{(e^x - 1 - x - \frac{1}{2}x^2)'}{(x^3)'} = \lim_{x\to 0} \dfrac{e^x - 1 - x}{3x^2}$

$= \displaystyle\lim_{x\to 0} \dfrac{(e^x - 1 - x)'}{(3x^2)'} = \lim_{x\to 0} \dfrac{e^x - 1}{6x} = \dfrac{1}{6} \lim_{x\to 0} \dfrac{e^x - 1}{x} \overset{\odot\, \text{問 3.1 (3)}}{=} \dfrac{1}{6} \cdot 1 = \dfrac{1}{6}$ である．

解 6.2 $(f(x)g(x))''' \overset{\odot (6.15)}{=} {}_3\mathrm{C}_0 f(x)g'''(x) + {}_3\mathrm{C}_1 f'(x)g''(x) + {}_3\mathrm{C}_2 f''(x)g'(x)$

$+ {}_3\mathrm{C}_3 f'''(x)g(x) = f(x)g'''(x) + 3f'(x)g''(x) + 3f''(x)g'(x) + f'''(x)g(x)$ である．

解 6.3 (1) まず，$f'(x) = x^2 - (a+b)x + ab = (x-a)(x-b)$，$f''(x) = 2x - (a+b)$ である．よって，$f(x)$ の増減表は

x	$\cdots$	a	$\cdots$	$\frac{a+b}{2}$	$\cdots$	b	$\cdots$
$f''(x)$	$-$	$-$	$-$	0	$+$	$+$	$+$
$f'(x)$	$+$	0	$-$	$-$	$-$	0	$+$
$f(x)$	$\nearrow$	$f(a)$	$\searrow$	$f(\frac{a+b}{2})$	$\searrow$	$f(b)$	$\nearrow$

となる．したがって，定理 6.5 より，$y = f(x)$ のグラフは $x < \frac{a+b}{2}$ で上に凸，$x > \frac{a+b}{2}$ で下に凸であり，点 $\left(\frac{a+b}{2}, f\left(\frac{a+b}{2}\right)\right)$ は変曲点である．また，定理 6.6 より，$f(x)$ は $x = a$ で極大値 $f(a)$ をとり，$x = b$ で極小値 $f(b)$ をとる．

(2) まず，$f'(x) \overset{\odot\, \text{定理 4.3 (3)}}{=} x'e^{-x} + x(e^{-x})' = 1 \cdot e^{-x} + x(-e^{-x}) = (1-x)e^{-x}$，

$f''(x) \overset{\odot\, \text{定理 4.3 (3)}}{=} (1-x)'e^{-x} + (1-x)(e^{-x})' = -e^{-x} + (1-x)(-e^{-x}) = (x-2)e^{-x}$

である．ここで，$f'(x) = 0$ とすると，$x = 1$ である．また，$f''(x) = 0$ とすると，$x = 2$ である．よって，$f(x)$ の増減表は

x	$\cdots$	1	$\cdots$	2	$\cdots$
$f''(x)$	$-$	$-$	$-$	0	$+$
$f'(x)$	$+$	0	$-$	$-$	$-$
$f(x)$	↗	$\frac{1}{e}$	↘	$\frac{2}{e^2}$	↘

となる．したがって，定理 6.5 より，$y = f(x)$ のグラフは $x < 2$ で上に凸，$x > 2$ で下に凸であり，点 $\left(2, \frac{2}{e^2}\right)$ は変曲点である．また，定理 6.6 より，$f(x)$ は $x = 1$ で最大値 $f(1) = \frac{1}{e}$ をとる．

解 6.4 ① $1 + x^2$（⌣ 問 5.6 (3)）② ライプニッツ ③ $2(n-1)x$ ④ $(n-1)(n-2)$ ⑤ $-(n-1)(n-2)$ ⑥ 0 ⑦ 0 ⑧ $-(n-3)(n-4)$ ⑨ $(n-1)!$ ⑩ 1 ⑪ $(-1)^{\frac{n-1}{2}}(n-1)!$

§7 の問題解答

解 7.1 $f(x) = \displaystyle\sum_{k=0}^{n-1} \frac{f^{(k)}(a)}{k!}(x-a)^k + \frac{f^{(n)}(a + \theta(x-a))}{n!}(x-a)^n$ である．ただし，$0 < \theta < 1$ である．

解 7.2 $f(x) = \log(1-x)$ とおく．このとき，$f'(x) = -\dfrac{1}{1-x}$ である．よって，$k \in \mathbf{N}$ とすると，例題 7.1 (1) より，$f^{(k)}(x) = -\dfrac{(k-1)!}{(1-x)^k}$ である．したがって，$f(0) = 0, f^{(k)}(0) = -(k-1)!$ $(k \in \mathbf{N})$，$f^{(n)}(\theta x) = -\dfrac{(n-1)!}{(1-\theta x)^n}$ となる．これらと (7.11) より，あたえられた有限マクローリン展開が得られる．

解 7.3 定理 6.2 より，$\displaystyle\lim_{x \to 0} \frac{\sin^{-1} x - x}{x^2} = \lim_{x \to 0} \frac{(\sin^{-1} x - x)'}{(x^2)'} \overset{\text{⌣ 問 5.6 (1)}}{=} \lim_{x \to 0} \frac{\frac{1}{\sqrt{1-x^2}} - 1}{2x}$

$= \displaystyle\lim_{x \to 0} \frac{1 - \sqrt{1-x^2}}{2x\sqrt{1-x^2}} = \lim_{x \to 0} \frac{(1 - \sqrt{1-x^2})(1 + \sqrt{1-x^2})}{2x\sqrt{1-x^2}(1 + \sqrt{1-x^2})}$

$= \displaystyle\lim_{x \to 0} \frac{1 - (1-x^2)}{2x\sqrt{1-x^2}(1 + \sqrt{1-x^2})} = \lim_{x \to 0} \frac{x}{2\sqrt{1-x^2}(1 + \sqrt{1-x^2})}$

$= \dfrac{0}{2\sqrt{1-0^2}(1 + \sqrt{1-0^2})} = 0$ である．よって，定義 7.1 より，$\sin^{-1} x - x = o(x^2)$ $(x \to 0)$，すなわち，あたえられた等式が成り立つ．

解 7.4 (1) $f(x)$ が $x = a$ で連続であるとは $\displaystyle\lim_{x \to a} f(x) = f(a)$，すなわち，$\displaystyle\lim_{x \to a} \frac{f(x) - f(a)}{1} = 0$ が成り立つことである．よって，定義 7.1 より，$f(x)$ が $x = a$ で連続であるとは $f(x) - f(a) = o(1)$ $(x \to a)$，すなわち，$f(x) = f(a) + o(1)$ $(x \to a)$ が成り立つ

ことである.

(2) $f(x)$ が $x = a$ で微分可能であるとは $\lim_{x \to a} \dfrac{f(x) - f(a)}{x - a} = f'(a)$, すなわち,

$\lim_{x \to a} \dfrac{f(x) - f(a) - f'(a)(x - a)}{x - a} = 0$ が成り立つことである. よって, 定義 7.1 より, $f(x)$ が $x = a$ で微分可能であるとは $f(x) - f(a) - f'(a)(x - a) = o(x - a) \ (x \to a)$, すなわち, $f(x) = f(a) + f'(a)(x - a) + o(x - a) \ (x \to a)$ が成り立つことである.

解 7.5 $f(x) = \tan^{-1} x$ とおく. このとき, $k = 0, 1, 2, \cdots$ とすると, 問 6.4 より, $f^{(2k)}(0) = 0$, $f^{(2k+1)}(0) = (-1)^{\frac{(2k+1)-1}{2}} \{(2k+1) - 1\}! = (-1)^k (2k)!$ である. これらと (7.34) より, $f(x) = \tan^{-1} x = \displaystyle\sum_{k=0}^{n} \dfrac{f^{(2k+1)}(0)}{(2k+1)!} (x - 0)^{2k+1} + o((x - 0)^{2n+1})$

$= \displaystyle\sum_{k=0}^{n} \dfrac{(-1)^k (2k)!}{(2k+1)!} x^{2k+1} + o(x^{2n+1}) = \sum_{k=0}^{n} \dfrac{(-1)^k}{2k+1} x^{2k+1} + o(x^{2n+1}) \ (x \to 0)$ となり, あたえられた漸近展開が得られる.

§8 の問題解答

解 8.1 (1) あたえられた級数の第 n 部分和を s_n とおくと, $s_n = \displaystyle\sum_{k=0}^{n} \dfrac{2}{4k^2 - 1}$

$= \displaystyle\sum_{k=0}^{n} \dfrac{(2k+1) - (2k-1)}{(2k-1)(2k+1)} = \sum_{k=0}^{n} \left(\dfrac{1}{2k-1} - \dfrac{1}{2k+1} \right) = (-1 - 1) + \left(1 - \dfrac{1}{3} \right) + \cdots$

$+ \left(\dfrac{1}{2n-1} - \dfrac{1}{2n+1} \right) = -1 - \dfrac{1}{2n+1} \to -1 - 0 = -1 \ (n \to \infty)$ である. よって, あたえられた級数は -1 に収束する.

(2) あたえられた級数の第 n 部分和を s_n とおくと, $s_n = \displaystyle\sum_{k=0}^{n} \dfrac{1}{\sqrt{k+2} + \sqrt{k+1}}$

$= \displaystyle\sum_{k=0}^{n} \dfrac{1}{\sqrt{k+2} + \sqrt{k+1}} \cdot \dfrac{\sqrt{k+2} - \sqrt{k+1}}{\sqrt{k+2} - \sqrt{k+1}} = \sum_{k=0}^{n} \dfrac{\sqrt{k+2} - \sqrt{k+1}}{(k+2) - (k+1)}$

$= \displaystyle\sum_{k=0}^{n} (\sqrt{k+2} - \sqrt{k+1}) = (\sqrt{2} - \sqrt{1}) + (\sqrt{3} - \sqrt{2}) + \cdots + (\sqrt{n+2} - \sqrt{n+1})$

$= -1 + \sqrt{n+2} \to +\infty \ (n \to \infty)$ である. よって, あたえられた級数は発散する.

解 8.2 (1) $a_n = \dfrac{(-1)^n}{n+1}$ とおくと, $\left| \dfrac{a_n}{a_{n+1}} \right| = \left| \dfrac{\frac{(-1)^n}{n+1}}{\frac{(-1)^{n+1}}{n+2}} \right| = \dfrac{n+2}{n+1} = \dfrac{1 + \frac{2}{n}}{1 + \frac{1}{n}} \to \dfrac{1+0}{1+0} = 1$

$(n \to \infty)$ である. よって, ダランベールの公式 (定理 8.4 (1)) より, 収束半径は 1 である.

(2) $a_n = n!$ とおくと, $\left| \dfrac{a_n}{a_{n+1}} \right| = \left| \dfrac{n!}{(n+1)!} \right| = \dfrac{1}{n+1} \to 0 \ (n \to \infty)$ である. よって, ダラ

ンベールの公式（定理 8.4 (1)）より，収束半径は 0 である．

(3) $a_n = \dfrac{1}{n^2}$ とおくと，$\left| \dfrac{a_n}{a_{n+1}} \right| = \left| \dfrac{\frac{1}{n^2}}{\frac{1}{(n+1)^2}} \right| = \dfrac{(n+1)^2}{n^2} = \left(1 + \dfrac{1}{n}\right)^2 \to (1+0)^2 = 1$

$(n \to \infty)$ である．よって，ダランベールの公式（定理 8.4 (1)）より，収束半径は 1 である．

解 8.3　(1) $f(x) = \cos x$ とおくと，任意の $x \in \mathbf{R}$ に対して，

$|f^{(n)}(x)| \overset{\odot \, 定理 \, 6.3\,(3)}{=} \left| \cos\left(x + \dfrac{n}{2}\pi\right) \right| \leq 1$ である．よって，$C = M = 1$ とおくと，(8.24)

が成り立つ．ここで，$f^{(n)}(0) = \cos \dfrac{n}{2}\pi = \begin{cases} (-1)^{\frac{n}{2}} & (n \text{ は偶数}), \\ 0 & (n \text{ は奇数}) \end{cases}$ である．したがって，定

理 8.6 より，(1) のマクローリン展開が成り立つ．

(2) $f(x) = e^x$ とおき，$a > 0$ とする．$x \in (-a, a)$ のとき，$|f^{(n)}(x)| \overset{\odot \, 定理 \, 6.3\,(4)}{=} |e^x| \leq e^a$
である．よって，$C = e^a$，$M = 1$ とおくと，(8.24) が成り立つ．ここで，$f^{(n)}(0) = 1$ なの
で，定理 8.6 より，このとき (2) のマクローリン展開が成り立つ．さらに，a は任意なので，
$x \in \mathbf{R}$ に対して，(2) のマクローリン展開が成り立つ．

解 8.4　$a_n = c^n$ とおくと，$\sqrt[n]{|a_n|} = \sqrt[n]{|c^n|} = (|c|^n)^{\frac{1}{n}} = |c| \to |c|$ $(n \to \infty)$ である．よっ
て，コーシー–アダマールの公式（定理 8.4 (2)）より，収束半径を r とすると，$\dfrac{1}{r} = |c|$ であ
る．したがって，$r = \dfrac{1}{|c|}$ である．

解 8.5　$a_n = \dbinom{\alpha}{n}$ とおくと，$\left| \dfrac{a_n}{a_{n+1}} \right| = \left| \dfrac{\alpha(\alpha - 1)\cdots(\alpha - n + 1)}{n!} \dfrac{(n+1)!}{\alpha(\alpha - 1)\cdots(\alpha - n)} \right|$

$= \left| \dfrac{n+1}{\alpha - n} \right| = \left| \dfrac{1 + \frac{1}{n}}{\frac{\alpha}{n} - 1} \right| \to \left| \dfrac{1+0}{0-1} \right| = 1$ $(n \to \infty)$ である．よって，ダランベールの公式（定

理 8.4 (1)）より，あたえられたべき級数の収束半径は 1 である．

§9 の問題解答

解 9.1　(1) （与式）$\overset{\odot \, 定理 \, 9.2\,(2)}{=} [\log |x|]_1^2 = \log 2 - \log 1 = \log 2$ である．

(2) （与式）$\overset{\odot \, 定理 \, 9.2\,(3)}{=} [-\cos x]_0^\pi = -\cos \pi - (-\cos 0) = -(-1) - (-1) = 2$ である．

(3) （与式）$\overset{\odot \, 定理 \, 9.2\,(7)}{=} [\sinh x]_0^{\log 3} = \sinh \log 3 - \sinh 0 = \dfrac{e^{\log 3} - e^{-\log 3}}{2} - \dfrac{e^0 - e^{-0}}{2}$

$= \dfrac{3 - \frac{1}{3}}{2} - \dfrac{1 - 1}{2} = \dfrac{4}{3}$ である．

解 9.2　(1) （与式）$= \displaystyle\int (-\cos x)' x \, dx \overset{\odot \, 定理 \, 9.6\,(3)}{=} (-\cos x)x - \int (-\cos x)x' \, dx$

$\overset{\odot \, \text{定理}\,9.6\,(2)}{=} -x\cos x + \displaystyle\int \cos x \cdot 1\,dx = -x\cos x + \int \cos x\,dx \overset{\odot \, \text{定理}\,9.2\,(4)}{=} -x\cos x$
$+ \sin x$ である.

(2) (与式) $= \displaystyle\int (e^x)' x\,dx \overset{\odot \, \text{定理}\,9.6\,(3)}{=} e^x x - \int e^x x'\,dx = xe^x - \int e^x \cdot 1\,dx = xe^x$
$- \displaystyle\int e^x\,dx \overset{\odot \, \text{定理}\,9.2\,(9)}{=} xe^x - e^x$ である.

(3) (与式) $= \displaystyle\int (\sinh x)' x\,dx \overset{\odot \, \text{定理}\,9.6\,(3)}{=} (\sinh x)x - \int (\sinh x)x'\,dx = x\sinh x$
$- \displaystyle\int (\sinh x)\cdot 1\,dx = x\sinh x - \int \sinh x\,dx \overset{\odot \, \text{定理}\,9.2\,(6)}{=} x\sinh x - \cosh x$ である.

解 9.3 $t = 2x - 3$ より, $dt = 2\,dx$,

x	$\frac{3}{2}$	$\to$	2
t	0	$\to$	1

である. よって,

$\displaystyle\int_{\frac{3}{2}}^{2} (2x-3)^4\,dx \overset{\odot \, \text{定理}\,9.6\,(4)}{=} \int_0^1 t^4 \cdot \frac{1}{2}\,dt \overset{\odot \, \text{定理}\,9.6\,(2)}{=} \frac{1}{2}\int_0^1 t^4\,dt \overset{\odot \, \text{定理}\,9.2\,(1)}{=} \frac{1}{2}\left[\frac{1}{5}t^5\right]_0^1$
$= \dfrac{1}{2}\left(\dfrac{1}{5}\cdot 1^5 - \dfrac{1}{5}\cdot 0^5\right) = \dfrac{1}{10}$ である.

解 9.4 (1) (与式) $= \displaystyle\int 1\cdot \sin^{-1} x\,dx = \int x' \sin^{-1} x\,dx \overset{\odot \, \text{定理}\,9.6\,(3)}{=} x\sin^{-1} x$
$- \displaystyle\int x(\sin^{-1} x)'\,dx \overset{\odot \, \text{問}\,5.6\,(1)}{=} x\sin^{-1} x - \int x\cdot \frac{1}{\sqrt{1-x^2}}\,dx = x\sin^{-1} x - \int \frac{x}{\sqrt{1-x^2}}\,dx$
$= x\sin^{-1} x - \displaystyle\int (-\sqrt{1-x^2})'\,dx = x\sin^{-1} x - (-\sqrt{1-x^2}) = x\sin^{-1} x + \sqrt{1-x^2}$ である.

(2) (与式) $= \displaystyle\int 1\cdot \tan^{-1} x\,dx = \int x' \tan^{-1} x\,dx \overset{\odot \, \text{定理}\,9.6\,(3)}{=} x\tan^{-1} x$
$- \displaystyle\int x(\tan^{-1} x)'\,dx \overset{\odot \, \text{問}\,5.6\,(3)}{=} x\tan^{-1} x - \int x\cdot \frac{1}{1+x^2}\,dx = x\tan^{-1} x - \int \frac{x}{1+x^2}\,dx$
$= x\tan^{-1} x - \displaystyle\int \frac{1}{2}\frac{2x}{1+x^2}\,dx \overset{\odot \, \text{定理}\,9.6\,(2)}{=} x\tan^{-1} x - \frac{1}{2}\int \frac{(1+x^2)'}{1+x^2}\,dx$
$\overset{\odot \, (9.20)}{=} x\tan^{-1} x - \dfrac{1}{2}\log(1+x^2)$ である.

解 9.5 (1) まず, $aI \overset{\odot \, \text{定理}\,9.6\,(2)}{=} \displaystyle\int ae^{ax}\sin bx\,dx = \int (e^{ax})'\sin bx\,dx$
$\overset{\odot \, \text{定理}\,9.6\,(3)}{=} e^{ax}\sin bx - \displaystyle\int e^{ax}(\sin bx)'\,dx = e^{ax}\sin bx - \int e^{ax}\cdot b\cos bx\,dx$
$\overset{\odot \, \text{定理}\,9.6\,(2)}{=} e^{ax}\sin bx - bJ$, すなわち, $aI + bJ = e^{ax}\sin bx$ である.
また, $aJ \overset{\odot \, \text{定理}\,9.6\,(2)}{=} \displaystyle\int ae^{ax}\cos bx\,dx = \int (e^{ax})'\cos bx\,dx \overset{\odot \, \text{定理}\,9.6\,(3)}{=} e^{ax}\cos bx$

$-\int e^{ax}(\cos bx)'\,dx = e^{ax}\cos bx - \int e^{ax}(-b\sin bx)\,dx \overset{\odot\,定理\,9.6\,(2)}{=} e^{ax}\cos bx + bI$, すな

わち，$bI - aJ = -e^{ax}\cos bx$ である．

(2) (1) の 2 式を連立させて解くと，$I = \dfrac{e^{ax}}{a^2+b^2}(a\sin bx - b\cos bx)$, $J = \dfrac{e^{ax}}{a^2+b^2}(a\cos bx$

$+b\sin bx)$ である．

解 9.6　(8.18) の変数 x を t に置き換えたマクローリン展開 $\dfrac{1}{1-t} = \displaystyle\sum_{n=0}^{\infty} t^n$ $(-1 < t < 1)$

に対して，項別積分定理を用いると，$\displaystyle\int_0^x \dfrac{dt}{1-t} = \sum_{n=0}^{\infty}\left[\dfrac{1}{n+1}t^{n+1}\right]_0^x$ $(-1 < x < 1)$ である．

ここで，

$(左辺) = \displaystyle\int_0^x \left\{-\dfrac{(1-t)'}{1-t}\right\}dt \overset{\odot\,定理\,9.6\,(2),(9.20)}{=} -\left[\log(1-t)\right]_0^x$

$= -\{\log(1-x) - \log(1-0)\} = -\log(1-x),$

$(右辺) = \displaystyle\sum_{n=0}^{\infty}\left(\dfrac{1}{n+1}x^{n+1} - \dfrac{1}{n+1}\cdot 0^{n+1}\right) = \sum_{n=0}^{\infty}\dfrac{x^{n+1}}{n+1} = \sum_{n=1}^{\infty}\dfrac{x^n}{n}$ なので，$\log(1-x)$

$= -\displaystyle\sum_{n=1}^{\infty}\dfrac{x^n}{n}$ である．さらに，x を $-x$ に置き換えると，あたえられたマクローリン展開が得

られる．

§10 の問題解答

解 10.1　$\displaystyle\int_0^{10} a^x\,dx + \int_{10}^1 a^x\,dx \overset{\odot\,定理\,10.1}{=} \int_0^1 a^x\,dx \overset{\odot\,定理\,9.2\,(9)}{=} \left[\dfrac{1}{\log a}a^x\right]_0^1$

$= \dfrac{1}{\log a}(a^1 - a^0) = \dfrac{a-1}{\log a}$ である．

解 10.2　(1) まず，$0 \le x \le 1$ なので，$-x^2 - (-x) = x(1-x) \ge 0$, すなわち，$-x \le -x^2$

である．また，$0 \le x \le 1$ なので，$(1-2x) - (-x^2) = (x-1)^2 \ge 0$, すなわち，$-x^2 \le 1-2x$

である．よって，$0 \le x \le 1$ のとき，$-x \le -x^2 \le 1-2x$ である．関数 e^x は単調増加なので，

あたえられた不等式が成り立つ．

(2) (1) および定積分の単調性（定理 10.2）より，$\displaystyle\int_0^1 e^{-x}\,dx < \int_0^1 e^{-x^2}\,dx < \int_0^1 e^{1-2x}\,dx$

である．ここで，$\displaystyle\int_0^1 e^{-x}\,dx = \left[-e^{-x}\right]_0^1 = \{-e^{-1} - (-e^0)\} = \dfrac{e-1}{e}$,

$\displaystyle\int_0^1 e^{1-2x}\,dx = \left[-\dfrac{1}{2}e^{1-2x}\right]_0^1 = -\dfrac{1}{2}e^{1-2\cdot 1} - \left(-\dfrac{1}{2}e^{1-2\cdot 0}\right) = \dfrac{e^2-1}{2e}$ である．よって，あた

えられた不等式が成り立つ．

解 10.3　(1) (4.23) 第 2 式より，$\cosh x$ は偶関数である．よって，$\dfrac{1}{\cosh^2 x}$ は偶関数であ

る．したがって，よって，(与式) $\overset{\odot (10.28)}{=} 2\int_0^{\log 3} \dfrac{dx}{\cosh^2 x} \overset{\odot 定理 9.2 (8)}{=} 2\left[\tanh x\right]_0^{\log 3}$

$= 2\left(\tanh\log 3 - \tanh 0\right) = 2\left(\dfrac{e^{\log 3} - e^{-\log 3}}{e^{\log 3} + e^{-\log 3}} - \dfrac{e^0 - e^{-0}}{e^0 + e^{-0}}\right) = 2\left(\dfrac{3 - \frac{1}{3}}{3 + \frac{1}{3}} - 0\right) = \dfrac{8}{5}$ であ

る．

(2) $\sin x$ は奇関数なので，$\sin^5 x$ は奇関数である．よって，(10.29) より，定積分の値は 0 である．

解 10.4 (1) (10.22) において，$f(x)$, $g(x)$ をそれぞれ $\sqrt{f(x)}$, $\dfrac{1}{\sqrt{f(x)}}$ に置き換えると，

$$\left(\int_a^b \sqrt{f(x)}\,\dfrac{1}{\sqrt{f(x)}}\,dx\right)^2 \le \left(\int_a^b \left(\sqrt{f(x)}\right)^2 dx\right)\left(\int_a^b \left(\dfrac{1}{\sqrt{f(x)}}\right)^2 dx\right)$$ である．よっ

て，$(b-a)^2 = \left(\displaystyle\int_a^b dx\right)^2 \le \left(\displaystyle\int_a^b f(x)\,dx\right)\left(\displaystyle\int_a^b \dfrac{dx}{f(x)}\right)$ となり，あたえられた不等式が成り立つ．

(2) 等号が成り立つのは $\sqrt{f(x)}$ が $\dfrac{1}{\sqrt{f(x)}}$ の定数倍となるか，または，$\dfrac{1}{\sqrt{f(x)}}$ が $\sqrt{f(x)}$ の定数倍となるときである．$f(x)$ は常に正なので，等号が成り立つのは $f(x)$ が正の値をとる定数関数となるときである．

解 10.5 ① 定数 ② ワイエルシュトラス ③ 単調 ④ $b-a$ ⑤ 中間値

§11 の問題解答

解 11.1 まず，$\dfrac{x^2+x}{x^3-x^2+x-1} = \dfrac{x^2+x}{(x-1)(x^2+1)}$ である．求める部分分数分解の形を

$\dfrac{x^2+x}{x^3-x^2+x-1} = \dfrac{a}{x-1} + \dfrac{bx+c}{x^2+1}$ $(a,b,c\in\mathbf{R})$ とおくと，

(右辺) $= \dfrac{a(x^2+1)+(bx+c)(x-1)}{x^3-x^2+x-1} = \dfrac{(a+b)x^2+(-b+c)x+a-c}{x^3-x^2+x-1}$ となり，左辺と分子の多項式の係数を比較すると，$a+b=1$, $-b+c=1$, $a-c=0$ である．これらを連立させて解くと，$a=1$, $b=0$, $c=1$ となる．よって，$\dfrac{x^2+x}{x^3-x^2+x-1} = \dfrac{1}{x-1} + \dfrac{1}{x^2+1}$ である．したがって，$\displaystyle\int \dfrac{x^2+x}{x^3-x^2+x-1}\,dx = \int\dfrac{dx}{x-1} + \int\dfrac{dx}{x^2+1} \overset{\odot 定理 9.2 (11)}{=} \log|x-1| + \tan^{-1}x$ である．

解 11.2 求める長さは (11.21) より，

$$\int_0^{2\pi} \sqrt{[\{a(t-\sin t)\}']^2 + [\{a(1-\cos t)\}']^2}\,dt = \int_0^{2\pi}\sqrt{\{a(1-\cos t)\}^2 + (a\sin t)^2}\,dt$$

$$= \int_0^{2\pi} \sqrt{a^2(1 - 2\cos t + \cos^2 t + \sin^2 t)}\, dt = \int_0^{2\pi} a\sqrt{2(1 - \cos t)}\, dt$$

$$\overset{\odot\ \text{半角の公式}}{=} a \int_0^{2\pi} \sqrt{2 \cdot 2 \sin^2 \frac{t}{2}}\, dt = a \int_0^{2\pi} 2 \sin \frac{t}{2}\, dt = a \left[-4 \cos \frac{t}{2} \right]_0^{2\pi}$$

$$= a\{-4 \cdot (-1) - (-4) \cdot 1\} = 8a\ \text{である.}$$

解 11.3　(1) まず, $\sin x \overset{\odot\ \text{倍角の公式}}{=} 2 \sin \frac{x}{2} \cos \frac{x}{2} = 2 \tan \frac{x}{2} \cos^2 \frac{x}{2} = 2 \tan \frac{x}{2} \cdot \dfrac{1}{1 + \tan^2 \frac{x}{2}}$

$= \dfrac{2t}{1 + t^2}$, $\cos x \overset{\odot\ \text{倍角の公式}}{=} 2 \cos^2 \dfrac{x}{2} - 1 = \dfrac{2}{1 + \tan^2 \frac{x}{2}} - 1 = \dfrac{2}{1 + t^2} - 1 = \dfrac{1 - t^2}{1 + t^2}$ であ

る. また, $\tan^{-1} t = \dfrac{x}{2}$, すなわち, $x = 2 \tan^{-1} t$ なので, $dx = \dfrac{2}{1 + t^2}\, dt$ である. よって,
置換積分法 (定理 9.6 (4)) より, 題意の等式が成り立つ.

(2) $t = \tan \dfrac{x}{2}$ とおくと, (与式) $\overset{\odot\ (1)}{=} \displaystyle\int \dfrac{1 + \frac{2t}{1+t^2}}{1 + \frac{1-t^2}{1+t^2}} \dfrac{2}{1 + t^2}\, dt = \int \left(1 + \dfrac{2t}{1 + t^2} \right) dt$

$= \displaystyle\int dt + \int \dfrac{2t}{1 + t^2}\, dt = t + \log(1 + t^2) = \tan \dfrac{x}{2} + \log \left(1 + \tan^2 \dfrac{x}{2} \right)$ である.

解 11.4　$t = x + \sqrt{x^2 + a}$ とおくと, $(t - x)^2 = x^2 + a$ より, $x = \dfrac{t^2 - a}{2t}$ となる. よっ

て, $dx = \dfrac{2t \cdot t - (t^2 - a) \cdot 1}{2t^2}\, dt = \dfrac{t^2 + a}{2t^2}\, dt$ となる. したがって,

$$\int \frac{dx}{\sqrt{x^2 + a}} = \int \frac{1}{t - \frac{t^2 - a}{2t}} \frac{t^2 + a}{2t^2}\, dt = \int \frac{dt}{t} = \log|t| = \log\left| x + \sqrt{x^2 + a} \right|\ \text{である.}$$

解 11.5　(1) 求める不定積分を I とおくと, $I = \displaystyle\int x' \sqrt{x^2 + a}\, dx \overset{\odot\ \text{定理}\ 9.6\ (3)}{=} x\sqrt{x^2 + a}$

$- \displaystyle\int x \frac{2x}{2\sqrt{x^2 + a}}\, dx = x\sqrt{x^2 + a} - \int \frac{(x^2 + a) - a}{\sqrt{x^2 + a}}\, dx = x\sqrt{x^2 + a} - \int \sqrt{x^2 + a}\, dx$

$+ a \displaystyle\int \frac{dx}{\sqrt{x^2 + a}} \overset{\odot\ \text{問}\ 11.4}{=} x\sqrt{x^2 + a} - I + a \log\left| x + \sqrt{x^2 + a} \right|$, すなわち, $I = x\sqrt{x^2 + a}$

$- I + a \log\left| x + \sqrt{x^2 + a} \right|$ である. よって, $I = \dfrac{1}{2} \left(x\sqrt{x^2 + a} + a \log\left| x + \sqrt{x^2 + a} \right| \right)$ で
ある.

(2) 求める不定積分を I とおくと, $I = \displaystyle\int x' \sqrt{a^2 - x^2}\, dx \overset{\odot\ \text{定理}\ 9.6\ (3)}{=} x\sqrt{a^2 - x^2}$

$- \displaystyle\int x \frac{-2x}{2\sqrt{a^2 - x^2}}\, dx = x\sqrt{a^2 - x^2} - \int \frac{(a^2 - x^2) - a^2}{\sqrt{a^2 - x^2}}\, dx = x\sqrt{a^2 - x^2}$

$- \displaystyle\int \sqrt{a^2 - x^2}\, dx + a^2 \int \frac{dx}{\sqrt{a^2 - x^2}} \overset{\odot\ (9.23)}{=} x\sqrt{a^2 - x^2} - I + a^2 \sin^{-1} \dfrac{x}{a}$, すなわち,

$I = x\sqrt{a^2 - x^2} - I + a^2 \sin^{-1} \dfrac{x}{a}$ である. よって, $I = \dfrac{1}{2} \left(x\sqrt{a^2 - x^2} + a^2 \sin^{-1} \dfrac{x}{a} \right)$ で
ある.

解 11.6　求める長さは (11.22) より，$\displaystyle\int_0^1 \sqrt{1+\left\{\left(\frac{1}{2}x^2\right)'\right\}^2}\,dx = \int_0^1 \sqrt{1+x^2}\,dx$

$\overset{\odot 問_{11.5(1)}}{=} \left[\frac{1}{2}\left(x\sqrt{x^2+1}+\log\left|x+\sqrt{x^2+1}\right|\right)\right]_0^1 = \frac{1}{2}\left(\sqrt{2}+\log(1+\sqrt{2})\right)$ である．

§12 の問題解答

解 12.1　(1) (与式) $= \left[-\frac{1}{2}e^{-x^2}\right]_0^{+\infty} = 0-\left(-\frac{1}{2}\right) = \frac{1}{2}$ である．

(2) (与式) $\overset{\odot 定理_{9.2(10)}}{=} \left[\sin^{-1}x\right]_0^1 = \frac{\pi}{2}-0 = \frac{\pi}{2}$ である．

(3) (与式) $\overset{\odot 定理_{9.2(8)}}{=} [\tanh x]_{-\infty}^{+\infty} = \left[\frac{e^x-e^{-x}}{e^x+e^{-x}}\right]_{-\infty}^{+\infty} = \lim_{x\to+\infty}\frac{1-e^{-2x}}{1+e^{-2x}} - \lim_{x\to-\infty}\frac{e^{2x}-1}{e^{2x}+1}$

$= 1-(-1) = 2$ である．

解 12.2　$\Gamma(x) = \displaystyle\int_0^{+\infty} e^{-t}t^{x-1}\,dt$ である．

解 12.3　$\displaystyle\int_0^{\frac{\pi}{2}} \sin^5\theta\cos^4\theta\,d\theta = \int_0^{\frac{\pi}{2}} \sin^{2\cdot3-1}\theta\cos^{2\cdot\frac{5}{2}-1}\theta\,d\theta \overset{\odot 定理_{12.3(3)}}{=} \frac{1}{2}\mathrm{B}\left(3,\frac{5}{2}\right)$

$\overset{\odot(12.30)}{=} \frac{1}{2}\frac{\Gamma(3)\Gamma\left(\frac{5}{2}\right)}{\Gamma\left(\frac{11}{2}\right)} = \frac{1}{2}\frac{\Gamma(3)\Gamma\left(2+\frac{1}{2}\right)}{\Gamma\left(5+\frac{1}{2}\right)} \overset{\odot 定理_{12.2(2)},\,定理_{12.5(2)}}{=} \frac{1}{2}\frac{(3-1)!\frac{(2\cdot2-1)!!}{2^2}\sqrt{\pi}}{\frac{(2\cdot5-1)!!}{2^5}\sqrt{\pi}}$

$= \frac{1}{2}\cdot\frac{2\cdot1\cdot\frac{3\cdot1}{2^2}}{\frac{9\cdot7\cdot5\cdot3\cdot1}{2^5}} = \frac{8}{315}$ である．

解 12.4　(1) まず，(与式) $\overset{\odot 例題_{9.2}}{=} [x\log x-x]_0^1 = -1-\lim_{x\to+0}x\log x$ である．ここで，

$\displaystyle\lim_{x\to+0}x\log x = \lim_{x\to+0}\frac{\log x}{\frac{1}{x}} \overset{\odot 定理_{6.2}}{=} \lim_{x\to+0}\frac{(\log x)'}{\left(\frac{1}{x}\right)'} = \lim_{x\to+0}\frac{\frac{1}{x}}{-\frac{1}{x^2}} = \lim_{x\to+0}(-x) = 0$ なの

で，求める値は -1 となる．

(2) まず，(与式) $= \displaystyle\int_{-\infty}^{+\infty}\frac{\cosh x}{\cosh^2 x}\,dx \overset{\odot(4.24)}{=} \int_{-\infty}^{+\infty}\frac{\cosh x}{1+\sinh^2 x}\,dx$ である．よって，

$t = \sinh x$ とおくと，(与式) $= \displaystyle\int_{-\infty}^{+\infty}\frac{dt}{1+t^2} \overset{\odot 定理_{9.2(11)}}{=} \left[\tan^{-1}t\right]_{-\infty}^{+\infty} = \frac{\pi}{2}-\left(-\frac{\pi}{2}\right) = \pi$

である．

(3) (与式) $= \displaystyle\int_1^{+\infty}\left(\frac{1}{x^2}-\frac{1}{1+x^2}\right)dx \overset{\odot 定理_{9.2(11)}}{=} \left[-\frac{1}{x}-\tan^{-1}x\right]_1^{+\infty} = -\frac{\pi}{2}$

$-\left(-1-\frac{\pi}{4}\right) = 1-\frac{\pi}{4}$ である．

解 12.5　① $\dfrac{1}{z}$ ② $-\dfrac{1}{zs^2}$ ③ 1 ④ 0 ⑤ $y-\dfrac{x}{z}-1$ ⑥ $\dfrac{x}{z}-1$

§13 の問題解答

解 13.1　① 超　② 楕円　③ 面　④ 双曲

解 13.2　(1) $y = 0$ をみたしながら (x, y) が $(0, 0)$ に近づくときの極限は

$$\lim_{\substack{(x,y)\to(0,0)\\y=0}} \frac{x^2 - y^2}{x^2 + 2y^2} = \lim_{x\to 0} \frac{x^2 - 0^2}{x^2 + 2\cdot 0^2} = \lim_{x\to 0} 1 = 1$$ である．また，$x = 0$ をみたしながら

(x, y) が $(0, 0)$ に近づくときの極限は　$\displaystyle\lim_{\substack{(x,y)\to(0,0)\\x=0}} \frac{x^2 - y^2}{x^2 + 2y^2} = \lim_{y\to 0} \frac{0^2 - y^2}{0^2 + 2y^2} = \lim_{y\to 0}\left(-\frac{1}{2}\right) =$

$-\dfrac{1}{2}$ である．これら 2 つの極限の値が異なるので，あたえられた関数の極限は存在しない．

(2) $y = x$ をみたしながら (x, y) が $(0, 0)$ に近づくときの極限は　$\displaystyle\lim_{\substack{(x,y)\to(0,0)\\y=x}} \frac{xy}{x^2 + y^2} =$

$\displaystyle\lim_{x\to 0} \frac{x \cdot x}{x^2 + x^2} = \lim_{x\to 0} \frac{1}{2} = \frac{1}{2}$ である．また，$y = -x$ をみたしながら (x, y) が $(0, 0)$ に近づく

ときの極限は　$\displaystyle\lim_{\substack{(x,y)\to(0,0)\\y=-x}} \frac{xy}{x^2 + y^2} = \lim_{x\to 0} \frac{x \cdot (-x)}{x^2 + (-x)^2} = \lim_{x\to 0}\left(-\frac{1}{2}\right) = -\frac{1}{2}$ である．これら

2 つの極限の値が異なるので，あたえられた関数の極限は存在しない．

解 13.3　(1) $f(x, y) = \dfrac{x^3 - xy^2}{x^2 + y^2}$ とおく．極座標 (r, θ) を用いると，

$$f(x, y) \overset{\odot\,(13.15)}{=} f(r\cos\theta, r\sin\theta) = \frac{(r\cos\theta)^3 - (r\cos\theta)(r\sin\theta)^2}{(r\cos\theta)^2 + (r\sin\theta)^2}$$

$\overset{\odot\,倍角の公式}{=} r\cos\theta\cos 2\theta$，すなわち，$f(x, y) = r\cos\theta\cos 2\theta$ である．ここで，$-1 \le \cos\theta \le 1$,

$-1 \le \cos 2\theta \le 1$ なので，$0 \le |f(x, y)| = |r\cos\theta\cos 2\theta| \le r\cdot 1 \cdot 1 = r$ である．すなわち，$0 \le$

$|f(x, y)| \le r$ である．よって，はさみうちの原理（定理 2.4），(13.16) より，$\displaystyle\lim_{(x,y)\to(0,0)} |f(x, y)| =$

0 なので，$\displaystyle\lim_{(x,y)\to(0,0)} f(x, y) = 0$ である．

(2) $f(x, y) = \dfrac{xy^2}{2x^2 + y^2}$ とおく．極座標 (r, θ) を用いると，$f(x, y) \overset{\odot\,(13.15)}{=} f(r\cos\theta, r\sin\theta)$

$= \dfrac{(r\cos\theta)(r\sin\theta)^2}{2(r\cos\theta)^2 + (r\sin\theta)^2} = \dfrac{r\cos\theta\sin^2\theta}{2\cos^2\theta + \sin^2\theta}$，すなわち，$f(x, y) = \dfrac{r\cos\theta\sin^2\theta}{2\cos^2\theta + \sin^2\theta}$

である．ここで，$-1 \le \cos\theta \le 1$, $-1 \le \sin\theta \le 1$ なので，$0 \le |f(x, y)|$

$\le \left|\dfrac{r\cos\theta\sin^2\theta}{\cos^2\theta + \sin^2\theta}\right| \le \dfrac{r\cdot 1 \cdot 1^2}{1} = r$ である．すなわち，$0 \le |f(x, y)| \le r$ である．よって，はさ

みうちの原理（定理 2.4），(13.16) より，$\displaystyle\lim_{(x,y)\to(0,0)} |f(x, y)| = 0$ なので，$\displaystyle\lim_{(x,y)\to(0,0)} f(x, y) = 0$

である．

解 13.4　(1) まず，$(右辺)^2 - (左辺)^2 = (x^2 + 2|x||y| + y^2) - (x + y)^2 = 2(|xy| - xy) \ge 0$

より，(左辺)$^2 \leq$ (右辺)^2 である．両辺はともに 0 以上なので，三角不等式が成り立つ．

(2) $f(x, y) = \dfrac{x^3 + y^3}{x^2 + y^2}$ とおく．極座標 (r, θ) を用いると，$f(x, y) \overset{\odot \ (13.15)}{=} f(r\cos\theta, r\sin\theta)$

$= \dfrac{(r\cos\theta)^3 + (r\sin\theta)^3}{(r\cos\theta)^2 + (r\sin\theta)^2} = r(\cos^3\theta + \sin^3\theta)$，すなわち，$f(x, y) = r(\cos^3\theta + \sin^3\theta)$ であ

る．ここで，$-1 \leq \cos\theta \leq 1$，$-1 \leq \sin\theta \leq 1$ なので，$0 \leq |f(x, y)| = |r(\cos^3\theta + \sin^3\theta)|$

$= r|\cos^3\theta + \sin^3\theta| \overset{\odot \ (1)}{\leq} r(|\cos^3\theta| + |\sin^3\theta|) \leq r(1^3 + 1^3) = 2r$ である．すなわち，

$0 \leq |f(x, y)| \leq 2r$ である．よって，はさみうちの原理（定理 2.4），(13.16) より，

$\displaystyle\lim_{(x,y)\to(0,0)} |f(x, y)| = 0$ なので，$\displaystyle\lim_{(x,y)\to(0,0)} f(x, y) = 0$ である．

(3) $|x - z| = |(x - y) + (y - z)| \overset{\odot \ (1)}{\leq} |x - y| + |y - z|$ である．よって，あたえられた不等
式が成り立つ．

§14 の問題解答

解 14.1 $(x, y) \in \mathbf{R}^2$，$(x, y) \neq (0, 0)$ のとき，極座標 (r, θ) を用いると，

$f(x, y) \overset{\odot \ (13.15)}{=} f(r\cos\theta, r\sin\theta) = \dfrac{\log\{1 + (r\cos\theta)^2 + (r\sin\theta)^2\}}{(r\cos\theta)^2 + (r\sin\theta)^2} = \dfrac{\log(1 + r^2)}{r^2}$ である．

すなわち，$f(x, y) = \dfrac{\log(1 + r^2)}{r^2}$ である．ここで，$t = r^2$ とおくと，$r \to +0 \Longleftrightarrow t \to +0$ で

ある．よって，$\displaystyle\lim_{(x,y)\to(0,0)} f(x, y) \overset{\odot \ (13.16)}{=} \lim_{t\to+0} \dfrac{\log(1 + t)}{t} \overset{\odot \ 問 \ 3.1 \ (2)}{=} 1$ である．すなわち，

$\displaystyle\lim_{(x,y)\to(0,0)} f(x, y) = 1$ である．したがって，$f(0, 0) = c$ とあわせると，$c = 1$ である．

解 14.2 あたえられた集合を D とおく．$(x, y) \in D$ とすると，$\|(x, y)\| \overset{\odot \ (14.11)}{=} \sqrt{x^2 + y^2}$

$\leq \sqrt{2x^2 + 3y^2} \leq \sqrt{1} = 1$ となる．よって，$r = 1$ とおくと，任意の $(x, y) \in D$ に対して，
$\|(x, y)\| \leq r$ である．したがって，定義 14.3 より，D は有界である．

解 14.3 $\{a_n\}$ を $\alpha \in \mathbf{R}$ に収束する無限閉区間 $[a, +\infty)$ の数列とする．このとき，定義
14.4 より，任意の $n \in \mathbf{N}$ に対して，$a_n \in [a, +\infty)$，すなわち，$a \leq a_n$ である．よって，定
理 1.2 より，$a \leq \alpha$，すなわち，$\alpha \in [a, +\infty)$ である．したがって，定義 14.6 より，$[a, +\infty)$
は閉集合である．同様に，無限閉区間 $(-\infty, a]$ は閉集合であることを示すことができる．以
上より，無限閉区間は閉集合である．

解 14.4 ① $[b, +\infty)$ ② $\notin$ ③ a_n ④ $b \leq a_n$ ⑤ 閉集合

§15 の問題解答

解 15.1　各関数を $f(x, y)$ とおく. (1) まず，x を変数，y を定数とみなして微分すると，$f_x(x, y) = (2e^{3x-4y})_x = 2e^{3x-4y} \cdot 3 = 6e^{3x-4y}$ である. また，x を定数，y を変数とみなして微分すると，$f_y(x, y) = (2e^{3x-4y})_y = 2e^{3x-4y} \cdot (-4) = -8e^{3x-4y}$ である.

(2) まず，x を変数，y を定数とみなして微分すると，$f_x(x, y) = (\cosh x \sinh^2 y)_x$ $= \sinh x \sinh^2 y$ である. また，x を定数，y を変数とみなして微分すると，$f_y(x, y) = (\cosh x \sinh^2 y)_y = (\cosh x)(2 \sinh y \cosh y) = 2 \cosh x \sinh y \cosh y$ である.

(3) まず，x を変数，y を定数とみなして微分すると，$f_x(x, y) = (\sin^{-1} x + \cos^{-1} y)_x$ $\overset{\odot \,問\, 5.6\,(1)}{=} \dfrac{1}{\sqrt{1 - x^2}}$ である. また，x を定数，y を変数とみなして微分すると，

$f_y(x, y) = (\sin^{-1} x + \cos^{-1} y)_y \overset{\odot \,問\, 5.6\,(2)}{=} -\dfrac{1}{\sqrt{1 - y^2}}$ である.

解 15.2　まず，$f_x(x, y) = \dfrac{4x^3}{x^4 + 3y^2 + 1}$ である. よって，

$$f_{xx}(x, y) = \frac{12x^2(x^4 + 3y^2 + 1) - 4x^3 \cdot 4x^3}{(x^4 + 3y^2 + 1)^2} = \frac{-4x^6 + 36x^2y^2 + 12x^2}{(x^4 + 3y^2 + 1)^2},$$

$$f_{xy}(x, y) = -\frac{4x^3 \cdot 6y}{(x^4 + 3y^2 + 1)^2} = -\frac{24x^3 y}{(x^4 + 3y^2 + 1)^2}$$ である.

また，$f_y(x, y) = \dfrac{6y}{x^4 + 3y^2 + 1}$ である. よって，$f_{yx}(x, y) = -\dfrac{6y \cdot 4x^3}{(x^4 + 3y^2 + 1)^2}$

$= -\dfrac{24x^3 y}{(x^4 + 3y^2 + 1)^2}$，$f_{yy}(x, y) = \dfrac{6(x^4 + 3y^2 + 1) - 6y \cdot 6y}{(x^4 + 3y^2 + 1)^2} = \dfrac{6x^4 - 18y^2 + 6}{(x^4 + 3y^2 + 1)^2}$ である.

解 15.3　① 0　② $2xy^3$　③ 0　④ C^1　⑤ $x^2(x^2 - y^2)$　⑥ 0

§16 の問題解答

解 16.1　定義 16.1 より，$f(\boldsymbol{x}) = o(g(\boldsymbol{x}))$ $(\boldsymbol{x} \to \boldsymbol{a})$ である.

解 16.2　$\dfrac{dz}{dt} \overset{\odot\,(16.26)}{=} \dfrac{\partial \cosh(x^2 + y)}{\partial x} \dfrac{d \sin t}{dt} + \dfrac{\partial \cosh(x^2 + y)}{\partial y} \dfrac{d \cos 2t}{dt}$

$= 2x \sinh(x^2 + y) \cos t + \sinh(x^2 + y)(-2 \sin 2t) = 2(x \cos t - \sin 2t) \sinh(x^2 + y)$

$= 2(\sin t \cos t - \sin 2t) \sinh(\sin^2 t + \cos 2t)$

$= 2(\sin t \cos t - 2 \sin t \cos t) \sinh(1 - \cos^2 t + 2\cos^2 t - 1) = -2 \sin t \cos t \sinh \cos^2 t$ である.

解 16.3　(1) まず，$\dfrac{\partial z}{\partial r} \overset{\odot\,(16.27)}{=} \dfrac{\partial z}{\partial x} \dfrac{\partial x}{\partial r} + \dfrac{\partial z}{\partial y} \dfrac{\partial y}{\partial r} = \dfrac{\partial z}{\partial x} \cos \theta + \dfrac{\partial z}{\partial y} \sin \theta$ である. よって，

$r \dfrac{\partial z}{\partial r} = \dfrac{\partial z}{\partial x} r \cos \theta + \dfrac{\partial z}{\partial y} r \sin \theta = x \dfrac{\partial z}{\partial x} + y \dfrac{\partial z}{\partial y}$ となり，(1) が成り立つ．

(2) $\dfrac{\partial z}{\partial \theta} \overset{\odot}{\underset{(16.27)}{=}} \dfrac{\partial z}{\partial x} \dfrac{\partial x}{\partial \theta} + \dfrac{\partial z}{\partial y} \dfrac{\partial y}{\partial \theta} = \dfrac{\partial z}{\partial x} (-r \sin \theta) + \dfrac{\partial z}{\partial y} r \cos \theta = x \dfrac{\partial z}{\partial y} - y \dfrac{\partial z}{\partial x}$ である．よって，(2) が成り立つ．

(3) $x = r \cos \theta$, $y = r \sin \theta$ のとき，$x^2 + y^2 = (r \cos \theta)^2 + (r \sin \theta)^2 = r^2 (\cos^2 \theta + \sin^2 \theta)$ $= r^2$, すなわち，$x^2 + y^2 = r^2$ である．よって，$\left(\dfrac{\partial z}{\partial r} \right)^2 + \dfrac{1}{r^2} \left(\dfrac{\partial z}{\partial \theta} \right)^2$

$\overset{\odot}{\underset{(1),(2)}{=}} \dfrac{1}{r^2} \left(x \dfrac{\partial z}{\partial x} + y \dfrac{\partial z}{\partial y} \right)^2 + \dfrac{1}{r^2} \left(x \dfrac{\partial z}{\partial y} - y \dfrac{\partial z}{\partial x} \right)^2 = \dfrac{x^2 + y^2}{r^2} \left\{ \left(\dfrac{\partial z}{\partial x} \right)^2 + \left(\dfrac{\partial z}{\partial y} \right)^2 \right\}$

$= \left(\dfrac{\partial z}{\partial x} \right)^2 + \left(\dfrac{\partial z}{\partial y} \right)^2$ である．したがって，(3) が成り立つ．

$\boxed{\text{解 16.4}}$ まず，$\dfrac{\partial z}{\partial u} \overset{\odot}{\underset{(16.27)}{=}} \dfrac{\partial z}{\partial x} \dfrac{\partial x}{\partial u} + \dfrac{\partial z}{\partial y} \dfrac{\partial y}{\partial u} = \dfrac{\partial z}{\partial x} \cos \theta + \dfrac{\partial z}{\partial y} \sin \theta$ である．また，

$\dfrac{\partial z}{\partial v} \overset{\odot}{\underset{(16.27)}{=}} \dfrac{\partial z}{\partial x} \dfrac{\partial x}{\partial v} + \dfrac{\partial z}{\partial y} \dfrac{\partial y}{\partial v} = -\dfrac{\partial z}{\partial x} \sin \theta + \dfrac{\partial z}{\partial y} \cos \theta$ である．よって，

$\left(\dfrac{\partial z}{\partial u} \right)^2 + \left(\dfrac{\partial z}{\partial v} \right)^2 = \left(\dfrac{\partial z}{\partial x} \cos \theta + \dfrac{\partial z}{\partial y} \sin \theta \right)^2 + \left(-\dfrac{\partial z}{\partial x} \sin \theta + \dfrac{\partial z}{\partial y} \cos \theta \right)^2 = \left(\dfrac{\partial z}{\partial x} \right)^2$

$+ \left(\dfrac{\partial z}{\partial y} \right)^2$ となり，あたえられた等式が成り立つ．

$\boxed{\text{解 16.5}}$ まず，$(x, y) \in \mathbf{R}^2$, $x \neq 0$ のとき，$f_x(x, y) = \left(x^2 \sin \dfrac{1}{x} \right)_x = 2x \sin \dfrac{1}{x}$

$+ x^2 \left(-\dfrac{1}{x^2} \right) \cos \dfrac{1}{x} = 2x \sin \dfrac{1}{x} - \cos \dfrac{1}{x}$, すなわち，$f_x(x, y) = 2x \sin \dfrac{1}{x} - \cos \dfrac{1}{x}$ である．ま

た，$(x, y) \in \mathbf{R}^2$, $x = 0$ のとき，$f_x(x, y) = f_x(0, y) = \lim_{h \to 0} \dfrac{f(0 + h, y) - f(0, y)}{h}$

$= \lim_{h \to 0} \dfrac{h^2 \sin \frac{1}{h} - 0}{h} = \lim_{h \to 0} h \sin \dfrac{1}{h} = 0$, すなわち，$f_x(x, y) = 0$ である．よって，$f(x, y)$ は x に関して偏微分可能であるが，$(0, b) \in \mathbf{R}^2$ とすると，$f_x(x, y)$ は $(x, y) = (0, b)$ で連続ではない．したがって，$f(x, y)$ は C^1 級ではない．次に，$(h, k) \in \mathbf{R}^2$, $(h, k) \neq (0, 0)$ とすると，

$\dfrac{f(h, k)}{\sqrt{h^2 + k^2}} = \begin{cases} \dfrac{h^2 \sin \frac{1}{h}}{\sqrt{h^2 + k^2}} & (h \neq 0), \\ 0 & (h = 0) \end{cases}$ である．よって，$0 \leq \left| \dfrac{f(h, k)}{\sqrt{h^2 + k^2}} \right| \leq \left| \dfrac{h}{\sqrt{h^2 + k^2}} \cdot h \right|$

$\leq |h| \to 0 \ ((h, k) \to (0, 0))$ となるので，はさみうちの原理（定理2.4）より，$\lim_{(h, k) \to (0, 0)} \dfrac{f(h, k)}{\sqrt{h^2 + k^2}}$

$= 0$, すなわち，$f(h, k) = o \left(\sqrt{h^2 + k^2} \right)$ である．したがって，$f(x, y)$ は $(x, y) = (0, 0)$ で全微分可能である．

§17 の問題解答

解 17.1　まず，$f(2,-1)=\sqrt{3\cdot 2^2+2\cdot(-1)^2-5}=\sqrt{9}=3$，すなわち，$f(2,-1)=3$である．また，$f_x(x,y)=\dfrac{1}{2}\dfrac{6x}{\sqrt{3x^2+2y^2-5}}=\dfrac{3x}{f(x,y)}$ なので，$f_x(2,-1)=\dfrac{3\cdot 2}{f(2,-1)}=\dfrac{6}{3}=2$，すなわち，$f_x(2,-1)=2$である．さらに，$f_y(x,y)=\dfrac{1}{2}\dfrac{4y}{\sqrt{3x^2+2y^2-5}}=\dfrac{2y}{f(x,y)}$ なので，$f_y(2,-1)=\dfrac{2\cdot(-1)}{f(2,-1)}=\dfrac{-2}{3}=-\dfrac{2}{3}$，すなわち，$f_y(2,-1)=-\dfrac{2}{3}$ である．よって，接平面の方程式は $z=3+2(x-2)-\dfrac{2}{3}(y+1)$，すなわち，$z=2x-\dfrac{2}{3}y-\dfrac{5}{3}$ である．

解 17.2　$H(x,y)=f_{xx}(x,y)f_{yy}(x,y)-(f_{xy}(x,y))^2$ である．

解 17.3　まず，$f_x(x,y)=3x^2-3y=3(x^2-y)$，$f_y(x,y)=-3x+3y^2=-3(x-y^2)$ である．よって，$f_x(x,y)=f_y(x,y)=0$ とすると，$(x,y)=(0,0),(1,1)$ となる．また，$f_{xx}(x,y)=6x$，$f_{xy}(x,y)=-3$，$f_{yy}(x,y)=6y$ となるので，$f(x,y)$ のヘッシアンは $H(x,y)=6x\cdot 6y-(-3)^2=9(4xy-1)$，すなわち，$H(x,y)=9(4xy-1)$ である．ここで，$H(0,0)=9(4\cdot 0\cdot 0-1)=-9<0$ なので，定理 17.5 (3) より，$f(x,y)$ は $(x,y)=(0,0)$ で極値をとらない．また，$H(1,1)=9(4\cdot 1\cdot 1-1)=27>0$，$f_{xx}(1,1)=6\cdot 1=6>0$ なので，$f(1,1)=1^3-3\cdot 1\cdot 1+1^3=-1$ は $f(x,y)$ の $(x,y)=(1,1)$ における極小値である．

解 17.4　① $2x+y$　② $x+2y$　③ $(0,0)$　④ $2y$　⑤ $x+y$　⑥ $2x$　⑦ x^2+xy+y^2　⑧ 0　⑨ $2x^3$

§18 の問題解答

解 18.1　$f(\boldsymbol{x},y)$ を $(n+1)$ 変数関数，$y=\varphi(\boldsymbol{x})$ を n 変数関数とする．等式 $f(\boldsymbol{x},\varphi(\boldsymbol{x}))=0$ が成り立つとき，$y=\varphi(\boldsymbol{x})$ を $f(\boldsymbol{x},y)=0$ の陰関数という．

解 18.2　(1) 楕円面　(2) 双曲放物面　(3) 一葉双曲面

解 18.3　(1) $f(x,y)$ の定義より，$f_y(x,y)=2(x^2+y^2)\cdot 2y+4y=4y(x^2+y^2+1)$ である．さらに，$f_y(x,y)=0$ とすると，$y=0$ である．$y=0$ を $f(x,y)=0$ に代入すると，$x^4-2x^2=0$，すなわち，$x^2(x^2-2)=0$ より，$x=0,\pm\sqrt{2}$ である．よって，$(x,y)=(0,0),(\pm\sqrt{2},0)$ である．

(2) $f(x,y)$ の定義より，$f_x(x,y)=2(x^2+y^2)\cdot 2x-4x=4x(x^2+y^2-1)$ である．よって，(1) の計算とあわせると，(18.9) より，$\varphi'(x)=-\dfrac{4x(x^2+y^2-1)}{4y(x^2+y^2+1)}=-\dfrac{x(x^2+y^2-1)}{y(x^2+y^2+1)}$ である．

解 18.4　① x　② y　③ $f_{xx}(x,y)f_y(x,y) - f_{xy}(x,y)f_x(x,y)$

④ $f_{xy}(x,y)f_y(x,y) - f_{yy}(x,y)f_x(x,y)$

⑤ $f_{xx}(x,y)(f_y(x,y))^2 - 2f_{xy}(x,y)f_x(x,y)f_y(x,y) + f_{yy}(x,y)(f_x(x,y))^2$　⑥ $f_{xx}(a,b)$

⑦ 極大　⑧ 極小

§19 の問題解答

解 19.1　$\boldsymbol{a}$ が $f(\boldsymbol{a}) = f_{x_1}(\boldsymbol{a}) = f_{x_2}(\boldsymbol{a}) = \cdots = f_{x_n}(\boldsymbol{a}) = 0$ をみたすとき，$\boldsymbol{a}$ を $f(\boldsymbol{x}) = 0$ の特異点という．

解 19.2　$f(x,y) = (x^2+y^2)^2 - 2(x^2-y^2)$ とおくと，問 18.3 より，
$f_x(x,y) = 4x(x^2+y^2-1)$，$f_y(x,y) = 4y(x^2+y^2+1)$ である．まず，$f_y(x,y) = 0$ とすると，$y=0$ である．これを $f_x(x,y)=0$ に代入すると，$x=0,\pm 1$ である．さらに，$f(x,y)=0$ とすると，$(x,y) = (0,0)$ である．よって，特異点は $(0,0)$ である．

解 19.3　(1) 点 $\boldsymbol{x} = (x_1, x_2, \cdots, x_n) \in \mathbf{R}^n$ に対して，$\|\boldsymbol{x}\| = \sqrt{\displaystyle\sum_{i=1}^{n} x_i^2}$ とおき，これを $\boldsymbol{x}$ のノルムという．

(2) $D \subset \mathbf{R}^n$ とする．ある $r > 0$ が存在し，任意の $\boldsymbol{x} \in D$ に対して，$\|\boldsymbol{x}\| \leq r$ となるとき，D は有界であるという．

(3) $D \subset \mathbf{R}^n$ とする．D の点列 $\{\boldsymbol{a}_k\}$ が $\boldsymbol{\alpha} \in \mathbf{R}^n$ に収束するならば，$\boldsymbol{\alpha} \in D$ となるとき，D を閉集合という．

解 19.4　例 19.2 より，単位円 $x^2+y^2 = 1$ は特異点をもたないことに注意すると，定理 19.1 (2) の場合を考えればよい．そこで，関数 $\Phi(x,y,\lambda)$ を $\Phi(x,y,\lambda) = x+y$
$-\lambda(x^2+y^2-1)$ により定める．このとき，$\Phi_x(x,y,\lambda) = 1 - 2\lambda x$，$\Phi_y(x,y,\lambda) = 1 - 2\lambda y$，$\Phi_\lambda(x,y,\lambda) = -(x^2+y^2-1)$ である．よって，$\Phi_x(x,y,\lambda) = \Phi_y(x,y,\lambda) = \Phi_\lambda(x,y,\lambda) = 0$ とすると，$x = y = \lambda = \pm\frac{\sqrt{2}}{2}$ となる．ここで，例 19.3 より，単位円 $x^2+y^2 = 1$ は $\mathbf{R}^2$ の有界閉集合であり，関数 $x+y$ はこの単位円で連続となるので，ワイエルシュトラスの定理（定理 14.3）より，条件 $x^2+y^2 = 1$ の下で，$x+y$ は最大値および最小値をもつ．また，上で求めた x, y に対して，$x+y$ の値は x と y が正のときは $\sqrt{2}$ であり，負のときは $-\sqrt{2}$ である．したがって，条件 $x^2+y^2 = 1$ の下で，$x+y$ は $(x,y) = \left(\frac{\sqrt{2}}{2}, \frac{\sqrt{2}}{2}\right)$ で最大値 $\sqrt{2}$ をとり，$(x,y) = \left(-\frac{\sqrt{2}}{2}, -\frac{\sqrt{2}}{2}\right)$ で最小値 $-\sqrt{2}$ をとる．

解 19.5　① 特異　② $a - 2\lambda x$　③ $b - 2\lambda y$　④ $c - 2\lambda z$　⑤ $-(x^2+y^2+z^2-1)$

⑥ $\dfrac{b}{\sqrt{a^2+b^2+c^2}}$　⑦ $\dfrac{c}{\sqrt{a^2+b^2+c^2}}$　⑧ $\dfrac{\sqrt{a^2+b^2+c^2}}{2}$　⑨ 有界閉　⑩ $\sqrt{a^2+b^2+c^2}$

⑪ a ⑫ b ⑬ c

解 19.6　$f(x,y) = 2x^3 + 2y^3 - 3x^2 - 3y^2$ とおく．このとき，$f_x(x,y) = 6x^2 - 6x$
$= 6x(x-1)$, $f_y(x,y) = 6y^2 - 6y = 6y(y-1)$ である．ここで，$x^2 + y^2 \leq 1$ は $x^2 + y^2 < 1$
または $x^2 + y^2 = 1$ のどちらかである．まず，条件 $x^2 + y^2 < 1$ の下で，関数 $f(x,y)$ の極値
をあたえる点の候補を求める．$f_x(x,y) = f_y(x,y) = 0$ とすると，$x^2 + y^2 < 1$ より，
$(x,y) = (0,0)$ である．よって，定理 17.4 より，$(x,y) = (0,0)$ が条件 $x^2 + y^2 < 1$ の下で，
$f(x,y)$ の極値をあたえる点の候補である．さらに，$f(0,0) = 0$ である．次に，条件
$x^2 + y^2 = 1$ の下で，$f(x,y)$ の極値をあたえる点の候補を求める．関数 $\Phi(x,y,\lambda)$ を
$\Phi(x,y,\lambda) = f(x,y) - \lambda(x^2 + y^2 - 1)$ により定めると，$\Phi_x(x,y,\lambda) = 6x(x-1) - 2\lambda x$
$= 2x(3x - 3 - \lambda)$, $\Phi_y(x,y,\lambda) = 6y(y-1) - 2\lambda y = 2y(3y - 3 - \lambda)$,
$\Phi_\lambda(x,y,\lambda) = -(x^2 + y^2 - 1)$ である．よって，$\Phi_x(x,y,\lambda) = \Phi_y(x,y,\lambda) = \Phi_\lambda(x,y,\lambda)$
$= 0$ とすると，$(x,y) = (0,\pm 1), (\pm 1, 0), \pm\left(\frac{\sqrt{2}}{2}, \frac{\sqrt{2}}{2}\right)$ となる．すなわち，定理 19.1 より，これら
が条件 $x^2 + y^2 = 1$ の下で，$f(x,y)$ の極値をあたえる点の候補である．さらに，$f(0,1) = f(1,0)$
$= -1$, $f(0,-1) = f(-1,0) = -5$, $f\left(\frac{\sqrt{2}}{2}, \frac{\sqrt{2}}{2}\right) = \sqrt{2} - 3$, $f\left(-\frac{\sqrt{2}}{2}, -\frac{\sqrt{2}}{2}\right) = -\sqrt{2} - 3$ と
なる．ここで，条件 $x^2 + y^2 \leq 1$ をみたす $\mathbf{R}^2$ の点 (x,y) 全体の集合は $\mathbf{R}^2$ の有界閉集合で
あり，$f(x,y)$ はこの集合で連続となるので，ワイエルシュトラスの定理（定理 14.3）より，
条件 $x^2 + y^2 \leq 1$ の下で，$f(x,y)$ は最大値および最小値をもつ．したがって，求めた極値を
あたえる点の候補の中で，$f(x,y)$ の値を比較すると，$f(x,y)$ は $(x,y) = (0,0)$ で最大値 0 を
とり，$(x,y) = (0,-1), (-1,0)$ で最小値 -5 をとる．

§20 の問題解答

解 20.1　(与式) $\overset{定理\,9.2\,(10)}{=} \int_0^{\frac{\pi}{8}} \left[\sin^{-1} y\right]_{y=\sin 2x}^{y=\sin x} dx = \int_0^{\frac{\pi}{8}} (x - 2x)\, dx = -\int_0^{\frac{\pi}{8}} x\, dx$
$= -\left[\frac{1}{2}x^2\right]_0^{\frac{\pi}{8}} = -\frac{\pi^2}{128}$ である．

解 20.2　$\displaystyle\iint_D x\, dxdy \overset{(20.4)}{=} \int_{-1}^1 dx \int_{x^2}^{x+5} x\, dy = \int_{-1}^1 [xy]_{y=x^2}^{y=x+5}\, dx$
$= \int_{-1}^1 \{x(x+5) - x \cdot x^2\}\, dx = \int_{-1}^1 (-x^3 + x^2 + 5x)\, dx = \left[-\frac{1}{4}x^4 + \frac{1}{3}x^3 + \frac{5}{2}x^2\right]_{-1}^1$
$= \frac{1}{3}\{1^3 - (-1)^3\} = \frac{2}{3}$ である．

解 20.3　R を縦線集合とみなすと，$\displaystyle\iint_R (\sin x + \cos y)\, dxdy$
$\overset{(20.17)}{=} \int_0^{2\pi} dx \int_0^{\pi} (\sin x + \cos y)\, dy = \int_0^{2\pi} [y\sin x + \sin y]_{y=0}^{y=\pi}\, dx = \int_0^{2\pi} \pi\sin x\, dx$

$= [-\pi \cos x]_0^{2\pi} = 0$ である．また，R を横線集合とみなすと，$\displaystyle\iint_R (\sin x + \cos y)\, dxdy$

$\overset{\odot}{=} {}^{(20.17)} \displaystyle\int_0^\pi dy \int_0^{2\pi} (\sin x + \cos y)\, dx = \int_0^\pi [-\cos x + x \cos y]_{x=0}^{x=2\pi}\, dy = \int_0^\pi 2\pi \cos y\, dy$

$= [2\pi \sin y]_0^\pi = 0$ である．

解 20.4 $\quad I = \displaystyle\int_a^b f(x)\, dx,\ J = \int_c^d g(y)\, dy$ とおくと，

$\displaystyle\iint_R f(x)g(y)\, dxdy \overset{\odot}{=} {}^{(20.17)} \int_c^d dy \int_a^b f(x)\, dx = \int_c^d Ig(y)\, dy = IJ$ である．よって，
あたえられた等式が成り立つ．

解 20.5 $\quad$ (1) D を縦線集合とみなし，$D = \{(x,y)\,|\, 0 \le x \le 1,\ 0 \le y \le -x+1\}$ と表して

おくと，$\displaystyle\iint_D x\, dxdy \overset{\odot}{=} {}^{(20.4)} \int_0^1 dx \int_0^{-x+1} x\, dy = \int_0^1 [xy]_{y=0}^{y=-x+1}\, dx = \int_0^1 (-x^2 + x)\, dx$

$= \left[-\dfrac{1}{3}x^3 + \dfrac{1}{2}x^2\right]_0^1 = -\dfrac{1}{3} + \dfrac{1}{2} = \dfrac{1}{6}$ である．また，D を横線集合とみなし，

$D = \{(x,y)\,|\, 0 \le x \le -y+1,\ 0 \le y \le 1\}$ と表しておくと，

$\displaystyle\iint_D x\, dxdy \overset{\odot}{=} {}^{(20.13)} \int_0^1 dy \int_0^{-y+1} x\, dx = \int_0^1 \left[\dfrac{1}{2}x^2\right]_{x=0}^{x=-y+1}\, dy = \int_0^1 \dfrac{1}{2}(1-y)^2\, dy$

$= \left[-\dfrac{1}{6}(1-y)^3\right]_0^1 = \dfrac{1}{6}$ である．

(2) D を縦線集合とみなし，$D = \{(x,y)\,|\, 0 \le x \le 1,\ 0 \le y \le \sqrt{1-x^2}\}$ と表しておくと，

$\displaystyle\iint_D y\, dxdy \overset{\odot}{=} {}^{(20.4)} \int_0^1 dx \int_0^{\sqrt{1-x^2}} y\, dy = \int_0^1 \left[\dfrac{1}{2}y^2\right]_{y=0}^{y=\sqrt{1-x^2}}\, dx = \int_0^1 \dfrac{1}{2}(1-x^2)\, dx$

$= \left[\dfrac{1}{2}\left(x - \dfrac{1}{3}x^3\right)\right]_0^1 = \dfrac{1}{2}\left(1 - \dfrac{1}{3}\right) = \dfrac{1}{3}$ である．また，D を横線集合とみなし，

$D = \{(x,y)\,|\, 0 \le x \le \sqrt{1-y^2},\ 0 \le y \le 1\}$ と表しておくと，

$\displaystyle\iint_D y\, dxdy \overset{\odot}{=} {}^{(20.13)} \int_0^1 dy \int_0^{\sqrt{1-y^2}} y\, dx = \int_0^1 [xy]_{x=0}^{x=\sqrt{1-y^2}}\, dy = \int_0^1 y\sqrt{1-y^2}\, dy$

$= \left[-\dfrac{1}{3}(1-y^2)^{\frac{3}{2}}\right]_0^1 = \dfrac{1}{3}$ である．

§21 の問題解答

解 21.1 $\quad \dfrac{\partial(x,y)}{\partial(u,v)} \overset{\odot}{=} {}^{(21.6)} \dfrac{\cos u}{\cos v}\dfrac{\cos v}{\cos u} - \dfrac{\sin u \sin v}{\cos^2 v}\dfrac{\sin v \sin u}{\cos^2 u} = 1 - \dfrac{\sin^2 u \sin^2 v}{\cos^2 u \cos^2 v}$

$= 1 - x^2 y^2$ である．

解 21.2 $\quad$ (1) まず，アファイン変換 $u = x + 2y + 5,\ v = x - 2y - 3$ を考え，
$E = \{(u,v)\,|\, |u| \le 1,\ |v| \le 2\} = \{(u,v)\,|\, -1 \le u \le 1,\ -2 \le v \le 2\}$ とおく．とくに，E は

長方形領域である．このとき，このアファイン変換は D を E へ写す．さらに，このアファイン変換を x, y について解くと，アファイン変換 $x = \dfrac{1}{2}u + \dfrac{1}{2}v - 1$, $y = \dfrac{1}{4}u - \dfrac{1}{4}v - 2$ が得られる．よって，このアファイン変換は E を D へ 1 対 1 に写す．また，例 21.3 より，$\dfrac{\partial(x,y)}{\partial(u,v)} = \dfrac{1}{2}\left(-\dfrac{1}{4}\right) - \dfrac{1}{2}\cdot\dfrac{1}{4} = -\dfrac{1}{4} \neq 0$ である．したがって，

$$\iint_D (x + 2y + 5)^4\, dxdy \overset{\odot\,(21.13)}{=} \iint_E u^4 \left|-\dfrac{1}{4}\right| dudv \overset{\odot\,\text{問}\,20.4}{=} \dfrac{1}{4}\left(\int_{-1}^1 u^4\,du\right)\left(\int_{-2}^2 dv\right)$$

$$= \dfrac{1}{4}\left[\dfrac{1}{5}u^5\right]_{-1}^1 \{2 - (-2)\} = \dfrac{2}{5} \text{ である．}$$

(2) まず，線形変換 $u = x + y$, $v = x - y$ を考え，

$E = \{(u,v)\,|\,0 \leq u \leq \pi,\ 0 \leq v \leq \pi\}$ とおく．とくに，E は正方形領域である．このとき，この線形変換は D を E へ写す．さらに，この線形変換を x, y について解くと，線形変換 $x = \dfrac{1}{2}u + \dfrac{1}{2}v$, $y = \dfrac{1}{2}u - \dfrac{1}{2}v$ が得られる．よって，この線形変換は E を D へ 1 対 1 に写す．また，例 21.3 より，$\dfrac{\partial(x,y)}{\partial(u,v)} = \dfrac{1}{2}\left(-\dfrac{1}{2}\right) - \dfrac{1}{2}\cdot\dfrac{1}{2} = -\dfrac{1}{2} \neq 0$ である．したがって，

$$\iint_D (x + y)\sin(x - y)\,dxdy \overset{\odot\,(21.13)}{=} \iint_E u\sin v \left|-\dfrac{1}{2}\right| dudv$$

$$\overset{\odot\,\text{問}\,20.4}{=} \dfrac{1}{2}\left(\int_0^\pi u\,du\right)\left(\int_0^\pi \sin v\,dv\right) = \dfrac{1}{2}\left[\dfrac{1}{2}u^2\right]_0^\pi [-\cos v]_0^\pi = \dfrac{1}{2}\cdot\dfrac{\pi^2}{2}\cdot\{1 - (-1)\}$$

$$= \dfrac{\pi^2}{2} \text{ である．}$$

解 21.3　(1) $\Gamma(x) = \displaystyle\int_0^{+\infty} e^{-t}t^{x-1}\,dt$ である．

(2) $\mathrm{B}(x,y) = \displaystyle\int_0^1 t^{x-1}(1 - t)^{y-1}\,dt$ である．

解 21.4　① ガウス　② $\sqrt{\pi}$

解 21.5　極座標変換 (21.8) を考え，長方形領域 E を $E = \{(r,\theta)\,|\,1 \leq r \leq 2,\ 0 \leq \theta \leq 2\pi\}$ により定める．このとき，(21.8) は E を D へ写す．ここで，2 つの線分の和 $\{(r,\theta) \in E\,|\,\theta = 0, 2\pi\} = \{(r,\theta)\,|\,1 \leq r \leq 2,\ \theta = 0, 2\pi\}$ の面積は 0 であり，(21.8) は上の線分の和を定義域から除くと，1 対 1 である．よって，$\displaystyle\iint_D \dfrac{dxdy}{x^2 + y^2} \overset{\odot\,(21.13)}{=} \iint_E \dfrac{1}{r^2}r\,drd\theta$

$\overset{\odot\,\text{問}\,20.4}{=} \left(\displaystyle\int_1^2 \dfrac{dr}{r}\right)\left(\int_0^{2\pi} d\theta\right) = [\log r]_1^2 \cdot 2\pi = 2\pi\log 2$ である．

解 21.6　変数変換 $x = ar\cos\theta$, $y = br\sin\theta$ を考え，長方形領域 E を

$E = \{(r,\theta)\,|\,0 \leq r \leq 1,\ 0 \leq \theta \leq 2\pi\}$ により定める．このとき，この変数変換は E を D へ写す．また，$\dfrac{\partial(x,y)}{\partial(r,\theta)} \overset{\odot\,(21.6)}{=} (a\cos\theta)br\cos\theta - (-ar\sin\theta)b\sin\theta = abr(\cos^2\theta + \sin^2\theta) = abr \cdot 1$

$= abr$ である．ここで，3 つの線分の和 $\{(r,\theta)\in E \mid r=0 \text{ または } \theta=0, 2\pi\}$ の面積は 0 であり，この変数変換は上の線分の和を定義域から除くと，1 対 1 である．よって，面積は

$$\iint_D dxdy \overset{\odot (21.13)}{=} \iint_E abr\, drd\theta \overset{\odot 問 20.4}{=} ab\left(\int_0^1 r\,dr\right)\left(\int_0^{2\pi} d\theta\right) = ab\left[\frac{1}{2}r^2\right]_0^1 \cdot 2\pi$$

$= ab \cdot \dfrac{1}{2} \cdot 2\pi = \pi ab$ である．

§22 の問題解答

解 22.1　まず，$f(x,y)=ax+by+c$ とおくと，$f_x(x,y)=a$, $f_y(x,y)=b$ である．よって，$\sqrt{1+(f_x(x,y))^2+(f_y(x,y))^2} = \sqrt{1+a^2+b^2}$ である．また，R の一辺の長さは 1 なので，その面積は $1\cdot 1=1$ である．したがって，面積は (22.3) より，

$$\iint_R \sqrt{1+a^2+b^2}\,dxdy = \sqrt{1+a^2+b^2}\iint_R dxdy = \sqrt{1+a^2+b^2}\cdot 1 = \sqrt{1+a^2+b^2}$$ である．

解 22.2　極座標変換 (21.8) を考え，長方形領域 E を $E=\{(r,\theta)\mid 0\le r\le a,\ 0\le\theta\le 2\pi\}$ により定める．このとき，(21.8) は E を D へ写し，$z=r^2\cos^2\theta - r^2\sin^2\theta \overset{\odot 倍角の公式}{=} r^2\cos 2\theta$ $((r,\theta)\in E)$ である．ここで，(21.8) が 1 対 1 とならない点全体の集合は 3 つの線分の和 (22.10) であり，その面積は 0 である．よって，面積は (22.15) より，

$$\iint_E \sqrt{1+\{(r^2\cos 2\theta)_r\}^2 + \frac{1}{r^2}\{(r^2\cos 2\theta)_\theta\}^2}\,r\,drd\theta$$

$$= \iint_E \sqrt{1+(2r\cos 2\theta)^2 + \frac{1}{r^2}(-2r^2\sin 2\theta)^2}\,r\,drd\theta$$

$$= \iint_E \sqrt{1+4r^2(\cos^2 2\theta + \sin^2 2\theta)}\,r\,drd\theta = \iint_E \sqrt{1+4r^2}\,r\,drd\theta$$

$$\overset{\odot 問 20.4}{=} \left(\int_0^a r\sqrt{1+4r^2}\,dr\right)\left(\int_0^{2\pi} d\theta\right) = \left[\frac{1}{12}(1+4r^2)^{\frac{3}{2}}\right]_0^a \cdot 2\pi$$

$$= \frac{\pi}{6}\left\{(1+4a^2)^{\frac{3}{2}} - 1\right\}$$ である．

解 22.3　(1) (右辺) $= \dfrac{e^x+e^{-x}}{2}\dfrac{e^y+e^{-y}}{2} + \dfrac{e^x-e^{-x}}{2}\dfrac{e^y-e^{-y}}{2}$

$= \dfrac{e^{x+y}+e^{x-y}+e^{-x+y}+e^{-x-y}}{4} + \dfrac{e^{x+y}-e^{x-y}-e^{-x+y}+e^{-x-y}}{4} = \dfrac{e^{x+y}+e^{-x-y}}{2}$

$=$ (左辺) である．よって，加法定理が成り立つ．

(2) $f(x)=a\cosh\dfrac{x}{a}$ とおくと，$1+(f'(x))^2 = 1+\sinh^2\dfrac{x}{a} = \cosh^2\dfrac{x}{a}$, すなわち，$\sqrt{1+(f'(x))^2} = \cosh\dfrac{x}{a}$ である．よって，面積は (22.21) より，

$$2\pi\int_0^b a\cosh^2\frac{x}{a}\,dx \overset{\odot 倍角の公式}{=} 2\pi a\int_0^b \frac{1+\cosh\frac{2x}{a}}{2}\,dx = 2\pi a\left[\frac{1}{2}x + \frac{a}{4}\sinh\frac{2x}{a}\right]_0^b$$

$$= \frac{\pi a}{2} \left(2b + a \sinh \frac{2b}{a} \right)$$ である.

解 22.4　(1) まず，$1 + (f'(x))^2 = 1 + \left(\dfrac{-x}{\sqrt{a^2 - x^2}} \right)^2 = \dfrac{a^2}{a^2 - x^2}$，すなわち，

$\sqrt{1 + (f'(x))^2} = \dfrac{a}{\sqrt{a^2 - x^2}}$ である．よって，面積は (22.21) より，

$$2\pi \int_{-c}^{c} (b + \sqrt{a^2 - x^2}) \frac{a}{\sqrt{a^2 - x^2}}\, dx = 2\pi ab \int_{-c}^{c} \frac{dx}{\sqrt{a^2 - x^2}} + 2\pi a \int_{-c}^{c} dx$$

$$\overset{(9.23)}{=} 2\pi ab \left[\sin^{-1} \frac{x}{a} \right]_{-c}^{c} + 2\pi a \cdot 2c = 2\pi ab \left\{ \sin^{-1} \frac{c}{a} - \sin^{-1} \left(-\frac{c}{a} \right) \right\} + 4\pi ac$$

$$= 4\pi ab \sin^{-1} \frac{c}{a} + 4\pi ac$$ である.

(2) (1) と同様に計算すると，求める面積は $4\pi ab \sin^{-1} \dfrac{c}{a} - 4\pi ac$ である.

(3) $\displaystyle \lim_{c \to a - 0} (S_+(c) + S_-(c)) \overset{(1),(2)}{=} \lim_{c \to a - 0} 8\pi ab \sin^{-1} \frac{c}{a} = 8\pi ab \sin^{-1} 1 = 8\pi ab \cdot \frac{\pi}{2}$

$= 4\pi^2 ab$ である.

§23 の問題解答

解 23.1　(23.35) において，$x = a$, $y = \dfrac{1}{2}$, $z = 4a$ とすると，

$$\int_0^1 \frac{t^{a-1}}{\sqrt{1 - t^{4a}}}\, dt = \frac{\Gamma\left(\frac{a}{4a} \right) \Gamma\left(\frac{1}{2} \right)}{4a \Gamma\left(\frac{a}{4a} + \frac{1}{2} \right)} \overset{(23.39)}{=} \frac{\sqrt{\pi}\, \Gamma\left(\frac{1}{4} \right)}{4a \Gamma\left(\frac{3}{4} \right)}$$ である．ここで，(23.38) において，

$x = \dfrac{1}{4}$ とすると，$\Gamma\left(\dfrac{1}{4} \right) \Gamma\left(\dfrac{3}{4} \right) = \sqrt{2}\pi$，すなわち，$\Gamma\left(\dfrac{3}{4} \right) = \dfrac{\sqrt{2}\pi}{\Gamma\left(\frac{1}{4} \right)}$ である．よって，あた

えられた等式が成り立つ.

解 23.2　(23.42) において，$a = 1$, $b = 4$ とすると，$\displaystyle \int_0^{+\infty} \frac{dt}{1 + t^4} = \frac{\pi}{4 \sin \frac{\pi}{4}} = \frac{\pi}{4 \cdot \frac{\sqrt{2}}{2}} =$

$\dfrac{\sqrt{2}}{4} \pi$ である.

解 23.3　(1) 定理 12.3 (3) において，$a = 2x - 1$, $y = \dfrac{1}{2}$ とすると，

$$\int_0^{\frac{\pi}{2}} \sin^a \theta\, d\theta = \frac{1}{2} \mathrm{B}\left(\frac{a+1}{2}, \frac{1}{2} \right) \overset{(23.1)}{=} \frac{1}{2} \frac{\Gamma\left(\frac{a+1}{2} \right) \Gamma\left(\frac{1}{2} \right)}{\Gamma\left(\frac{a+1}{2} + \frac{1}{2} \right)} \overset{(23.39)}{=} \frac{\sqrt{\pi}}{2} \frac{\Gamma\left(\frac{a+1}{2} \right)}{\Gamma\left(\frac{a}{2} + 1 \right)}$$ となり，

あたえられた等式が成り立つ.

(2) n が偶数のとき，$\dfrac{n}{2} = 0, 1, 2, \cdots$ であることに注意すると，$\displaystyle \int_0^{\frac{\pi}{2}} \sin^n \theta\, d\theta \overset{(1)}{=} \frac{\sqrt{\pi}}{2} \frac{\Gamma\left(\frac{n}{2} + \frac{1}{2} \right)}{\Gamma\left(\frac{n}{2} + 1 \right)}$

$\overset{定理\ 12.2\ (2),\ 定理\ 12.5}{=} \dfrac{\sqrt{\pi}}{2} \dfrac{\frac{(n-1)!!}{2^{\frac{n}{2}}} \sqrt{\pi}}{\left(\frac{n}{2} \right)!} = \dfrac{(n-1)!!}{n!!} \dfrac{\pi}{2}$ である．また，n が奇数のとき，

$\dfrac{n+1}{2} \in \mathbf{N}$ であることに注意すると，$\displaystyle\int_0^{\frac{\pi}{2}} \sin^n \theta \, d\theta \overset{\odot\,(1)}{=} \dfrac{\sqrt{\pi}}{2} \dfrac{\Gamma\left(\frac{n+1}{2}\right)}{\Gamma\left(\frac{n+1}{2} + \frac{1}{2}\right)}$

$\overset{\odot\,定理\,12.2\,(2),\,定理\,12.5\,(2)}{=} \dfrac{\sqrt{\pi}}{2} \dfrac{\left(\frac{n-1}{2}\right)!}{\frac{n!!}{2^{\frac{n+1}{2}}}\sqrt{\pi}} = \dfrac{(n-1)!!}{n!!}$ である．よって，あたえられた等式が

成り立つ．

(3) $(左辺) = \left(\displaystyle\int_0^{\frac{\pi}{2}} \sin^{\frac{1}{2}} \theta \, d\theta\right)\left(\displaystyle\int_0^{\frac{\pi}{2}} \sin^{-\frac{1}{2}} \theta \, d\theta\right) \overset{\odot\,(1)}{=} \dfrac{\sqrt{\pi}}{2} \dfrac{\Gamma\left(\frac{3}{4}\right)}{\Gamma\left(\frac{5}{4}\right)} \dfrac{\sqrt{\pi}}{2} \dfrac{\Gamma\left(\frac{1}{4}\right)}{\Gamma\left(\frac{3}{4}\right)} = \dfrac{\pi}{4} \dfrac{\Gamma\left(\frac{1}{4}\right)}{\Gamma\left(\frac{1}{4}+1\right)}$

$\overset{\odot\,定理\,12.2\,(1)}{=} \dfrac{\pi}{4} \dfrac{\Gamma\left(\frac{1}{4}\right)}{\frac{1}{4}\Gamma\left(\frac{1}{4}\right)} = (右辺)$ である．よって，あたえられた等式が成り立つ．

解 23.4　(23.35) において，$x = n+1$, $y = \frac{1}{2}$, $z = 1$ とすると，

$\displaystyle\int_0^1 \dfrac{t^n}{\sqrt{1-t}} \, dt = \dfrac{\Gamma(n+1)\Gamma\left(\frac{1}{2}\right)}{\Gamma\left(n+1+\frac{1}{2}\right)} \overset{\odot\,定理\,12.2\,(2),\,定理\,12.5\,(2),\,(23.39)}{=} \dfrac{\sqrt{\pi}\,n!}{\frac{(2n+1)!!}{2^{n+1}}\sqrt{\pi}}$

$= \dfrac{2 \cdot (2n)!!}{(2n+1)!!}$ となり，あたえられた等式が成り立つ．

解 23.5　(23.41) において，$x = 1$, $y = n$, $z = 2$ とすると，

$\displaystyle\int_0^{+\infty} \dfrac{dt}{(1+t^2)^n} = \dfrac{\Gamma\left(n-\frac{1}{2}\right)\Gamma\left(\frac{1}{2}\right)}{2\Gamma(n)} \overset{\odot\,(23.39)}{=} \dfrac{\sqrt{\pi}\,\Gamma\left(n-1+\frac{1}{2}\right)}{2\Gamma(n)}$

$\overset{\odot\,定理\,12.2\,(2),\,定理\,12.5\,(2)}{=} \dfrac{\sqrt{\pi}\,\frac{(2n-3)!!}{2^{n-1}}\sqrt{\pi}}{2(n-1)!} = \dfrac{(2n-3)!!}{(2n-2)!!} \dfrac{\pi}{2}$ である．よって，あたえられた等

式が成り立つ．

§24 の問題解答

解 24.1　まず，$\displaystyle\int_C (x-y) \, dx \overset{\odot\,(24.7)}{=} \displaystyle\int_0^1 (t^3 - t^2)(t^3)' \, dt = \displaystyle\int_0^1 (t^3 - t^2)(3t^2) \, dt$

$= \displaystyle\int_0^1 (3t^5 - 3t^4) \, dt = \left[\dfrac{1}{2}t^6 - \dfrac{3}{5}t^5\right]_0^1 = \dfrac{1}{2} - \dfrac{3}{5} = -\dfrac{1}{10}$ である．また，$\displaystyle\int_C (x-y) \, dy$

$\overset{\odot\,(24.8)}{=} \displaystyle\int_0^1 (t^3 - t^2)(t^2)' \, dt = \displaystyle\int_0^1 (t^3 - t^2) \cdot 2t \, dt = \displaystyle\int_0^1 (2t^4 - 2t^3) \, dt = \left[\dfrac{2}{5}t^5 - \dfrac{1}{2}t^4\right]_0^1$

$= \dfrac{2}{5} - \dfrac{1}{2} = -\dfrac{1}{10}$ である．

解 24.2　まず，アステロイドで囲まれた領域を D とおくと，D は区分的 C^1 級縦線集合として

も区分的 C^1 級横線集合としても表されることに注意する．求める面積は (24.7), (24.8), (24.30)

より，$\dfrac{1}{2} \displaystyle\int_{\partial D} x \, dy - y \, dx = \dfrac{1}{2}\displaystyle\int_0^{2\pi} (a\cos^3 t)(a\sin^3 t)' \, dt - \dfrac{1}{2}\displaystyle\int_0^{2\pi} (a\sin^3 t)(a\cos^3 t)' \, dt$

$= \dfrac{3a^2}{2} \displaystyle\int_0^{2\pi} \sin^2 t \cos^2 t (\cos^2 t + \sin^2 t) \, dt = \dfrac{3a^2}{2} \cdot 4 \displaystyle\int_0^{\frac{\pi}{2}} (\sin^2 t)(1 - \sin^2 t) \, dt$　$(\odot\,[0, \tfrac{\pi}{2}],$

$[\frac{\pi}{2}, \pi]$, $[\pi, \frac{3}{2}\pi]$, $[\frac{3}{2}\pi, 2\pi]$ 上の定積分の値はすべて同じ) $= 6a^2 \left(\displaystyle\int_0^{\frac{\pi}{2}} \sin^2 t \, dt - \int_0^{\frac{\pi}{2}} \sin^4 t \, dt \right)$

$\overset{\smiley{} \text{問}\,23.3\,(2)}{=} 6a^2 \left(\dfrac{1}{2} \cdot \dfrac{\pi}{2} - \dfrac{3}{4 \cdot 2} \cdot \dfrac{\pi}{2} \right) = \dfrac{3}{8}\pi a^2$ である.

解 24.3 ① t ② $\psi_2(t)$ ③ $\psi_1(d) + \psi_2(d) - t$ ④ $\psi_1(c + d - t)$ ⑤ $\psi_1(s)$ ⑥ $Q_x(x, y)$

解 24.4 (1) $\displaystyle\int_{\partial D} P(x, y)\, dx + Q(x, y)\, dy \overset{\smiley{} \text{定理}\,24.1}{=} \iint_D (Q_x(x, y) - P_y(x, y))\, dxdy$

$= \displaystyle\iint_D 0 \, dxdy = 0$ である. よって, あたえられた線積分の値は 0 である.

(2) まず, $P_y(x, y) = -\dfrac{1 \cdot (x^2 + y^2) - y \cdot 2y}{(x^2 + y^2)^2} = \dfrac{y^2 - x^2}{(x^2 + y^2)^2}$ である. 同様に,

$Q_x(x, y) = \dfrac{y^2 - x^2}{(x^2 + y^2)^2}$ である. よって, あたえられた等式が成り立つ.

(3) 求める値は (24.7), (24.8) より,

$\displaystyle\int_0^{2\pi} P(\cos t, \sin t)(\cos t)' \, dt + \int_0^{2\pi} Q(\cos t, \sin t)(\sin t)' \, dt = \int_0^{2\pi} \{(-\sin t)(-\sin t)\} \, dt$

$+ \displaystyle\int_0^{2\pi} \cos t \cos t \, dt = \int_0^{2\pi} (\sin^2 t + \cos^2 t) \, dt = \int_0^{2\pi} dt = 2\pi$ である.

解 24.5 まず, カージオイドで囲まれた領域を D とおくと, D は区分的 C^1 級横線集合として表されることに注意する. カージオイドを $x = a(1 + \cos t)\cos t$,

$y = a(1 + \cos t)\sin t$ $(t \in [0, 2\pi])$ と径数付けておくと, 求める面積は (24.30) より,

$\dfrac{1}{2} \displaystyle\int_{\partial D} x \, dy - y \, dx = \dfrac{1}{2} \int_0^{2\pi} a(1 + \cos t)(\cos t)\{a(1 + \cos t)\sin t\}' \, dt$

$- \dfrac{1}{2} \displaystyle\int_0^{2\pi} a(1 + \cos t)(\sin t)\{a(1 + \cos t)\cos t\}' \, dt$

$= \dfrac{a^2}{2} \displaystyle\int_0^{2\pi} (1 + \cos t)\left\{\cos t(\cos t - \sin^2 t + \cos^2 t) + \sin t(\sin t + 2\sin t \cos t)\right\} dt$

$= \dfrac{a^2}{2} \displaystyle\int_0^{2\pi} (1 + \cos t)^2 \, dt = \dfrac{a^2}{2} \int_0^{2\pi} (1 + 2\cos t + \cos^2 t) \, dt$

$= \dfrac{a^2}{2} \displaystyle\int_0^{2\pi} \left(1 + 2\cos t + \dfrac{1 + \cos 2t}{2} \right) dt = \dfrac{a^2}{2} \left[\dfrac{3}{2}t + 2\sin t + \dfrac{1}{4}\sin 2t \right]_0^{2\pi} = \dfrac{3}{2}\pi a^2$ である.

参考文献

　微分積分を本格的にまなぶには，

　[藤岡 1]　藤岡　敦，『手を動かしてまなぶ　ε-δ 論法』，裳華房（2021 年）

　[小林 1]　小林昭七，『微分積分読本──1 変数──』，裳華房（2000 年）

　[小林 2]　小林昭七，『続 微分積分読本──多変数──』，裳華房（2001 年）

　[杉浦 1]　杉浦光夫，『基礎数学 2　解析入門 I』，東京大学出版会（1980 年）

　[杉浦 2]　杉浦光夫，『基礎数学 3　解析入門 II』，東京大学出版会（1985 年）

　[一松 1]　一松　信，『解析学序説　上巻』（新版），裳華房（1981 年）

　[一松 2]　一松　信，『解析学序説　下巻』（新版），裳華房（1982 年）

を勧めたい．

　線形代数を本格的にまなぶには，

　[佐武]　佐武一郎，『数学選書 1　線型代数学』（新装版），裳華房（2015 年）

を勧めたい．また，

　[藤岡 2]　藤岡　敦，『手を動かしてまなぶ　線形代数』，裳華房（2015 年）

　[藤岡 3]　藤岡　敦，『手を動かしてまなぶ　続・線形代数』，裳華房（2021 年）

は本書の姉妹書であり，対称行列の対角化までを扱った入門書である．

　集合や写像についてまなぶには，

　[藤岡 4]　藤岡　敦，『手を動かしてまなぶ　集合と位相』，裳華房（2020 年）

　[内田]　内田伏一，『数学シリーズ　集合と位相』（増補新装版），裳華房（2020 年）

をあげておこう．

索 引

著者略歴

藤岡　敦（ふじおか　あつし）

1967 年名古屋市生まれ．1990 年東京大学理学部数学科卒業，1996 年東京大学大学院数理科学研究科博士課程数理科学専攻修了，博士（数理科学）取得．金沢大学理学部助手・講師，一橋大学大学院経済学研究科助教授・准教授を経て，現在，関西大学システム理工学部教授．専門は微分幾何学．主な著書に『手を動かしてまなぶ ε-δ 論法』，『手を動かしてまなぶ 線形代数』，『手を動かしてまなぶ 続・線形代数』，『手を動かしてまなぶ 集合と位相』，『手を動かしてまなぶ 曲線と曲面』，『具体例から学ぶ 多様体』（裳華房），『学んで解いて身につける 大学数学 入門教室』，『幾何学入門教室 —線形代数から丁寧に学ぶ—』，『入門 情報幾何—統計的モデルをひもとく微分幾何学—』（共立出版），『Primary 大学ノート よくわかる基礎数学』，『Primary 大学ノート よくわかる微分積分』，『Primary 大学ノート よくわかる線形代数』（共著，実教出版）がある．

手を動かしてまなぶ　微分積分

2019 年 8 月 20 日	第 1 版 1 刷発行
2024 年 2 月 20 日	第 4 版 1 刷発行
2025 年 5 月 30 日	第 4 版 2 刷発行

検　印
省　略

定価はカバーに表示してあります．

著 作 者　　藤　岡　　　敦

発 行 者　　　　吉　野　和　浩

発 行 所　　東京都千代田区四番町 8-1
　　　　　　電　話　03-3262-9166（代）
　　　　　　郵便番号　102-0081
　　　　　　株式会社　裳　華　房

印 刷 所　　三 美 印 刷 株 式 会 社
製 本 所　　牧 製 本 印 刷 株 式 会 社

ISBN 978-4-7853-1581-8

公式集

$$\bullet\ (x^a)' = ax^{a-1} \quad (a \in \mathbf{R}) \quad \bullet\ (\sin x)' = \cos x \quad \bullet\ (\cos x)' = -\sin x$$

$$\bullet\ (\tan x)' = \frac{1}{\cos^2 x} \quad \bullet\ (a^x)' = (\log a)a^x \quad (a > 0,\ a \neq 1)$$

$$\bullet\ (\log |x|)' = \frac{1}{x} \quad \bullet\ (\sinh x)' = \cosh x \quad \bullet\ (\cosh x)' = \sinh x$$

$$\bullet\ (\tanh x)' = \frac{1}{\cosh^2 x} \quad \bullet\ (\sin^{-1} x)' = \frac{1}{\sqrt{1-x^2}}$$

$$\bullet\ (\cos^{-1} x)' = -\frac{1}{\sqrt{1-x^2}} \quad \bullet\ (\tan^{-1} x)' = \frac{1}{1+x^2}$$

マクローリン展開

$$\bullet\ \frac{1}{1-x} = \sum_{n=0}^{\infty} x^n \quad (-1 < x < 1)$$

$$\bullet\ \sin x = \sum_{n=0}^{\infty} \frac{(-1)^n}{(2n+1)!} x^{2n+1} \ (x \in \mathbf{R}) \quad \bullet\ \cos x = \sum_{n=0}^{\infty} \frac{(-1)^n}{(2n)!} x^{2n} \ (x \in \mathbf{R})$$

$$\bullet\ e^x = \sum_{n=0}^{\infty} \frac{1}{n!} x^n \ (x \in \mathbf{R}) \quad \bullet\ \log(1-x) = -\sum_{n=1}^{\infty} \frac{x^n}{n} \ (-1 \leq x < 1)$$

不定積分

$$\bullet\ \int x^a \, dx = \frac{1}{a+1} x^{a+1} \quad (a \in \mathbf{R},\ a \neq -1) \quad \bullet\ \int \frac{dx}{x} = \log |x|$$

$$\bullet\ \int \sin x \, dx = -\cos x \quad \bullet\ \int \cos x \, dx = \sin x \quad \bullet\ \int \frac{dx}{\cos^2 x} = \tan x$$

$$\bullet\ \int a^x \, dx = \frac{1}{\log a} a^x \quad (a > 0,\ a \neq 1) \quad \bullet\ \int \sinh x \, dx = \cosh x$$

$$\bullet\ \int \cosh x \, dx = \sinh x \quad \bullet\ \int \frac{dx}{\cosh^2 x} = \tanh x$$